校企合作土木与建筑工程专业系列丛书

互联网+创新型“十四五”精品教材

项目施工组织与管理

（微课版）

主　编　衣　琰　徐　刚　马　雯

副主编　娄源峰　沈登绪　余　晋　郑显潮

　　　　郝绍菊　宋祝超　朱航漪　欧阳川紫

哈爾濱工程大学出版社
Harbin Engineering University Press

内 容 简 介

本书是根据高等职业教育建筑工程技术专业的教育标准、结合职业教育特点编写的。全书共有8个项目，主要包括施工组织设计与管理概述、施工准备工作、流水施工原理、网络计划技术、施工组织设计、施工项目管理组织、施工项目管理、施工项目信息管理。

本书既可作为应用型本科、职业院校建筑专业的通用教材，也可作为岗位培训教材或土建类工程技术人员的参考用书。

图书在版编目（CIP）数据

项目施工组织与管理 ： 微课版 / 衣琰，徐刚，马雯主编. -- 哈尔滨 ： 哈尔滨工程大学出版社，2024. 7.
ISBN 978-7-5661-4500-0

Ⅰ. TU7

中国国家版本馆CIP数据核字第2024QL5733号

项目施工组织与管理（微课版）
XIANGMU SHIGONG ZUZHI YU GUANLI（WEIKE BAN）

策划编辑 张林峰
责任编辑 苏　莉

出版发行 哈尔滨工程大学出版社
社　　址 哈尔滨市南岗区南通大街145号
邮政编码 150001
发行电话 0451-82519328
传　　真 0451-82519699
经　　销 新华书店
印　　刷 三河市中晟雅豪印务有限公司
开　　本 787 mm×1 092 mm　1/16
印　　张 15
字　　数 384千字
版　　次 2024年7月第1版
印　　次 2024年7月第1次印刷
书　　号 ISBN 978-7-5661-4500-0
定　　价 49.80元

http://www.hrbeupress.com
E-mail:heupress@hrbeu.edu.cn

前言

党的二十大报告指出，“坚持尊重劳动、尊重知识、尊重人才、尊重创造，实施更加积极、更加开放、更加有效的人才政策”“着力形成人才国际竞争的比较优势”“加快建设国家战略人才力量”“深化人才发展体制机制改革……把各方面优秀人才集聚到党和人民事业中来”。

本书将素质元素、时代元素和社会元素以润物细无声的方式融入课程，不断激发学生爱国热情和民族自豪感，培养学生的工程思维和创新意识，让学生具备精益求精、 刻苦钻研、守正创新、甘于奉献的时代精神，真正彰显育人本色。

本书在编写过程中，坚持“实用为主、够用为度、注重实践、强化训练，利于发展”的原则，注重学生实际操作能力的培养，使学生能用施工组织的基础理论知识解决工程项目中单位工程、分部（分项）工程的施工组织与管理问题。本书具有以下特点。

（1）坚持以习近平新时代特色社会主义思想为指导，是建设“重要窗口”的新目标新定位，按照“把牢方向、服务大局，整体设计、突出重点，立足当下、着眼未来”的原则整体规划，切实发挥铸魂育人的功能。

（2）对接国家职业标准，反映我国建筑产业升级、技术进步和学科发展变化要求，以提高综合职业能力为目标，以就业为导向，注重职业岗位能力和职业素养的培养。

（3）融入“互联网＋”思维。将纸质资源与数字资源有机结合，可扫描二维码，为读者提供文字、图片、音频、视频等丰富学习资源，既方便读者随时随地学习，也确保教学资源的动态更新。

本书由衣琰（济南工程职业技术学院）、徐刚（上海震旦职业学院）、马雯（昌吉职业技术学院）担任主编，由娄源峰（周口职业技术学院）、沈登绪（兰考三农职业学院）、余晋（景德镇艺术职业大学）、郑显潮（重庆市设计院有限公司）、郝绍菊（郑州信息科技职业学院）、宋祝超（烟台市建工检测服务中心有限公司）、朱航漪（辽宁建筑职业学院）、欧阳川紫（陕西工业职业技术学院）担任副主编。本书相关资料可扫封底二维码或登录www.bjzzwh.com 下载获得。

编者在编写本书的过程中参考了大量资料，在此向相关人员表示感谢。由于编者水平有限，书中难免存在不足之处，恳请广大读者批评指正并提出宝贵意见。

编　者

目　　录

项目1

项目与施工组织设计概述

项目导读

建筑施工组织是以一定的生产关系为前提，以施工技术为基础，着重研究一个或几个建筑产品（建设项目或单位工程）生产过程中各生产要素之间合理的组织问题。进行建筑生产，要有建筑材料、施工机具和具有一定生产经验和劳动技能的劳动者；要遵照建筑规律，遵守生产的技术规范以及设计文件的规定，在空间上按照一定的位置、时间上按照一定的先后顺序、数量上按照一定的比例，将这些材料、机具和劳动者合理地组织起来，使生产者在统一指挥下行动。施工组织是指在施工前计划安排生产诸要素、选择施工方案，在施工过程中指挥和协调劳动资源等。

学习目标

知识目标

1. 掌握项目管理的基础知识。
2. 掌握施工组织设计的基础知识。

能力目标

1. 能够根据项目需求，制订合适的建筑施工组织设计方案。
2. 能够运用项目管理的基础知识，制订项目计划、组织团队、监控进度并及时调整。
3. 能够分析施工过程中可能出现的问题，并采取有效的措施进行管理和解决。

素质目标

1. 培养学生具备良好的沟通协调能力并推动项目的进展。
2. 培养学生具备较强的问题解决能力和应变能力，能够在施工过程中灵活应对各种突发情况。

3. 培养学生具备责任心和团队合作精神，能够积极承担起施工组织设计与管理的责任。

思政目标

1. 培养学生对项目管理的社会责任感和使命感。
2. 引导学生理解并遵守国家和行业的法律法规，增强法治观念。

1.1 项目的基本知识

“项目”越来越广泛地被人们应用于社会经济和文化生活的各个方面，并对人们的工作和生活产生重要影响，如建筑工程项目、开发项目、科研项目、社会公益项目等。项目是一个专业术语，有其科学含义。联合国工业发展组织在《工业项目评估手册》中将项目定义为：“一个项目是对一项投资的一个提案，用来创建、扩建或发展某些工业企业，以便在一定周期内增加货物的生产或社会的服务。”

1.1.1 项目的特点

项目是指在一定约束条件下（限定资源、时间、质量），具有明确目标的有组织的一次性工作或任务。项目的特点见表 1-1。

表 1-1 项目的特点

项目特点	内容
一次性	一次性也称单件性，是指每个项目具有与其他项目不同的特点，尤其表现在项目本身与最终成果上，且每个项目都有其明确的终点。当一个项目的目标已经实现，或该项目的目标不再需要及不可能实现时，即该项目到达了它的终点。项目的一次性决定了项目的生命周期性
独特性	独特性也称唯一性。每个项目都是独特的，或者其提供的成果有自身的特点，或者其提供的成果与其他项目类似，但其时间和地点、内部和外部的环境、自然和社会条件不同于其他项目，因此项目是独一无二的
动态性	动态性体现在两个方面：一方面，项目在其生命周期内的任何阶段都会受到外部和内部各种因素的干扰和影响。因此，在项目进行过程中发生变化是必然的，在项目进行之前应充分分析可能影响项目进展的各种因素；在项目进行过程中应进行有效地管理和控制，根据变化不断加以调整。另一方面，项目的生命周期内各阶段的工作内容、要求和目标不同。因此，不同阶段的项目组织和工作方式也不尽相同

续表

项目特点	内容
生命周期性	项目从开始到完成需要经过一系列过程，包括启动、规划、实施、结束，这一系列过程称为生命周期。根据所包含的过程，项目的生命周期可分为局部生命周期和全生命周期。项目的局部生命周期是指从项目立项开始到项目交付使用为止的过程；项目的全生命周期是指从项目立项开始到项目的运营、报废为止的全过程
明确性	任何项目都有明确的目标，没有明确目标的项目不是项目管理的对象。项目目标可分为成果性目标、约束性目标和顾客满意度目标。项目的成果性目标是项目的来源，也是项目最终目标及项目的交付物。项目的成果性目标被分解为若干个项目的功能性要求，成果性目标是项目的主导目标。约束性目标是指项目合同、设计文件和相关法律法规等所要求实现的目标，包括时间目标、质量目标、费用目标和安全目标等。顾客满意度目标是指与项目有关的相关方或关系人的满意度，既包括外部顾客的满意度，也包括内部顾客的满意度
整体性	整体性是指在项目管理和配备资源时必须以整体效益的提高为标准，做到数量、质量、结构的整体优化。项目是一个系统，由各种要素组成，各要素之间既相互联系又相互制约。因此，项目的管理应具有全局意识、整体意识、系统思维等特点

1.1.2　项目的构成要素

项目的基本构成要素见表 1-2。

表 1-2　项目的基本构成要素

构成要素	内容
范围	是指项目的最终成果和产生该成果要做的工作，是制订项目计划的基础
组织	主要包括项目的组织结构设计、人员配备、工作职责及工作流程等管理制度的制定
时间	具体表现为项目的进度，项目的时间管理与项目的进度控制密切相关
费用	要确保在预算的约束条件下，在预算费用时，要考虑经济环境（如通货膨胀、税率和兑换率等）对项目的影响。当费用预算涉及重大的不确定因素时，应设法减小风险，并对余留的风险考虑一定的应急备用金
质量	反映的是项目对目标的需求及需求满足的程度。项目的质量管理应确保质量目标的实现，最大限度地使客户满意

1.1.3　项目的分类

1. 按项目的规模分类

项目分为宏观项目、中观项目和微观项目。可以将关系到国家宏观经济建设和发展的项目归集为宏观项目，如南水北调、西气东输、三峡水电站建设等；中观项目主要指关系到地区的经济发展、人民生活水平的提高的项目，如某城市新建垃圾处理厂、修建绕城高速公路等；微观项目主要是指某个企业的内部项目，如某电子企业研发一项新产品等。

2. 按项目的性质分类

项目分为研发项目、技改项目、引进项目、风险投资项目、转包生产项目等。

3. 按项目的行业分类

项目分为建筑项目、制造项目、农业项目、金融项目、电子项目、交通项目等。

4. 按项目的成果分类

项目分为有形产品和无形产品。建筑工程项目既提供有形产品，如工程实体；也提供无形产品，如土地使用权、专利技术等。

5. 按项目的周期分类

项目分为长期项目、中期项目和短期项目。一般情况下，长期项目的周期为 5 年以上，中期项目的周期为 3~5 年，短期项目的周期不超过 1 年。

1.2 工程项目的基本知识

工程项目是指在一定的约束条件下（主要是限定资源、时间、质量），具有完整的组织机构和明确目标的有组织的一次性工程建设任务。

工程项目是建设工程最为常见、典型的项目类型，是指为完成依法立项的新建、扩建、改建的各类工程（建筑工程、安装工程等）而进行的有起止日期的、达到规定要求的、一组互相关联的受控活动组成的特定任务，包括策划、勘察、设计、采购、施工、试运行、竣工验收和考核评价等。

工程项目属于投资项目中最重要的一类，是投资行为和建设行为相结合的投资项目。投资与建设是分不开的，投资是建设的起点，没有投资，就不可能进行建设；反之，没有建设行为，投资的目的就不可能实现。建设的过程，实质上是投资的决策和实施的过程，是投资目的的实现的过程，是把投入的货币转换为实物资产的经济活动。

1.2.1 工程项目的特点

工程项目除具有项目的一般特性外，还具有其他特点，见表 1-3。

表1-3　工程项目的特点

特点	内容
具有明确的建设目标	任何工程项目均具有明确的建设目标，包括宏观目标和微观目标。政府主管部门审核项目主要是审核项目的宏观经济效果、社会效果和环境效果；企业则多重视项目的赢利能力等微观目标
具有特定的对象	任何工程项目均应有具体的对象，工程项目的对象通常是具有预定要求的工程技术系统，而预定要求通常可用一定的功能要求、实物工程量、质量等指标表示。如工程项目的对象可能是具有一定生产能力的车间或工厂、一定长度和等级的公路、一定规模的医院或住宅小区等； 项目的对象决定了项目的最基本特性，并把自身与其他项目区别开，确定了项目的工作范围、规模及界限。整个项目的实施和管理都是围绕着这个对象进行的； 工程项目的对象在项目的生命周期中经历了由构想到实施、由总体到具体的过程。通常，其在项目前期策划和决策阶段得到确定，在项目的设计阶段被逐渐地分解和具体化，并通过项目的实施过程逐步得到实现。工程项目的对象由可行性研究报告、项目任务书、设计图纸、实物模型等定义和说明
时间限制	人们对工程项目的需求有一定的时间限制，希望尽快地实现项目的目标，发挥项目的作用。在市场经济条件下，工程项目的作用、功能、价值只能在一定的时间内体现出来。没有时间限制的工程项目是不存在的，项目的实施必须在一定的时间内进行
资金限制和经济性要求	任何项目都不可能没有财力上的限制，必然存在与任务（目标）相关的（或匹配的）预算（投资、费用或成本）。如果没有财力的限制，人们就能够实现当代科学技术允许的任何目标，完成任何的项目。现代工程项目资金来源渠道多，投资多元化，对项目的资金限制越来越严格，经济性要求也越来越高。因此，要求项目管理者应进行全面的经济分析、精确的工程预算和严格的投资控制
一次性和不可逆性	任何工程项目作为整体来说都是一次性的、不重复的。其经历了前期策划、批准、设计和计划、实施、运行的全过程。即使在形式上极为相似的工程项目，如两栋建筑造型和结构完全相同的房屋，也必然存在着差异和区别，如实施时间、环境、项目组织、风险等的不同。因此其无法等同，无法代替； 工程项目管理不同于一般的企业管理。一般的企业管理，特别是企业内部的职能管理工作，虽有阶段性，但其却是循环的、无终结的。工程项目的一次性决定了工程项目管理的一次性，工程项目的这个特点对工程项目的组织行为的影响尤为明显
规模大	随着投资方经济实力的增强和技术水平的提高，现代工程项目的投资越来越大，建设规模也越来越大

续表

特点	内容
复杂性	一个工程项目通常涉及多个专业，尤其是科学技术水平的发展，新技术、新工艺的出现，因此建设项目越来越复杂
社会影响面广	工程项目的实施需经历由构思、决策、设计、采购、供应、施工、验收到运行等过程，由诸多在时间和空间上相互影响、制约的活动构成，涉及几十个、上百个甚至几千个单位，社会影响面非常广
建设周期长	工程项目的建设周期少的需要几个月，长的可能需要几年甚至是几十年（如三峡工程），建设周期比较长

1.2.2 工程项目的分类

1. 按建设性质划分

工程项目按建设性质划分，见表 1-4。

表 1-4 按建设性质划分

类型	内容
新建项目	新建项目是指从无到有，即新开始建设的项目。有的建设项目原有基础很小，需重新进行总体设计，扩大建设规模后，其新增的固定资产价值超过原有固定资产价值 3 倍以上的，也属于新建项目
扩建项目	扩建项目是指原有企事业单位为扩大原有产品的生产能力和效益，或增加新产品的生产能力和效益，扩建的主要是生产车间或工程的项目，也包括事业单位和行政单位增建的业务用房（如办公楼、病房、门诊部等）
改建项目	改建项目是指原有企事业单位为提高生产效率，改进产品质量，或调整产品方向，对原有设施、工艺流程进行改造的项目。如企业为消除各工序或车间之间生产能力的不平衡，增加或扩建的不直接增加企业主要产品生产能力的车间，即为改建项目。现有企事业单位增加或扩建部分辅助工程和生活福利设施并不增加本单位主要效益的，也称为改建项目
迁建项目	迁建项目是指原有企事业单位因各种原因迁到其他地方建设的项目，不论其建设规模是企业原有的还是扩大的，均属于迁建项目
重建项目	重建项目是指企事业单位的固定资产，因自然灾害、战争或人为因素等，已全部或部分报废，而后又投资恢复建设的项目。不论其是按原有的规模恢复建设，还是在恢复建设项目的同时又进行改建的项目，均属于重建项目；尚未建成投产的项目，因自然灾害损坏重建的，仍按原项目看待，不属于重建项目

2. 按建设规模划分

工程项目按建设规模（设计生产能力或投资规模）划分，见表1-5。

表1-5　按建设规模划分

类型	内容
按设计生产能力规模或总投资，划分大、中、小型项目	生产单一产品的项目，按产品的设计生产能力划分；生产多种产品的项目，按主要产品的设计生产能力划分；当生产产品种繁多的项目，难以按生产能力划分时，按投资总额划分
按投资规模可分为大中型和小型两种	按项目的经济效益或总投资划分

3. 按建设用途划分

工程项目按建设用途划分，可分为以下两类。

(1) 生产性建设项目是指直接用于物质生产或为满足物质生产需要的项目，如工业项目、运输项目、农田水利项目、能源项目等。

(2) 非生产性建设项目是指用于满足人民物质和文化生活需要的项目，如住宅项目、文教卫生项目、科学实验研究项目等。

4. 按建设阶段划分

工程项目按建设阶段划分，见表1-6。

表1-6　按建设阶段划分

类型	内容
预备项目	符合国家产业发展方向，由于某些原因未启动建设程序的项目
筹建项目	正在筹备中的项目
新开项目	刚刚开始建设的项目
在建项目	正在建设中的项目
续建项目	由于某种原因停建后，重新启动、继续建设的项目
投产项目	已建成、投入生产运行的项目
收尾项目	临近完工的项目，即主体工程已完成，但有少量零星工程尚未完工的项目
停建项目	由于某些原因中途停止建设的项目

5. 按资金来源划分

工程项目按资金来源划分，见表1-7。

表1-7　按资金来源划分

类型	内容
政府项目	指国家财政预算拨款建设的项目
贷款项目	指50%以上的投资通过贷款的建设项目

续表

类型	内容
联合投资项目	指多个机构共同投资的建设项目
自筹项目	指建设资金完全来自建设单位的项目
利用外资项目	指外国政府的贷款、国外私人和企业参与投资的建设项目
外资项目	指全部资金来自国外的企业或机构的项目

1.3 工程项目管理的基本知识

项目管理是把各种知识、技能、手段和技术应用于项目活动中，以达到项目管理的要求。项目管理是对启动、规划、实施、监控和收尾等各个阶段的工作进行管理。

工程项目管理

《中国项目管理知识体系》对项目管理的定义是：项目管理就是以项目为对象的系统管理方法。通过一个临时性的专门的柔性组织，对项目进行高效率的计划、组织、指导和控制，以实现对项目全过程的动态管理和项目目标的综合协调与优化。全过程的动态管理是指在项目生命周期内不断进行资源的配置和协调，不断做出科学决策，从而使项目执行全过程处于最佳的运行状态，产生最佳的效果。项目目标的综合协调与优化是指项目管理应综合协调好时间、费用和功能等约束性目标，在较短的时间内成功实现预定的目标。

在《中国工程项目管理知识体系》中工程项目管理的定义是：工程项目管理是项目管理的一大类，是指项目管理者为了使项目取得成功（实现事先所要求的质量、进度、费用等目标），对工程项目用系统的观念、理论和方法，进行有序、全面、科学、目标明确的管理，发挥计划职能、组织职能、控制职能、协调职能和监督职能的作用。简单地讲，工程项目管理是为了项目的成功对工程项目所进行的一系列管理活动。

1.3.1 项目管理的特征

工程项目管理的特征，见表1-8。

表1-8 工程项目管理的特征

特征	内容
目标明确	工程项目的建设通常都有非常明确的质量、进度和费用目标，项目管理的根本任务是在规定的时间和限定的资源范围内，实现业主要求的预定目标，并确保高效率地实现项目目标。项目管理的一切活动均围绕着项目的预定目标进行。项目管理目标的实现程度是检验项目管理是否成功的重要标志

续表

特征	内容
需要由团队进行管理	由于工程项目具有建设投资规模大、周期长、涉及的单位多、技术复杂等特点，个人很难完成所有的工程项目管理工作。因此，工程项目的管理需要由团队进行管理
需要有明确的分工和协作保证系统	工程项目的建设耗资大、技术复杂、涉及的单位多、管理难度大，要在限期内实现项目的目标，没有统一的分工和协作保证系统，工作难以协调，难以保证预定目标的实现。因此，成功的项目管理必须以明确的分工和协作保证系统为基础

1.3.2 工程项目管理的特点

1. 工程项目管理是一次性管理

项目的单件性决定了项目管理的一次性特点，在项目管理的过程中一旦出现失误，将会损失严重。由于工程项目的永久性及项目管理的一次性特征，项目管理的一次性成功是重要关键。因此，应对项目建设中的每个环节进行严格管理，认真选择项目经理和项目管理团队成员，精心设计项目管理机构。

2. 工程项目管理是全过程的综合性管理

工程项目的生命周期是一个有机成长过程。项目各阶段有明显界限、有机衔接，不可间断，因此项目管理是对项目生命周期的全过程管理，如对项目可行性研究、勘察设计、招标投标、施工等各阶段全过程进行管理。在每个阶段中又包括进度、质量、成本、安全等诸多方面的管理，因此项目管理是全过程的综合性管理。

3. 工程项目管理是约束性很强的管理

工程项目管理的一次性特征及其明确的目标（成本低、进度快、质量好）、限定的时间和资源消耗、既定的功能要求和质量标准，决定了其约束条件的强度比其他管理更强。因此，工程项目管理是强约束管理。这些约束条件既是项目管理的条件，也是不可逾越的限制条件。项目管理的重要特点在于项目管理者如何在限定的时间内，在不超越这些条件的前提条件下，充分利用这些条件完成既定任务，并达到预期目标。

4. 工程项目管理与施工管理和企业管理不同

工程项目管理的对象是具体的建筑项目，施工管理的对象则是具体的工程项目，虽均具有一次性特点，但管理范围不同，前者是建设全过程，后者仅限于施工阶段；而（施工）企业管理的对象是整个企业，管理范围涉及企业生产经营活动的各个方面。

1.3.3 工程项目管理的职能

工程项目管理的职能，见表1-9。

表 1-9　工程项目管理的职能

职能	内容
策划职能	策划职能是将意图转化为系统活动的过程。策划是工程项目管理的主要工作，并贯穿于项目进行的全过程
决策职能	决策职能在工程项目进展过程中的每一个阶段、过程、环节。每一项活动在开始前，或在实施过程中，都存在各种决策问题。正确而及时的决策是项目成功的重要保证，也是决策职能的最好体现
计划职能	计划职能决定项目的实施方案、方法、流程、目标和措施等。计划是工程项目实施的指南，也是进行偏差分析的依据
组织职能	组织职能是合理利用资源协调各种活动，使工程项目的生产要素、相关方能有机结合起来的机能和行为，是项目管理者进行项目控制的依托和手段
控制职能	控制和计划是有机的整体，控制的作用在于按计划执行，并在执行过程中收集信息，进行偏差分析。根据偏差分析结果，采取相应对策，以保证项目按计划进行并实现项目的目标
协调职能	工程项目涉及复杂的相关方、众多的生产要素、多变的环境因素，因此需要在项目实施过程中理顺关系、解决冲突、排除障碍，使工程项目管理的其他职能有效地发挥作用，需要及时、有效地加以协调。协调是控制的动力和保证，协调可以使动态控制平衡、有力和有效
指挥职能	工程项目管理的顺利进行需要有力的指挥，项目经理是实现指挥职能的重要角色。指挥者需要将分散的信息变为指挥意图，用集中的指挥意图统一项目管理者的步调，指导项目管理者的行动，集合管理的力量。指挥职能是项目管理的动力和灵魂
监督职能	工程项目管理的机制是自控和监控相结合。自控是管理者自我控制，监控则是由其他相关方实施的。无论自控还是监控，其实现的主要方式都是监督

1.3.4　工程项目管理的任务

1. 组织管理

工程项目组织协调是工程项目管理的职能之一，也是实现工程项目目标不可缺少的方法和手段。在工程项目的实施过程中，其组织协调的主要内容，见表 1-10。

表 1-10　组织协调的主要内容

项目	内容
外部环境的协调	政府部门之间的协调，如规划、城建、市政、消防、人防、环保、城管等部门的协调；资源供应方面的协调，如供水、供电、供热、电信、通信、运输和排水等方面的协调；生产要素方面的协调，如图纸、材料、设备、劳动力和资金等方面的协调；社会环境方面的协调

续表

项目	内容
项目参与单位之间的协调	主要有业主、监理单位、设计单位、施工单位、供货单位、加工单位等
项目参与单位内部的协调	项目参与单位内部各部门、各层级及个人之间的协调

2. 合同管理

合同管理包括合同签订管理和合同履行管理两项内容。合同签订管理包括对合同的准备、谈判、修改和签订等工作的管理；合同履行管理包括合同文件的执行、合同纠纷的处理和索赔履行处理等工作。在执行合同管理任务时，应重视合同签订的合法性和合同履行的严肃性，为实现管理目标服务。

3. 进度控制

进度控制包括方案的科学决策、计划的优化编制和实施的有效控制三方面任务。方案的科学决策是实现进度控制的先决条件，包括方案的可行性论证、综合评估和优化决策，只有决策出优化的方案，才能编制出优化的计划；计划的优化编制包括科学确定项目的工序及其衔接关系、持续时间、优化编制网络计划和实施措施，是实现进度控制的重要基础；实施的有效控制包括同步跟踪、信息反馈、动态调整和优化控制，是实现进度控制的根本保证。

4. 投资控制

投资控制包括编制投资计划、审核投资支出、分析投资变化情况、研究投资减少途径和采取投资控制措施五项任务。前两项是对投资的静态控制，后三项是对投资的动态控制。

5. 质量控制

质量控制包括制定各项工作的质量要求及质量事故预防措施，各方面的质量监督与验收制度及各个阶段的质量事故处理和控制措施三方面任务。制定的质量要求应具有科学性，质量事故预防措施要具备有效性。质量监督和验收包括对设计质量、施工质量、材料及设备质量的监督和验收，应严格检查制度和加强分析。质量事故处理与控制要对每一个阶段进行严格的管理和控制，采取全面有效的质量事故预防和处理措施，以确保质量目标的实现。

6. 风险管理

随着工程项目规模的不断大型化和技术的复杂化，业主和承包商所面临的风险越来越多。工程建设的客观现实证明，要保证工程项目的投资效益，必须对项目风险进行定量分析和系统评价，提出风险防范对策，形成有效的项目风险管理程序。

7. 信息管理

信息管理是工程项目管理工作的基础工作，是实现项目目标控制的先决条件，其主要任务是及时、准确地为项目管理的各级领导、各参加单位及各类人员提供所需的信息，以便在项目进展的全过程中，进行动态项目规划，迅速、正确地进行各种决策，并及时检查决策执行的情况，反映工程实施中暴露出来的各类问题，为项目总目标控制服务。

8. 环境保护

工程项目建设可改造环境、造福人类。优秀的设计作品可以增添社会景观，带来观赏价值。工程项目的实施过程和结果也存在着影响甚至破坏环境的各种因素。因此，在工程项目建设中应强化环境保护意识，切实有效地把保护环境和防止损害自然环境、破坏生态平衡、污染空气与水质、扰动周边建筑物及地下管网等现象的发生作为工程项目管理的重要任务。

知识链接

我国工程项目的管理制度

我国工程项目的管理制度包括以下几点。

1. 项目法人责任制

项目法人责任制是我国从1996年开始实行的一项工程建设管理制度。按照中国共产党中央纪律检查委员会《关于实行建设项目法人责任制的暂行规定》的要求，为了建立投资约束机制，规范建设单位的行为，工程项目应当按照政、企分开的原则组建项目法人，实行项目法人责任制，即由项目法人对项目的策划、资金筹措、建设实施、生产经营、债务偿还、资产的保值增值实行全过程负责的制度。项目法人可按《中华人民共和国公司法》的规定设立有限责任公司等。项目法人责任制是实行建设工程监理制的必要条件，建设工程监理制是实行项目法人责任制的基本保障。

2. 工程招标投标制

为了在工程建设领域引入竞争机制，择优选定勘察、设计、施工单位以及材料设备供应商。工程项目满足规定要求时，必须进行招标。招标是工程建设成败的关键，也是建设工程监理工作成败的关键。有关行政管理部门对招标投标活动及其当事人依法实施监督、查处违法行为。

3. 建设工程监理制

按照有关法令规定的要求，工程项目在一定范围内实行强制监理。工程监理的主要任务是控制工程项目的投资、工期、质量，进行工程项目的安全施工合同、信息等方面的管理，协调参加工程项目有关各单位间的工作关系。

建设单位一般通过招标投标等方式，择优选定工程监理单位，双方应当签订书面的委托监理合同。监理企业组建项目监理机构进驻施工现场，项目监理实行总监理工程师负责制。项目监理机构在总监理工程师的领导下，遵循“守法、诚信、公正、科学”的基本准则，按照《建设工程监理规范》中规定的程序开展监理工作。

在委托监理的工程项目中，建设单位与监理单位是委托与被委托的合同关系，监理单位与承包单位是监理与被监理的关系。承包单位应当按照与建设单位签订的建设工程合同及法律法规中的相关规定接受监理检查。

4. 合同管理制

为使勘察、设计、施工、材料设备供应单位和工程监理单位依法履行责任和义务，在工程建设中必须实行合同管理制度。合同管理制的基本内容是工程项目的勘察、设计、施工、材料设备采购和工程监理，均应依法签订合同。各类合同应有明确的质量要求、合同价款和完成合同内容的确切日期以及履约担保和违约处罚条款，违约方要承担相应的法律责任。合同管理制的实施是为工程监理开展合同管理工作提供法律支持。

1.4 施工组织设计基本知识

施工组织设计是指根据拟建工程的特点，对人力、材料、机械、资金、施工方法等方面的因素做全面、科学、合理地安排，并形成指导拟建工程施工全过程中各项活动的技术、经济和组织的综合性文件，该文件称为施工组织设计。

不同类型施工组织设计的内容各不相同，一个完整的施工组织设计，应包括工程概况、施工方案、施工进度计划、施工准备工作计划、各项资源需用量计划、施工平面布置图、主要技术组织保证措施、主要技术经济指标、结束语。

1.4.1 施工组织设计的必要性与作用

施工组织设计是对施工过程实行科学管理的重要手段，是编制施工预算和施工计划的主要依据，是建筑施工企业管理的重要组成部分；施工组织设计是施工准备工作的重要组成部分，又是做好施工准备工作的主要依据和重要保证；施工组织设计是沟通工程设计和施工之间的桥梁，它既要体现拟建工程的设计和使用要求，又要符合建筑施工的客观规律，对施工的全过程起到安排的作用；施工组织设计可以协调各单位、各工种、各资源以及平面与空间的合理关系。施工组织设计是对拟建工程的全过程实行科学管理，建立正常生产秩序的重要手段。

经验表明，编制施工组织设计，有利于反映客观实际，符合建筑产品及施工特点要求，也是建筑施工在工程建设中的地位所决定的，更是建筑施工企业的经营管理程序的需要。因此，编好并执行好施工组织设计，就可以保证拟建工程的顺利进行，确保国家的基本建设投资发挥更大的效益。

1.4.2 施工组织设计的分类

1. 按设计阶段分类

施工组织设计按设计阶段分类，见表1-11。

表 1-11　按设计阶段分类

阶段分类	内容
设计按两个阶段进行时	施工组织设计分为施工组织总设计（扩大初步施工组织设计）和单位工程施工组织设计两种
设计按三个阶段进行时	施工组织设计分为施工组织设计大纲（初步施工组织条件设计）、施工组织总设计和单位工程施工组织设计三种

2. 按编制对象范围分类

施工组织设计按编制对象范围分类，见表 1-12。

表 1-12　按编制对象范围分类

范围分类	内容
施工组织总设计	施工组织总设计是以一个建筑群或一个施工项目为编制对象，用以指导整个建筑群或施工项目施工全过程的各项施工活动的技术、经济和组织的综合性文件
单位工程施工组织设计	单位工程施工组织设计是以一个单位工程为对象，用以指导其施工全过程的各项施工活动的技术、经济和组织的综合性文件
分部分项工程施工组织设计	分部分项工程施工组织设计是以分部分项工程为编制对象，用以具体指导其施工全过程的各项施工活动的技术、经济和组织的综合性文件
专项施工组织设计	专项施工组织设计是以某一专项技术（如重要的安全技术、质量技术或高新技术）为编制对象，用以指导施工的综合性文件

3. 根据编制阶段分类

施工组织设计根据编制阶段可分为两类：一类是投标前编制的施工组织设计（简称标前施工组织设计）；另一类是签订工程承包合同后编制的施工组织设计（简称标后施工组织设计）。

4. 按编制内容的繁简程度分类

施工组织设计按编制内容的繁简程度不同可以分为完整的施工组织设计和简单的施工组织设计两种。

1.4.3　施工组织设计的编制与执行

1. 施工组织设计的编制

当拟建工程中标后，施工单位必须编制建设工程的施工组织设计，建设工程实行总包和分包的，由总包单位负责编制施工组织设计，分包单位在总包的总体部署下，编制分包工程的施工组织设计。对于技术复杂、施工难度大的项目，应请专家研究，必要时组织专门会议。在编制施工组织设计的过程中，应充分发挥各职能部门的作用，方案提出后应进行讨论修改，最终形成正式文件送主管部门审批。

2. 施工组织设计的执行

施工组织设计的编制为实施拟建工程项目的施工过程提供了一个可行的方案。这个方案是否可行、经济效果如何，必须通过实践去证明。为保证施工组织设计的贯彻，应做好以下工作：认真传达施工组织设计的内容和要求；按照施工组织设计的要求，制定各项管理制度；推行技术经济承包制；统筹安排人力、物力、财力，保持合理的施工规模，达到综合平衡；认真做好施工准备工作。

1.4.4 组织项目施工的基本原则

1. 严格遵守基本建设程序，保证施工顺利进行

施工阶段是基本建设程序中的重要阶段，必须在各项准备工作完成后才能进行。如果违背基本建设程序，就会给施工带来混乱，造成时间、资源的浪费和损失。

2. 统筹安排，保证重点，分期分批进行项目施工

大型建设项目，包括多个工程项目，由于技术资源有限，应根据施工的需要，分期分批建设，配套施工或交付使用，从而缩短工期，尽早发挥建设投资的经济效益。

3. 遵循施工工艺及技术规律，合理安排施工程序和施工顺序

建筑产品及其施工生产，有其本身的客观规律。按照这些规律去组织施工，就能保证各项施工活动的紧密衔接和相互促进，充分利用资源，确保工程质量，加快施工进度。

虽然施工程序和施工顺序会因工程性质、施工条件和使用时间要求的不同而有所区别，但施工实践经验证明它们仍有共同的规律。例如，必须先完成施工准备后进行项目施工；先进行全场性工程准备施工后逐个进行单位工程的施工；先场外工程后场内工程，先主干后支线；先地下后地上，先深后浅；先主体后装饰；空间顺序要以工种顺序为基础，工种顺序应尽可能地为空间顺序提供有利的施工条件。

4. 采用先进的施工技术，提高建筑工业化程度

先进的施工技术是提高劳动生产率、改善工程质量、加快施工进度、降低工程成本的重要途径。在选择施工方案时，要积极采用新技术、新设备、新工艺、新材料，并注意结合工程特点和现场条件，使技术的先进性和经济合理性相结合，防止单纯追求技术先进而忽视经济效益的做法。

5. 采用流水施工方法和网络计划技术，合理安排施工进度计划

在编制施工进度计划时，应从实际出发，尽量采用流水施工方法组织施工，以保证施工连续、均衡地进行，达到人力、物力和财力的综合平衡以及空间、时间的合理利用，以获得良好的技术经济效果。

网络计划技术是最新的计划管理方法，也是国内外施工实践证明最有效的方法之一，在组织项目施工中，应广泛采用。

6. 合理布置施工平面图，减少施工用地，做到文明施工

尽量利用永久性工程及原有或就近已有的设施，以减少各种临时设施用量；尽量利用当地资源，合理安排运输、装卸与存储作业，减少物资运输量，减少二次搬运；精心规划施工现场，合理布置施工机械和各种堆场，不占或少占农田，防止施工事故，做到文明施工。

7. 科学安排寒冬、雨期施工项目，保证全年生产的均衡性和连续性

冬季的严寒和夏季的高温多雨，都不利于建筑施工的正常进行。克服季节影响主要从两方面入手：一是合理安排冬、雨期施工项目；二是采取相应的技术组织措施，确保冬、雨期施工项目的质量和安全，同时尽量降低因冬、雨期的影响而增加的施工费用，确保全年生产的均衡性和连续性。

8. 加强经济核算，降低工程成本，提高经济效益

实行各项经济承包制，贯彻勤俭节约的原则：因地制宜，就地取材；努力提高机械设备的利用率；尽量减少临时设施和二次搬运；制定节约能源和材料的措施；合理调配人力、物力、财力，降低一切非生产性支出和管理费用。

9. 科学管理，严格控制，确保项目目标全面实现

学习和借鉴国内外先进的管理方法，提高建筑施工企业和工程项目部生产经营管理素质，严格执行国家和地方的施工规范和规程，对施工质量、安全、进度、成本进行有效控制，确保工程项目目标的全面实现。

项 目 小 结

了解项目、工程项目及其管理、施工组织设计的基本知识，对于确保项目的成功实施至关重要。项目的成功不仅仅依赖于技术和资源，更需要有效的管理和精确的施工组织。通过科学的管理方法和详细的施工组织设计，帮助读者提高项目的效率、质量和安全性，确保项目目标的实现。

课 后 习 题

1. 施工组织的任务是什么？
2. 项目的含义及其特点是什么？
3. 我国的工程项目管理制度有哪些？
4. 施工组织设计的概念是什么？

项目2

施工准备工作

项目导读

施工准备工作是施工阶段的一个重要环节，是施工管理的重要内容。不论是整个建设项目或单项工程，或是其中的任何一个单位工程，甚至单位工程中的分部、分项工程，在开工之前，都必须进行施工准备。实践证明，只有重视和认真细致地做好施工准备工作，积极而细致地为工程创造一切必要的施工条件，才能保证工程顺利完成；否则，就会给工程带来损失。因此，严格遵守施工程序，按照客观规律组织施工，做好各项施工准备工作，是施工顺利进行和工程圆满完成的重要保证。

学习目标

知识目标

1. 了解施工准备工作的重要性、分类以及基本要求。
2. 了解并掌握施工准备工作的具体内容。

能力目标

1. 能够根据项目特点和需求，制定有效的施工准备工作方案，并组织实施。
2. 具备调查分析原始资料的能力，能够准确获取和分析相关数据，为施工准备工作提供支持。
3. 能够有效管理施工现场，包括布置和调配人力、物资等资源，确保施工顺利进行。

素质目标

1. 培养学生具备细致耐心的工作态度，能够认真细致地进行施工准备工作，确保每一个工作环节都得到充分考虑和安排。
2. 培养学生具备灵活应变的能力，能够在面对不同季节和各种突发情况时，迅速调整施工准备工作方案，保障项目顺利进行。

思政目标

1. 培养学生认真负责、严格把控每一个细节的职业操守，确保施工过程的高效和合规。

2. 强调施工准备工作的社会意义，培养学生在施工准备阶段考虑社会效益和公共利益。

2.1 施工准备工作概述

现代建筑施工是一项复杂的生产活动，它不仅要消耗大量的材料、使用很多施工机械、组织大量施工人员，而且还要处理各种技术问题、协调各种协作关系，涉及面广、情况复杂。

施工准备工作

2.1.1 施工准备工作的重要性

施工准备工作就是施工企业搞好目标管理、推行技术经济承包的重要前提条件。同时还是土木工程建筑（土建）施工和设备安装顺利进行的根本保证。因此，认真做好施工准备工作，对于发挥企业优势、合理供应资源、加快施工速度、提高工程质量、降低工程成本、增加企业经济效益、实现企业管理现代化，从而提高企业综合经济效益，都会起到推动作用。

2.1.2 施工准备工作的分类

1. 按施工准备工作的范围不同分类

（1）全场性施工准备

全场性施工准备是以整个建设项目为对象而进行的各项施工准备。其作用是为整个建设项目的顺利施工创造条件，既为全场性的施工活动服务，又要兼顾单位工程施工条件的准备。

（2）单位工程施工条件准备

单位工程施工条件准备是以一个建筑物或构筑物为对象而进行的各项施工准备。其作用是为单位工程的顺利施工创造条件，既为单位工程做好一切准备，又要为分部（分项）工程施工做好进行作业条件的准备。

（3）分部（分项）工程作业条件的准备

分部（分项）工程作业条件的准备是以一个分部（分项）工程或冬、雨期施工为对象而进行的作业条件准备。

2. 按工程所处的施工阶段不同分类

（1）开工前的施工准备工作

开工前的施工准备工作是在拟建工程正式开工之前所进行的一切施工准备。其作用是为工程开工创造必要的施工条件。它既包括全场性的施工准备，又包括单位工程施工条件准备。

（2）各阶段施工前的施工准备

各阶段施工前的施工准备是在工程开工后，某一单位工程或某个分部（分项）工程或某个施工阶段、某个施工环节施工前所进行的一切施工准备。其作用是为每个施工阶段创造必要的施工条件，一方面是开工前施工准备工作的深化和具体化，另一方面又要根据各施工阶段的实际需要和变化情况随时做出补充修正与调整。例如，一般框架结构建筑的施工，可以分为地基基础工程、主体结构工程、屋面工程、装饰装修工程等施工阶段，由于每个施工阶段的施工内容不同，所需要的技术条件、物质条件、组织措施要求及现场平面布置等也会不同。因此，在每个施工阶段开始之前，都必须做好相应的施工准备。

施工准备工作应重视整体性与阶段性的统一，且应体现出连续性，必须有计划、有步骤、分期、分阶段地进行。

2.1.3　施工准备工作的要求

（1）编制详细的施工准备工作计划表，见表 2-1。

表 2-1　施工准备工作计划表

序号	项目	施工准备内容	要求	负责单位	负责人	配合单位	起止时间	备注
1								
2								

（2）建立严格的施工准备工作责任制与检查制度。各级技术负责人是各施工准备工作的负责人，负责审查施工准备工作计划和施工组织计划，督促各项准备工作的实施，及时总结经验教训。

（3）施工准备工作应取得建设单位、设计单位及各有关协作单位的大力支持，相互配合、互通情况，为施工准备工作创造有利的条件。

（4）严格遵守建设程序，执行开工报告制度。当施工准备工作完成到具备开工条件后，项目经理部应申请开工报告，报上级批准后方可开工。实行建设监理的工程，还应将开工报告送监理工程师审批，由监理工程师签发开工通知书。

（5）施工准备必须贯穿在整个施工过程中，应做好以下四个结合：设计与施工相结合；室内准备与室外准备相结合；工程与专业工程相结合；前期准备与后期准备相结合。

拓展阅读

签订施工合同

根据国家颁发的《中华人民共和国民法典》《建筑安装承包合同条例》以及各省、市颁发的有关基本建设工程实行合同制的办法、规定，在承接工程任务后，由施工企业（承包方）与建设单位（发包方）签订施工合同。

(1) 签订合同必须具备的条件

① 基建项目已正式列入国家、地区、部门的固定资产投资计划。

② 资金来源落实，其中银行贷款已列入信贷计划；自筹资金在建设银行存储的最少时间符合有关规定。

③ 基建材料、设备等物质来源落实，并能满足施工进度需要。

④ 建设用地的征购及拆迁工作已基本完成，并有所在地区规划部门批准的设计许可证。

(2) 施工合同的主要内容

① 明确设计文件及基本建设批准的文号，规定承包工程的范围、工程名称、工程量以及工程施工的地点。

② 明确施工期限，开工、竣工日期。

③ 明确双方承担的施工准备工作内容。

④ 明确招、投标后所中标的工程造价。

⑤ 明确材料、设备物资的供应方式和分工责任。

⑥ 明确工程质量要求及交工验收要求。

⑦ 明确拨款方式和工程结算及财务问题。

⑧ 关于设计变更的方式和说明，包干范围及经济责任。

⑨ 关于工程合同的仲裁和奖罚。

⑩ 其他需要在合同中明确的责任、权利和义务等。

2.2 施工准备工作内容

2.2.1 原始资料的调查分析

原始资料的调查主要是对工程条件、工程环境特点和施工条件等施工技术与组织的基础资料进行调查，以此作为项目准备工作的依据。

1. 自然条件的调查分析

自然条件的调查分析主要是对建设地点的坐标、工程地质、水文地质、气象资料以及周围环境和障碍物等情况进行调查分析。

2. 技术经济条件的调查

技术经济条件的调查主要调查当地给排水和供电、交通运输、地方材料、地方建筑企业、地方劳动力及其生活条件等状况。

原始资料调查分析的具体内容见表 2-2。

表 2-2 原始资料调查分析的具体内容

序号	项目	调查内容	调查目的
1	气象资料	降雨（雪）量、降雨（雪）天数；气温、最高气温、最低气温；冬、雨期的时间；结冰时间、常年风向、冰冻深度；主导风向及频率、全年大风的天数及时间等	① 确定季节性施工措施，估计混凝土、砂浆强度； ② 确定工地地面的排水、御洪方案； ③ 确定临时设施的布置方案； ④ 确定高空作业及吊装的技术安全措施
2	地质、地貌、水文资料	地区水准点和绝对标高；地质构造、土地性质和类别、地基土的承载力；河流流量和水质、最高洪水和枯水期的水位；地下水位的高低变化，含水层的厚度、流向、流量和水质等	① 布置施工平面图； ② 进行场地平整、土方计算及地基土的处理； ③ 确定土方工程、基础工程、降低地下水位等的施工方法； ④ 复核地基基础的承载力
3	材料及机具	品种、规格、数量、到货时间	① 确定临时设施和堆场； ② 确定材料的储存方式和保护措施
4	给排水	工地用水的水源、可供水量、水压、水质、水费；施工排水的去向、有无洪水影响、防洪设施状况	① 确定施工及工地生活用水方案； ② 确定工地排水方案和防洪设施； ③ 拟定给排水设施的施工进度计划
5	供电	工地用电的电源、可供电量、电压、电费等	① 确定施工供电方案； ② 拟定供电设施的施工进度计划

续表

序号	项目	调查内容	调查目的
6	交通运输	工地交通位置、路面构造宽度、允许最大载重量、载重尺寸、其他运输方式及运输效率等	确定工地的运输方式及施工道路设计
7	劳动力条件	少数民族地区的风俗习惯；当地能支援的劳动力人数、技术水平和来源；上述人员的生活安排	① 拟定劳动力计划； ② 安排临时设施
8	其他资料	可以利用的办公、住宿或堆料的房屋和空地；当地公用事业的福利措施、副食品供应情况	安排临时设施

2.2.2 技术资料准备

技术资料准备是施工准备工作的核心，其主要内容包括熟悉与会审图纸、编制标后施工组织设计、编制施工预算。

1. 熟悉与会审图纸

熟悉与会审图纸的目的是在单位工程开工之前，使从事施工和管理的工程技术人员充分了解和掌握设计图纸的设计意图、构造特点和技术要求；通过会审发现图纸中存在的问题和错误，并加以改正，以保证施工的顺利进行。

提 示

施工图纸的会审应注意以下重点。

(1) 设计图纸是否符合国家有关的技术规范要求。

(2) 核对图纸说明是否齐全、有无矛盾，规定是否明确，图纸有无遗漏，图纸之间有无矛盾。

(3) 核对主要轴线、尺寸、位置、标高有无错误和遗漏。

(4) 总图的建筑物坐标位置与单位工程的建筑平面是否一致，基础设计与实际地质是否相符，建筑物与地下构筑物及管线之间有无矛盾。

(5) 建筑、结构、设备安装等之间有无矛盾之处。

(6) 设计中所采用的各种材料、构（配）件等能否满足设计要求。

(7) 有关的其他问题，并对其提出合理化建议。

施工图纸的会审通常按照图纸自审、会审和现场签证三个阶段进行。

(1) 图纸自审

图纸自审由施工单位主持。施工单位收到施工图纸后，应尽快组织技术人员熟悉和预审图纸，对图纸的错误和建议写出自审录。

(2) 图纸会审

图纸会审由建设单位或监理单位主持，设计单位和施工单位共同参加，对各方提出问题和建议，经过协商形成图纸会审纪要，由建设单位正式行文，参加会议的各方技术负责人签字，各单位盖章，作为与施工图纸具有同等法律效力的技术文件。

(3) 图纸现场签证

在现场施工过程中，根据技术核定单和设计变更签证制度，对所发现的问题进行现场签证，作为指导施工、竣工验收和工程结算的依据。

2. 编制标后施工组织设计

编制标后施工组织设计是施工准备的重要内容，是具体指导施工现场全过程的技术、经济文件，是根据拟建工程的规模、结构特点和建设单位的要求，编制的指导该工程施工全过程的综合性文件。它结合所收集的原始资料、施工图纸和施工预算等相关信息，综合建设单位、监理单位、设计单位的具体要求进行编制，以保证工程施工快速、安全、顺利地完成。

3. 编制施工预算

编制施工预算是根据中标后的合同价、施工图纸、施工组织设计、施工定额等文件编制的建筑安装工程造价和各种资源需要量的经济文件。施工预算直接受中标后的合同价控制，它是企业内部经济核算和班组承包的依据，是企业内部使用的一种预算。

2.2.3 施工现场准备

施工现场准备工作主要为项目的施工创造有利的施工条件。施工现场准备应按施工组织设计的要求进行，其主要内容有清除障碍物、测量放线、三通一平、搭设临时设施、组织施工机具进场等。

1. 清除障碍物

施工现场内的一切地上、地下障碍物，都应在开工前拆除。这项工作一般由建设单位来完成，但也有委托施工单位来完成的。

2. 测量放线

为使建筑物或构筑物的平面位置和高程符合设计要求，施工前应按总平面图设置永久的经纬坐标桩及水平坐标桩，建立工程测量控制网。

测量放线工作一般在土方开挖之前进行，通过在施工场地内设置坐标控制网和高程控制点来实现。这些网点的设置应视工程范围的大小和控制的精度而定。测量放线方案主要包括平面控制、标高控制、±0.00 以下施测、沉降观测和竣工测量等项目。

3. 三通一平

在工程用地范围内，接通施工用水、用电、道路和平整场地的工作，称为“三通一平”。但工地上的实际需要往往不止通水、通电、通路有的工地还需要供应蒸汽，架设热力管线，称为“热通”；通煤气，称为“气通”；通电话作为联络通信工具，称为“话通”。因为施工中的特殊要求，还可能有其他的“通”，但最基本的还是“三通”。

（1）通水

通水包括接通施工用水和修通排水渠道。施工用水主要指施工现场的生产用水、生活用水和消防用水。给水设施应尽量利用永久性的给水线路。临时线路的铺设应在满足生产与生活用水需要与方便的同时，尽可能缩短线路，节约成本。与此同时，还应做好地面排水系统，以保证场地排水的通畅，为施工创造良好的环境。

（2）通电

通电包括施工生产用电和生活用电。若拟建工程在城市或工业区，则可充分利用现有设施为施工服务；否则必须建立临时供电系统，以确保施工现场动力设备和通信设备的正常运行。

（3）通路

工程施工需要使用大量建筑材料和建筑构配件，运输任务十分繁重。因此，在拟建工程开工前，必须按照施工总平面图的要求，修好施工现场的永久性道路和必要的临时性道路，以确保施工现场运输和消防用车等的行驶畅通。

（4）场地平整

按照建筑平面图的要求，在清除障碍物之后，即可根据建筑总平面图规定的标高，计算挖、填土方量，进行土方调配，确定场地平整方案，进行场地平整工作。如果工程项目的规模较大，场地平整可以根据施工总进度计划分段进行。

4. 搭设临时设施

生产、生活临时设施包括各种仓库、混凝土搅拌站、预制构件场、机修站、各种生产作业棚、办公用房、宿舍、食堂、文化生活设施等，均应按施工组织设计规定的数量、标准和面积等要求修建。临时设施的建设应符合安全文明施工的要求，尽量利用原有建筑物，以便节省投资。

为使施工方便和安全，对指定施工用地的周界应用围墙围护起来。围墙的形式、材料及高度应符合市政市容管理委员会管理的有关规定和要求，在主要出入口处应设立标牌，标明工地名称、施工单位和工地负责人等。

5. 组织施工机具进场

根据施工机具需用量计划，按施工平面图和施工方案要求，组织施工机械、设备和工具先后进场，按规定的地点和方式存放，并进行相应的保养和试运转等工作。

2.2.4　资源准备

1. 劳动力组织准备

(1) 项目组织机构建设

实行项目管理的工程应建立项目组织机构即建立项目经理部。建立高效率的项目组织机构是为建设单位、项目管理目标服务的。这项工作的实施是否合理，一定程度上关系到拟建工程能否顺利进行。施工企业建立项目经理部，应针对工程特点和建设单位要求，根据有关规定进行精心组织安排，认真抓实、抓细、抓好。

项目组织机构设置应遵循的原则见表 2-3。

表 2-3　项目组织机构设置应遵循的原则

原则	内容
用户满意原则	施工单位应根据建设单位的要求，组建项目经理部，使建设单位满意
全能配套原则	项目经理要安全管理、善经营、懂技术，能担任公关，且具有较强的适应与应变能力及开拓进取精神。项目经理部成员应有施工经验、创造精神、工作效率高。项目经理部应合理分工且密切协作，人员配置应满足施工项目管理的需要，如大型项目，管理人员必须有一级项目经理资质，管理人员中的高级职称人员不应低于 10%
精干高效原则	施工管理机构应尽量压缩管理层次，因事设职、因职选人，做到管理人员精干、一职多能、恪尽职守，以适应市场变化要求，应避免松散、重叠、人浮于事
管理跨度原则	管理跨度过大，鞭长莫及且心有余而力不足；管理跨度过小，人员增多，造成资源浪费。因此，施工管理机构各层面设置是否合理，应看确定的管理跨度是否科学，也就是应使每一个管理层面都保持适当工作幅度，以使各层面管理人员在职责范围内实施有效的控制
系统化管理原则	建筑项目是由诸多子系统组成的有机整体，系统内部存在大量的结合部，各层次的管理职能的设计应形成一个相互制约、相互联系的完整体系

① 项目经理部的设立步骤。

◆根据企业批准的“项目管理规划大纲”，确定项目经理部的管理任务和组织形式。

◆确定项目经理部的层次，设立职能部门与工作岗位。

◆确定人员、职责、权限。

◆由项目经理根据“项目管理目标责任书”进行目标分解。

◆组织有关人员制定规章制度和目标责任考核、奖惩制度。

② 项目经理部的组织形式应根据施工项目的规模、结构复杂程度、专业特点、人员素质和地域范围确定，并应符合下列规定。

◆大、中型项目，应按矩阵式项目管理组织设置项目经理部。

◆远离企业管理层的大、中型项目，应按事业部式项目管理组织设置项目经理部。

◆小型项目，应按直线职能式项目管理组织设置项目经理部。

（2）组织精干的施工队伍

① 组织施工队伍应认真考虑专业工程的合理配合，技工和普工的比例应满足合理的劳动组织要求；按组织施工方式的要求，确定建立混合施工队组或是专业施工队组及其数量；组建施工队组，应坚持合理、精干的原则，并制定出工程的劳动力需用量计划。

② 集结施工力量，组织劳动力进场。项目经理部确定之后，按照开工日期和劳动力需用量计划，组织劳动力进场。

（3）优化劳动组合与技术培训

针对工程施工的要求，强化各工种的技术培训，优化劳动组合，应主要抓好以下几个方面的工作。

① 针对工程施工的难点，应组织工程技术人员和工人队组中的骨干力量，进行类似的工程的考察与学习。

② 做好专业工程技术培训，提高对新工艺、新材料使用操作的适应能力。

③ 强化质量意识，抓好质量教育，增强质量观念。

④ 工人队组应实行优化组合、双向选择、动态管理，最大限度地调动工人的积极性。

⑤ 认真、全面地进行施工组织设计的落实和技术交底工作。施工组织设计、计划和技术交底的目的是把施工项目的设计内容、施工计划和施工技术等要求，详细地向施工队组和工人讲解交代清楚，是落实计划和技术责任制的重要办法。

⑥ 切实抓好施工安全、安全防火和文明施工等方面的教育。

（4）建立健全的各项管理制度

工地的各项管理制度是否建立与健全，直接影响其各项施工活动的进行。因此，必须建立健全的工地各项管理制度。其内容包括：项目管理人员岗位责任制度；项目技术管理制度；项目质量管理制度；项目安全管理制度；项目计划、统计与进度管理制度；项目成本核算制度；项目材料、机械设备管理制度；项目现场管理制度；项目分配与奖励制度；项目例会及施工日志制度；项目分包及劳务管理制度；项目组织协调制度；项目信息管理制度。项目经理部自行制定的规章制度与企业现行的有关规定不一致时，应报送企业或其授权的职能部门审批。

（5）做好分包安排

对于企业自身难以完成的一些专业项目，如深基础开挖和支护、大型结构安装和设备安装等项目，应做好分包或劳务安排，与有关单位协调，签订分包或劳务合同，保证按计划施工。

（6）组织好科研攻关

工程中采用带有试验性质的一些新材料、新产品、新工艺项目时，应在建设单位、主管部门的参加下，组织有关设计、科研、教学单位共同进行科研攻关；应明确相互的试验项目、工作步骤、时间要求、经费来源和职责。所有的科研项目，必须经过技术鉴定才能用于施工。

2. 物资准备

（1）材料准备

① 根据施工方案中的施工进度计划和施工预算中的用料分析，编制工程所需材料用量计划，并将其作为备料、供料和确定仓库、堆场面积及组织运输的依据。

② 根据材料需用量计划，做好材料的申请、订货和采购工作，使计划得到落实。

③ 组织材料按计划进场，应按施工平面图和相应位置堆放，并做好合理储备和保管工作。

④ 严格验收、检查、核对材料的数量和规格，做好材料试验和检验工作，保证施工质量。

（2）构（配）件及设备加工订货准备

① 对于根据施工进度计划及施工预算所提供的各种构（配）件及设备数量，做好加工翻样工作，并编制相应的需用量计划。

② 根据需用计划向有关厂家提出加工订货计划要求，并签订订货合同。

③ 组织构（配）件和设备按计划进场，按施工平面布置图做好存放及保管工作。

（3）施工机具准备

① 各种土方机械、混凝土及砂浆搅拌设备、垂直及水平运输机械、钢筋加工设备、木工机械、焊接设备、打夯机及排水设备等，应根据施工方案对施工机具配备的要求、数量以及施工进度的安排，编制施工机具需用量计划。

② 对由企业内部负责供应的施工机具，应根据需用量计划组织落实，确保按期供应。

③ 对施工企业缺少且需要的施工机具，应与有关单位签订订购和租赁合同，以确保施工需要。

④ 对大型施工机械（如塔式起重机、挖土机、桩基础设备等）的需求量和需求时间，应与有关单位（如专业分包单位）联系，提出要求，落实后签订分包合同，并为大型机械按期进场做好与现场有关的准备工作。

⑤ 对需要安装、调试的施工机具，应按照施工机具需用量计划组织进场，根据施工总平面图将施工机具安置在规定的地方或仓库。施工机具应进行就位、搭棚、拉接电源、保养、调试工作，所有施工机具均应在使用前进行检查和试运转。

（4）生产工艺设备准备

一些庞大设备的安装常要与土建施工穿插进行，如果土建全部完成或封顶，安装设备会有困难，故各种生产工艺设备的交货时间应与其安装时间密切配合，否则将直接影响建设工期。准备时，应按照施工项目工艺流程及工艺设备的布置图，提出工艺设备的名称、型号、生产能力和需用量，确定分期、分批进场时间和保管方式，编制生产工艺设备需用量计划，为组织运输、确定堆场面积提供依据。

（5）运输准备

① 根据上述四项需用量计划，编制运输需用量计划，并组织落实运输工具。

② 明确进场日期，联系和调配所需运输工具，确保材料、构（配）件和机具设备如期进场。

（6）强化施工物资价格管理

① 建立市场信息制度，定期收集、披露市场物资价格信息，提高透明度。

② 在市场价格信息指导下，择优进货；对大宗物资的采购应采取招标采购的方式，在保证物资质量和工程质量的前提下，降低成本、提高效益。

2.2.5 季节性施工准备

建筑工程施工的绝大部分工作是露天作业，因此，季节对施工生产的影响较大，如冬期和雨期。为保证按期、保质完成施工任务，必须做好冬期和雨期的施工准备工作。

1. 冬期施工准备

（1）组织措施

① 合理安排施工进度计划。冬期施工时，条件差、技术要求高、费用增加，因此应合理安排施工进度计划，保证施工质量且费用增加不多的项目在冬期施工，如吊装、打桩、室内装饰装修等工程；费用增加较多又不易保证施工质量的项目，则不宜安排在冬期施工，如土方、基础、外装修、屋面防水等工程。

② 进行冬期施工的工程项目在入冬前应组织编制冬期施工方案，结合工程实际及施工经验等进行，可依据《建筑工程冬期施工规程》（JGJ/T 104—2011）的规定进行编制。编制的原则是：确保工程质量、经济合理，使增加的费用最少；所需的热源和材料有可靠的来源，且应减少能源消耗；确保可缩短工期。冬期施工方案包括：施工程序，施工方法，现场布置，设备、材料、能源、工具的供应计划，安全防火措施，测温制度和质量检查制度等。冬期施工方案确定后，应组织有关人员学习，并向队组进行交底。

③ 组织人员培训。进入冬期施工前，应对掺外加剂人员、测温保温人员、锅炉司炉工和火炉管理人员进行技术业务培训，学习工作范围内的有关知识，明确职责，经考试合格后，方可上岗工作。

④ 与当地气象台保持联系，及时接收天气预报，防止寒流突然来袭。

⑤ 安排专人测量施工期间的室外气温、暖棚内气温、砂浆温度、混凝土的温度，并做好有关记录。

（2）图纸准备

进行冬期施工的工程项目应复核施工图纸，检查其是否能适应冬期施工要求，如墙体的高厚比、横墙间距等有关的结构稳定性，及工程结构能否在寒冷状态下安全过冬等问题，并通过图纸会审解决。

（3）现场准备

① 根据实物工程量提前组织有关机具、外加剂和保温材料、测温材料进场。

② 搭建加热用的锅炉房、搅拌站、敷设管道，对锅炉进行试火、试压，对各种加热的材料、设备进行检查，确保其安全可靠。

③ 计算变压器容量，接通电源。

④ 对工地的临时给水排水管道及石灰膏等材料做好保温防冻工作，防止道路积水成冰，及时清扫积雪，保证车辆运输顺利。

⑤ 做好冬期施工混凝土、砂浆及外加剂的试配、试验工作，提出施工配合比。

⑥ 做好室内施工项目的保温，如完成供热系统、安装门窗玻璃等，保证室内的其他项目能顺利施工。

（4）安全与防火

① 冬期施工时，要采取防滑措施。

② 雪后必须将架子上的积雪打扫干净，并检查马道平台，如有松动下沉现象，必须及时进行处理。

③ 施工时，如接触气源、热水，要避免烫伤；使用氯化钙、漂白粉时，要避免腐蚀皮肤。

④ 亚硝酸钠有剧毒，要加强保管，防止突发性误食中毒。

⑤ 对现场火源要加强管理，使用天然气、煤气时，要防止爆炸；使用焦炭炉、煤炉或天然气、煤气时，应注意通风换气，防止中毒。

⑥ 电源开关、控制箱等设施要加锁，并设专人负责管理，防止漏电、触电。

2. 雨期施工准备

（1）合理安排雨期施工

为避免雨期窝工造成损失，一般情况下，在雨期到来前，应尽量完成基础、地下工程、土方工程、室外及屋面工程等不宜在雨期施工的项目，多留些室内工作，以便在雨期施工。

（2）加强施工管理，做好雨期施工的安全教育

认真编制雨期施工技术措施（如雨期前后的沉降观测措施，保证防水层雨期施工质量的措施，保证混凝土配合比、浇筑质量的措施和钢筋除锈的措施等），认真组织贯彻实施。加强对职工的安全教育，防止各种事故的发生。

（3）防洪排涝，做好现场排水工作

工程地点若在河流附近且上游有大面积山地丘陵，应做好防洪排涝准备。施工现场雨期到来前，应做好排水沟渠的开挖，准备好抽水设备，防止因场地内积水和地沟、基槽、地下室等浸水而对工程项目造成损害。

（4）做好道路维护，保证运输畅通

雨期到来前，检查道路边坡排水，适当垫高路面，防止路面凹陷，保证运输畅通。

（5）做好物资的储存

雨期到来前，应多储存物资，减少雨期运输量，节约费用。准备必要的防雨器材，库房四周应有排水沟渠，防止物资因淋雨、浸水而变质，仓库应做好地面防潮、屋面防漏雨的工作。

（6）做好机具设备等防护工作

雨期施工时，应对现场的各种设施、机具加强检查，如脚手架、垂直运输设施等，应采取防倒塌、防雷击、防漏电等一系列技术措施，现场机具设备（如焊机、闸箱等）应有防雨措施。

3. 夏季施工准备

（1）编制夏季施工项目的施工方案

夏季施工条件差、气温高、干燥，针对这些特点，对安排在夏季施工的项目应编制夏季施工项目的施工方案及所要采取的技术措施。如大体积混凝土在夏季施工应合理选择浇筑时间，做好测温和养护工作，保证大体积混凝土的施工质量。

（2）现场防雷装置的准备

夏季经常有雷雨，因此工地现场应有防雷装置，特别是高层建筑和脚手架等。应按规定搭设临时避雷装置，确保工地现场用电设备的安全运行。

（3）施工人员防暑降温工作的准备

夏季施工，应做好施工人员的防暑降温工作，调整作息时间；高温场所及通风不良的地方应加强通风和降温措施，做到安全施工。

项 目 小 结

本项目首先介绍了施工准工作的重要性、准备工作的分类及要求，其次重点介绍了施工准备工作的具体内容，包括原始资料的分析、技术资料的准备、施工现场准备、资源准备及季节性施工准备等。通过以上各方面的施工准备工作，帮助读者确保工程项目在后续的实际施工中能够顺利进行，达到既定的质量、进度和安全目标。

课 后 习 题

1. 施工准备工作是如何进行分类的？
2. 技术资料准备的工作包括哪些内容？
3. 施工现场准备工作有哪些？
4. 物资准备包括哪些工作？

项目3

流水施工原理

项目导读

流水施工为工程项目组织实施的一种管理形式，是由固定组织的工人在若干个工作性质相同的施工环境中依次连续工作的一种施工组织方法。工程施工中，可以采用依次施工（亦称顺序施工法）、平行施工和流水施工等组织方式。对于相同的施工对象，当采用不同的作业组织方法时，其效果也各不相同。流水施工作为现代工程建设的重要技术手段，其应用不仅能够提高施工效率，降低成本，还能为工程质量的提升提供有力保障。

学习目标

知识目标

1. 了解流水施工的基本概念。
2. 理解并掌握流水施工的组织方式。
3. 了解流水施工的实际应用。

能力目标

1. 能够根据工程实际情况，确定适合的流水施工方案，确保施工顺利进行。
2. 能够有效组织和管理流水施工的各个环节，确保流水施工顺利实施。
3. 能够分析和评估工程项目的特点和需求，并根据实际情况做出合理决策。

素质目标

1. 培养学生具备良好的组织协调能力，能够推动流水施工计划的实施。
2. 培养学生具备灵活适应能力，能够在流水施工过程中及时应对变化和挑战。

3. 培养学生具备责任心和团队合作精神，能够与团队成员密切合作，共同完成流水施工任务。

思政目标

1. 鼓励学生在实践中不断探索和创新，以适应不断变化的技术进步和市场需求。

2. 强调在运用流水施工原理时必须严格遵守国家和地方的法律法规，以及行业内的相关标准，提升学生的法治观念和职业道德。

3.1 流水施工的概述

3.1.1 流水施工

流水施工

流水施工包括以下三种施工方式及特点，具体说明如下。

1. 依次施工方式的特点

（1）没有充分利用工作面进行施工，工期长。

（2）若按专业成立工作队，则各专业队不能连续作业，时间间歇、劳动力及施工机具等资源无法均衡使用。

（3）若由一个工作队完成全部施工任务，则不能实现专业化施工，不利于提高劳动生产率和工程质量。

（4）单位时间内投入的劳动力、施工机具、材料等资源较少，有利于资源供应的组织。

（5）施工现场的组织、管理比较简单。

2. 平行施工方式的特点

（1）充分利用工作面进行施工，工期短。

（2）若每一个施工对象均按专业成立工作队，则各专业队不能连续作业，劳动力及施工机具等资源无法均衡使用。

（3）若由一个工作队完成一个施工对象的全部施工任务，则不能实现专业化施工，不利于提高劳动生产率和工程质量。

（4）单位时间内投入的劳动力、施工机具、材料等资源量成倍地增加，不利于资源供应的组织。

（5）施工现场的组织、管理比较复杂。

3. 流水施工方式的特点

（1）尽可能地利用工作面进行施工，工期较短。

（2）各工作队实现了专业化施工，有利于提高技术水平和劳动生产率，也有利于提高工程质量。

（3）专业工作队能连续施工，使相邻专业队的开工时间能够最大限度地搭接。

（4）单位时间内投入的劳动力、施工机具、材料等资源较为均衡，有利于资源供应的组织。

（5）为施工现场的文明施工和科学管理创造了有利条件。

通过比较三种施工方式可以看出，流水施工是一种先进的、科学的施工方式。由于在工艺过程划分、时间安排和空间布置上进行统筹安排，流水施工将会体现出优越的技术经济效果见表 3-1。

表 3-1　流水施工的技术经济效果

施工特点	效果
施工工期较短，可以提高投资效益	流水施工的节奏性、连续性可加快各专业队的施工进度，减少时间间隔。特别是相邻专业队在开工时间上可以最大限度地进行搭接，充分利用工作面，做到尽早地开始工作，从而达到缩短工期的目的，使工程可尽快交付使用或投产，获得经济效益和社会效益
实现专业化生产，可以提高施工技术水平和劳动生产率	流水施工建立了合理的劳动组织，使各工作队实现了专业化生产，工人连续作业、操作熟练，便于不断改进操作方法和施工机具，从而提高施工技术水平和劳动生产率
连续施工，可以充分发挥施工机械和劳动力的生产效率	流水施工组织合理，工人连续作业，没有窝工现象，机械闲置时间短，增加了有效劳动时间，从而使施工机械和劳动力的生产效率得到提高
提高工程质量，可以增加建设工程的使用寿命和节约使用过程中的维修费用	由于流水施工实现了专业化生产，工人技术水平高，而且各专业队之间紧密地搭接作业，相互监督，可以使工程质量得到提高。因此，可以延长建设工程的使用寿命，也可以减少建设工程使用过程中的维修费用
降低工程成本，可以提高承包单位的经济效益	流水施工资源消耗均衡，便于组织资源供应，使资源储存合理、利用充分，可以减少各种不必要的损失，节约材料费；流水施工生产效率高，可以节约人工费和机械使用费；流水施工降低了施工高峰人数，使材料、设备得到合理供应，可以减少临时设施工程费；流水施工工期较短，可以减少企业管理费。工程成本的降低，可以提高承包单位的经济效益

3.1.2 流水施工的表示法

1. 流水施工的横道图表示法

某基础工程流水施工的横道图表示法如图 3-1 所示。图中的横表头为流水施工的持续时间；纵表头为流水施工过程的名称或编号；n 条带有编号的水平线段表示 n 个施工过程或专业工作队的施工进度安排，其编号①、②、③、④表示不同的施工段。

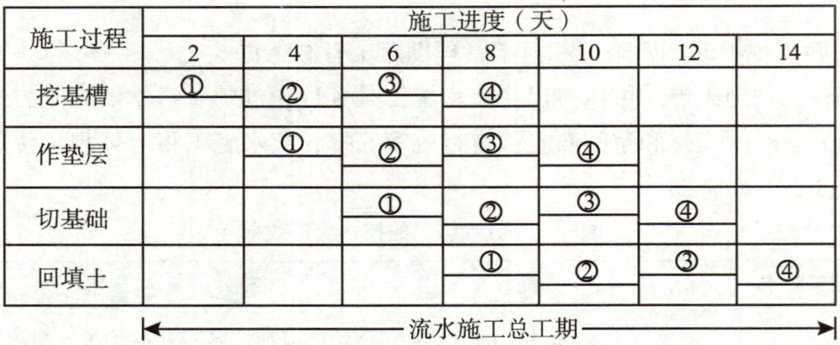

图 3-1 流水施工横道图表示法

横道图表示法的优点：绘图简单，施工过程及其先后顺序表达清楚，时间和空间状况形象、直观，使用方便，被广泛用于表达施工进度计划。

2. 流水施工的垂直图表示法

某基础工程流水施工的垂直图表示法如图 3-2 所示。图中的横坐标表示流水施工的持续时间；纵坐标表示流水施工所处的空间位置，即施工段的编号；n 条斜向线段表示 n 个施工过程或专业工作队的施工进度。

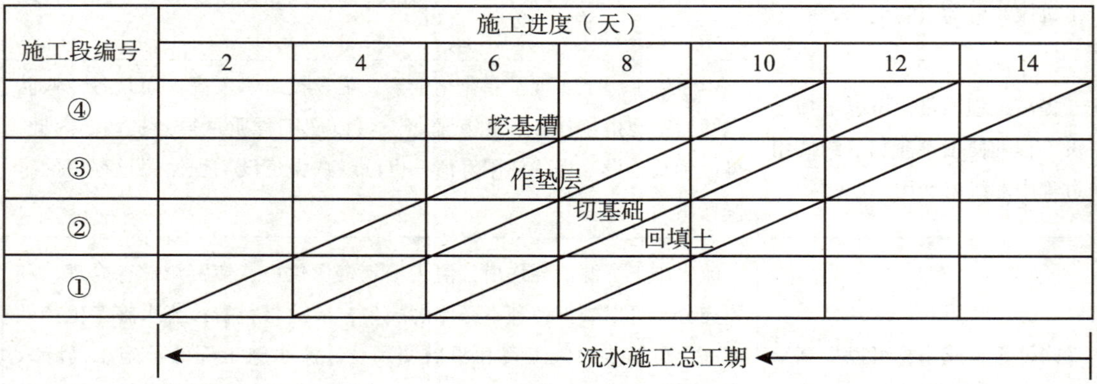

图 3-2 流水施工垂直图表示法

垂直图表示法的优点：施工过程及其先后顺序表达清楚，时间和空间状况形象、直观。斜向进度线的斜率可以直观表示出各施工过程的进度，但其编制实际工程进度计划没有横道图表示法方便。

3. 1. 3　流水施工参数

1. 工艺参数

工艺参数是指在组织流水施工时，用来表达流水施工在施工工艺方面进展状态的参数，包括施工过程和流水强度两个参数。

(1) 施工过程

组织建设工程流水施工时，根据施工组织及计划安排的需要，将计划任务划分成的子项称为施工过程，施工过程划分的粗细程度因实际需要而定。当编制控制性施工进度计划时，组织流水施工的施工过程可以划分得粗一些，施工过程可以是单位工程，也可以是分部工程；当编制实施性施工进度计划时，施工过程可以划分得细一些，施工过程可以是分项工程，也可以是将分项工程按照专业工种不同分解而成的施工工序。

施工过程的数目一般用 n 表示，是流水施工的主要参数之一。根据其性质和特点的不同，施工过程一般可分为三类，见表 3-2。

表 3-2　施工过程分类

分类	内容
建造类施工过程	指在施工对象空间上直接进行砌筑、安装与加工，最终形成建筑产品的施工过程，是建设工程施工中占有主导地位的施工过程，如建（构）筑物的地下工程、主体结构工程、装饰工程等
运输类施工过程	指将建筑材料、各类构（配）件、成品、制品和设备等运到工地仓库或施工现场使用地点的施工过程
制备类施工过程	指为提高建筑产品生产的工厂化、机械化程度和生产能力而形成的施工过程，如砂浆、混凝土、各类制品、门窗等的制备过程和混凝土构件的预制过程

(2) 流水强度

流水强度是指流水施工的某施工过程（专业工作队）在单位时间内所完成的工程量，也称流水能力或生产能力。如浇筑混凝土施工过程的流水强度是指每个工作班，浇筑的混凝土立方数。

流水强度可用下式计算求得

$$V=\sum_{i=1}^{X}R_iS_i \tag{3-1}$$

式中　V——某施工过程（专业工作队）的流水强度；

R_i——投入该施工过程中的第 i 种资源量（施工机械台数或工人数）；

S_i——投入该施工过程中第 i 种资源的产量定额；

X——投入该施工过程中的资源种类数。

2. 空间参数

空间参数是指在组织流水施工时，用来表达流水施工在空间布置上开展状态的参数，通常包括工作面和施工段。

（1）工作面

工作面是指供某专业工种的工人或某种施工机械进行施工的活动空间。工作面的大小，表明可安排施工人数或机械台数的多少；每个作业工人或每台施工机械所需工作面的大小，取决于单位时间内其完成的工程量和安全施工的要求。工作面确定得合理与否，直接影响专业工作队的生产效率。因此，必须确定合理的工作面。

（2）施工段

施工段是将施工对象在平面或空间上划分成若干个劳动量大致相等的施工段落。施工段的数目一般用 m 表示，是流水施工的主要参数之一。

① 划分施工段是为了组织流水施工

建设工程体型庞大，因此可以将其划分成若干个施工段，从而为组织流水施工提供足够的空间。在组织流水施工时，专业工作队完成一个施工段的任务后，遵循施工组织的顺序到另一施工段上作业，产生连续流动施工的效果。在一般情况下，一个施工段在同一时间内，只可安排一个专业工作队施工，各专业工作队应遵循施工工艺顺序依次投入作业，同一时间内在不同的施工段上平行施工，使流水施工均衡地进行。组织流水施工时，可以划分足够数量的施工段，充分利用工作面，避免窝工，以缩短工期。

② 划分工段的原则

施工段内的施工任务由专业工作队依次完成，因而两个施工段间易形成施工缝。同时，施工段数量的多少将直接影响流水施工的效果。为使施工段划分得合理，应遵循下列原则。

◆同一专业工作队在各个施工段的劳动量应大致相等，相差幅度不宜超过10%~15%。

◆每个施工段内应有足够的工作面，保证相应数量的工人、主导施工机械的生产效率，满足合理劳动组织的要求。

◆施工段的界限应与结构界限（如沉降缝、伸缩缝等）吻合，或设置在对建筑结构整体性影响小的部位，保证建筑结构的整体性。

◆施工段的数目应满足合理组织流水施工的要求。施工段过多，会降低施工速度，延长工期；施工段过少，不利于充分利用工作面，可能造成窝工。

◆对多层建（构）筑物或需分层施工的工程，应先分施工段，再分施工层。各专业工作队依次完成第一施工层中各施工段任务后，转入第二施工层的施工段上作业。依此类推，确保相应专业队在施工段与施工层之间，组织连续、均衡、有节奏的流水施工。

3. 时间参数

时间参数是指在组织流水施工时，用来表达流水施工在时间安排上所处状态的参数，包括流水节拍、流水步距和流水施工工期等。

（1）流水节拍

流水节拍是指在组织流水施工时，某个专业工作队在一个施工段上的施工时间。第 j 个专业工作队在第 i 个施工段的流水节拍一般用 $t_{j,i}$ 表示 $(j=1,2,\cdots,n;i=1,2,\cdots,m)$。

流水节拍是流水施工的主要参数之一，其表明流水施工的速度和节奏性。流水节拍小，其流水速度快，节奏感强；反之则相反。流水节拍决定着单位时间的资源供应量，同时，流水节拍也是区别流水施工组织方式的特征参数。

同一施工过程的流水节拍主要由所采用的施工方法、机械以及在工作面允许的前提下投入施工的作业人数、机械台班数量和采用的工作班次等因素确定。为均衡施工和减少转移施工段时消耗的工时，可适当调整流水节拍，其数值宜为半个班的整数倍。

① 定额计算法

如果已有定额标准时，可按下式确定流水节拍

$$t_{j,i}=\frac{Q_{j,i}}{S_jR_jN_j}=\frac{P_{j,i}}{R_jN_j} \tag{3-2}$$

$$t_{j,i}=\frac{Q_{j,i}H_j}{R_jN_j}=\frac{P_{j,i}}{R_jN_j} \tag{3-3}$$

式中 $t_{j,i}$——第 j 个专业工作队在第 i 个施工段的流水节拍；

$Q_{j,i}$——第 j 个专业工作队在第 i 个施工段要完成的工程量或工作量；

S_j——第 j 个专业工作队的计划产量定额；

H_j——第 j 个专业工作队的计划时间定额；

$P_{j,i}$——第 j 个专业工作队在第 i 个施工段需要的劳动量或机械台班数量；

R_j——第 j 个专业工作队所投入的人工数或机械台班数量；

N_j——第 j 个专业工作队的工作班次。

提 示

如果根据工期要求采用倒排进度的方法确定流水节拍，可用式（3-2）或式（3-3）反算出所需要的作业人数或机械台班数量，必须检查劳动力、材料和施工机械数量以及工作面的大小是否足够作业等。

② 经验估算法

对采用新结构、新工艺、新方法和新材料等没有定额可循的工程项目，可根据施工经验估算流水节拍。

（2）流水步距

流水步距是指组织流水施工时，相邻两个施工过程（或专业工作队）开始施工的最小间隔时间。流水步距一般用 $K_{j,j+1}$ 表示，j（$j=1$，2，…，$n-1$）为专业工作队或施工过程

的编号，是流水施工的主要参数之一。

流水步距的数目取决于参加流水的施工过程数。若施工过程数为 n 个，则流水步距的总数为 $n-1$ 个。

流水步距的大小取决于相邻两个施工过程（或专业工作队）在各个施工段上的流水节拍及流水施工的组织方式。确定流水步距时，应满足以下基本要求。

① 各施工过程按各自流水速度施工，保持工艺先后顺序。

② 各施工过程（专业工作队）投入施工后，尽量保持连续作业。

③ 相邻两个施工过程（或专业工作队）在满足连续施工的条件下，宜最大限度地实现合理搭接。

根据以上基本要求，不同的流水施工组织形式可以采用不同的方法确定流水步距。

（3）流水施工工期

流水施工工期是指从第一个专业工作队投入流水施工开始，到最后一个专业工作队完成流水施工为止的整个持续时间。由于一项建设工程包括诸多流水施工队组，故流水施工工期不是整个工程的总工期。

3.2 流水施工的组织方式

3.2.1 流水施工分类

根据流水施工的节奏特征，流水施工可划分为有节奏流水施工和无节奏流水施工，有节奏流水施工又可分为等节奏流水施工和异节奏流水施工，其分类关系及组织流水方式如图 3-3 所示。

- 流水施工
  - 有节奏流水施工
    - 等节奏流水施工(可组织固定节奏流水施工)
    - 异节奏流水施工
      - 等步距成倍节奏流水施工(可组织分别流水施工)
      - 异步距成倍节奏流水施工(可组织分别流水施工)
  - 无节奏流水施工(可组织分别流水施工)

图 3-3　按流水节奏特征分类

3.2.2 等节奏流水施工

等节奏流水施工也叫全等节拍流水施工或固定节拍流水施工，是指在组织流水施工时，各施工过程在各施工段上的流水节拍全部相等。等节奏流水有以下基本特征：施工过程本身在各施工段上的流水节拍都相等；各施工过程的流水节拍彼此都相等；当没有平行搭接和间歇时，流水步距等于流水节拍。等节奏流水施工根据流水步距的不同可分为两种类型。

1. 等节奏等步距流水施工

等节奏等步距流水施工即各流水步距值均相等，且等于流水节拍值的一种流水施工方式。各施工过程之间没有技术与组织间歇时间（$Z=0$），也不安排相邻施工过程在同一施工段上的搭接施工（$C=0$）。有关参数计算如下。

（1）流水步距的计算

这种情况下的流水步距都相等且等于流水节拍，即 $K=t$。

（2）流水工期的计算

因为 $$\sum K_{i,i+1}=(n-1)t, T_n=mt$$

所以

$$T=\sum K_{i,i+1}+T_n=(n-1)t+mt=(m+n-1)t \tag{3-4}$$

【例 3-1】某工程划分为 A、B、C、D 4 个施工过程，每个施工过程分为 5 个施工段，流水节拍均为 3 d，试组织等节拍等步距流水施工。

根据题设条件和要求，该题只能组织全等节拍流水施工。

确定流水步距：$K=t=3$(d)

确定计算总工期：$T=(m+n-1)t=(5+4-1)\times 3=24$(d)

绘制流水施工进度图，如图 3-4 所示。

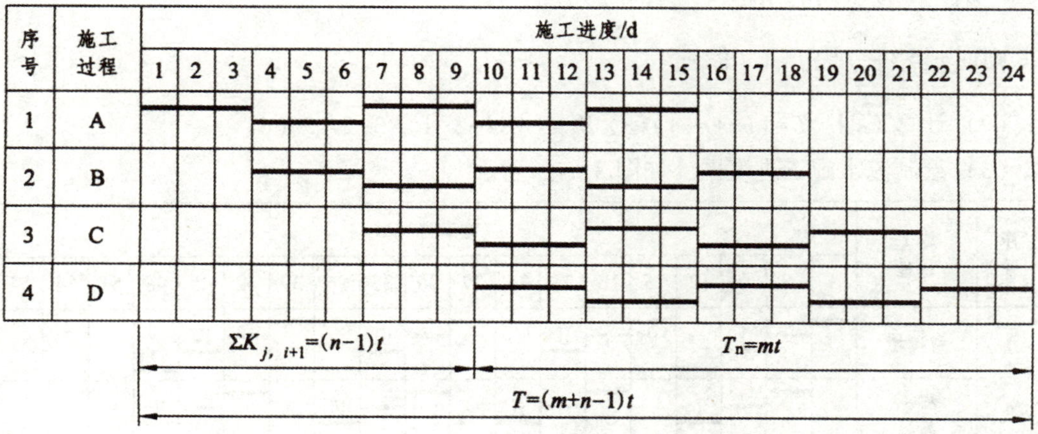

图 3-4　某工程等节拍等步距流水施工进度

【结论】全等节拍流水施工，一般只适用于施工对象结构简单、工程规模较小、施工过程数不太多的房屋工程或线型工程，如道路工程、管道工程等。

2. 等节奏不等步距流水施工

等节奏不等步距流水施工即各施工过程的流水节拍全部相等，但各流水步距不相等（有的步距等于节奏，有的步距不等于节奏）。这是各施工过程之间，有的需要有技术与组织间歇时间，有的可以安排搭接施工所致。有关参数计算如下。

（1）流水步距的计算

这种情况下的流水步距 $K_{i,i+1}+1=t_i+(Z_1+Z_2-C)$

（2）流水工期的计算

因为 $\sum K_{i,i+1}=(n-1)t+\sum Z_1+\sum Z_2-\sum C,T_n=mt$

所以

$$T=(n-1)t+\sum Z_1+\sum Z_2-\sum C+mt=(m+n-1)t+\sum Z_1+\sum Z_2-\sum C \tag{3-5}$$

【例 3-2】某 4 层 4 单元砖混结构住宅楼主体工程，由砌砖墙、现浇梁板、吊装预制板 3 个施工过程组成，它们的流水节拍均为 3 d。设现浇梁板后要养护 2 d 后才能吊装预制楼板，吊装完楼板后要嵌缝、找平弹线 1 d，试确定每层施工段数 m 及流水工期 T，并绘制流水进度图。

（1）确定施工段数

当工程属于层间施工，又有技术间歇及层间间歇时，其每个施工层施工段数可按下式计算

$$m\geqslant n+\frac{\sum Z_i}{K}+\frac{Z_3}{K}$$

式中 $\sum Z_i$——施工层中各施工过程间技术、组织间歇时间之和；

Z_3——楼层间的技术、组织间歇时间。

则取 $m=3+\frac{2}{3}+\frac{1}{3}=4$（段）

（2）计算工期：$T=(jm+n-1)t+\sum Z_1=(4\times4+3-1)\times3+2=56(\mathrm{d})$

（3）绘制流水施工进度图，如图 3-5 所示。

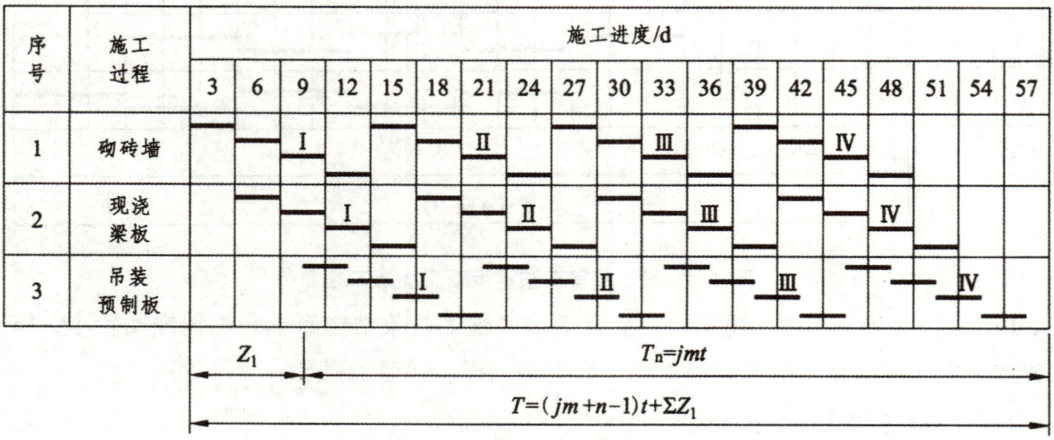

注：Ⅰ、Ⅱ、Ⅲ、Ⅳ表示施工层

图 3-5 层间有间歇等节拍不等步距流水施工进度图

3.2.3　异节奏流水施工

在组织流水施工时常常遇到的问题：如果某施工过程要求尽快完成，或某施工过程的工程量过少，这种情况下，这一施工过程的流水节拍就小；如果某施工过程由于工作面受限制，不能投入较多的人力或机械，这一施工过程的流水节拍就大。这就出现了各施工过程的流水节拍不能相等的情况，这时可组织异节奏流水施工。当各施工过程在同一施工段上的流水节拍彼此不等而存在最大公约数时，为加快流水施工速度，可按最大公约数的倍数确定每个施工过程的专业工作队，这样便构成了一个工期最短的成倍节拍流水施工方案。

1. 成倍节拍流水施工的特点

（1）同一施工过程在各施工段上的流水节拍彼此相等，不同的施工过程在同一施工段上的流水节拍彼此不同，但互为倍数关系。

（2）流水步距彼此相等，且等于流水节拍的最大公约数。

（3）各专业工作队都能够保证连续施工，施工段没有空闲。

（4）专业工作队数大于施工过程数，即 $n'>n$。

2. 流水步距的确定

$$K_{i,i+1}=K_b \tag{3-6}$$

式中　K_b——成倍节拍流水步距，取流水节拍的最大公约数。

3. 每个施工过程的施工队（组）确定

$$b_i=\frac{t_i}{K_b}, n'=\sum b_i \tag{3-7}$$

式中　b_i——某施工过程所需施工队（组）数；

n'——专业施工队（组）总数目。

4. 施工段的划分

（1）不分施工层时，可按划分施工段的原则确定施工段数，一般取 $m=n'$。

（2）分施工层时，每层的最少施工段数为

$$m=n'+\frac{\sum Z_1+\sum Z_2+\sum Z_3-\sum C}{K_b} \tag{3-8}$$

5. 流水施工工期

无层间关系时，有

$$T=(m+n'-1)K_b+\sum(Z_1+Z_2-C) \tag{3-9}$$

有层间关系时，有

$$T=(mj+n'-1)K_b+\sum(Z_1+Z_2-C) \tag{3-10}$$

式中　j——施工层数。

【例 3-3】已知某分部工程有 3 个施工过程，各施工过程的流水节拍分别为：$t_1=6$ d，$t_2=4$ d，$t_3=2$ d，试组织成倍节拍流水施工。

（1）确定流水步距：取为流水节拍的最大公约数 2 d。

（2）求专业工作队数：$b_1=\dfrac{t_1}{K_0}=\dfrac{6}{2}=3$(队)

$$b_2=\frac{t_2}{K_0}=\frac{4}{2}=2(\text{队})$$

$$b_3=\frac{t_3}{K_0}=\frac{2}{2}=1(\text{队})$$

$$n'=\sum_{i=1}^{3}b_i=3+2+1=6(\text{队})$$

（3）求施工段数：取 $m=n'=6$(段)。

（4）施工工期：$T=(m+n'-1)K_b+\sum(Z_1+Z_2-C)=(6+6-1)\times2+0+0=22$(d)

（5）绘制该分部工程的施工进度计划，如图 3-6 所示。

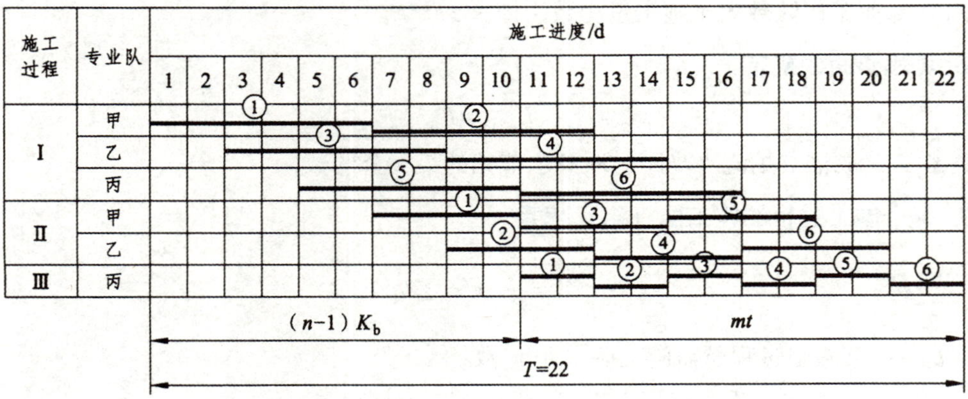

图 3-6　成倍节拍流水施工进度图

【例 3-4】某两层现浇钢筋混凝土工程，施工过程分为安装模板、绑扎钢筋和浇筑混凝土，其流水节拍分别为：$t_{模}=2$ d，$t_{钢筋}=2$ d，$t_{混凝土}=1$ d，当安装模板工作队转移到第二层第一段施工时，需待第一层第一段的混凝土养护 1 d 后才能进行。试组织成倍节拍流水施工，并绘制流水施工进度。

（1）确定流水步距 K_b：取为流水节拍的最大公约数 1 d。

（2）确定每个施工过程的工作队数为

$$b_{模}=\frac{t_{模}}{K_b}=\frac{2}{1}=2(\text{队})$$

$$b_{钢筋}=\frac{t_{钢筋}}{K_b}=\frac{2}{1}=2(\text{队})$$

$$b_{混凝土}=\frac{t_{混凝土}}{K_b}=\frac{1}{1}=1(队)$$

$$n'=\sum_{i=1}^{3}b_i=2+2+1=5(队)$$

(3) 确定每层施工段数

$$m=n'+\frac{\sum Z_1+\sum Z_2+\sum Z_3+\sum C}{K_b}=5+\frac{0+0+1-0}{1}=6(段)$$

(4) 施工工期：$T=(mj+n'-1)K_b+\sum(Z_1+Z_2-C)=(6\times2+5-1)\times1+0-0=16(d)$，绘制该分部工程的施工进度计划，如图 3-7 所示。

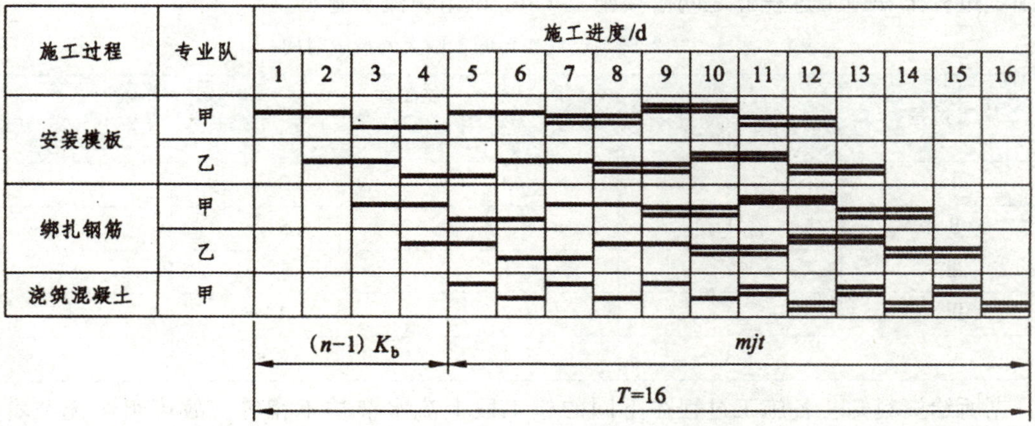

图 3-7 层间有间隙的成倍节拍流水施工进度图

3.2.4 无节奏流水施工

无节奏流水施工又称分别流水施工，是指同一施工过程在各施工段上的流水节拍不全相等，不同的施工过程之间流水节拍也不相等的一种流水施工方式。这种组织施工的方式在进度安排上比较自由、灵活，是实际工程组织施工时最普遍、最常用的一种方法。

1. 无节奏流水施工的特点

(1) 同一施工过程在各施工段上的流水节拍有一个以上不相等。

(2) 各施工过程在同一施工段上的流水节拍也不尽相等。

(3) 保证各专业队（组）连续施工，施工段上可以有空闲。

(4) 施工队组数 n' 等于施工过程数 n。

2. 流水步距的计算

组织无节奏流水施工时，为保证各施工专业队（组）连续施工，关键在于确定适当的流水步距，常用的方法是“逐个累加、错位相减、差值取大”。就是将每一施工过程在各施工段上的流水节拍累加成一个数列，两个相邻施工过程的累加数列错一位相减，在几个差值中取一个最大的，即是这两个相邻施工过程的流水步距，这种方法称为最大差法。

3. 流水工期的计算

无节奏流水施工的工期可按下式计算

$$T=K_{i,i+1}+T_n+(\sum Z_1+\sum Z_2-\sum C) \quad (3-11)$$

式中 $K_{i,i+1}$——流水步距之和。

【例 3-5】某工程项目有Ⅰ、Ⅱ、Ⅲ、Ⅳ、Ⅴ五个施工过程，分四段施工，每个施工过程在各个施工段上的流水节拍，见表 3-3。规定施工过程Ⅱ完成后，其相应施工段至少要养护 2 d；施工过程Ⅳ完成后，其相应施工段要留有 1 d 的准备时间，为了尽早完工，允许施工过程Ⅰ和施工过程Ⅱ之间搭接施工 1 d，试组织流水施工。

表 3-3 各施工过程在各施工段上的持续时间

施工过程	施工段			
	①	②	③	④
Ⅰ	3	2	2	1
Ⅱ	1	3	5	3
Ⅲ	2	1	3	5
Ⅳ	4	2	3	3
Ⅴ	3	4	2	1

据所给资料知：各施工过程在不同的施工段上流水节拍不相等，故可组织无节奏流水施工。

（1）计算流水步距

① $K_{Ⅰ,Ⅱ}$

3　5　7　8

－　1　4　9　12

3　4　3　－1　－12

因此 $K_{Ⅰ,Ⅱ}=\max\{3,4,3,-1,-12\}=4(d)$

② $K_{Ⅱ,Ⅲ}$

1　4　9　12

－　2　3　6　11

1　2　6　6　－11

因此 $K_{Ⅱ,Ⅲ}=\max\{1,2,6,6,-11\}=6(d)$

③ $K_{Ⅲ,Ⅳ}$

2　3　6　11

－　4　6　9　12

2　－1　0　2　－12

因此　$K_{\text{Ⅲ},\text{Ⅳ}}=\max\{2,-1,0,2,-12\}=2(\text{d})$

④ $K_{\text{Ⅳ},\text{Ⅴ}}$

4	6	9	12	
−	3	7	9	10
4	3	2	3	−10

因此　$K_{\text{Ⅳ},\text{Ⅴ}}=\max\{4,3,2,3,-10\}=4(\text{d})$

(2) 计算施工工期

$$\sum Z_1=2+1=3(\text{d}),\sum C=1(\text{d})$$

代入工期公式计算得

$$T=K_{i,i+1}+T_n+\sum Z_1-\sum C=(4+6+2+4)+(3+4+2+1)+3-1=28(\text{d})$$

(3) 绘制流水施工进度图，如图3-8所示。

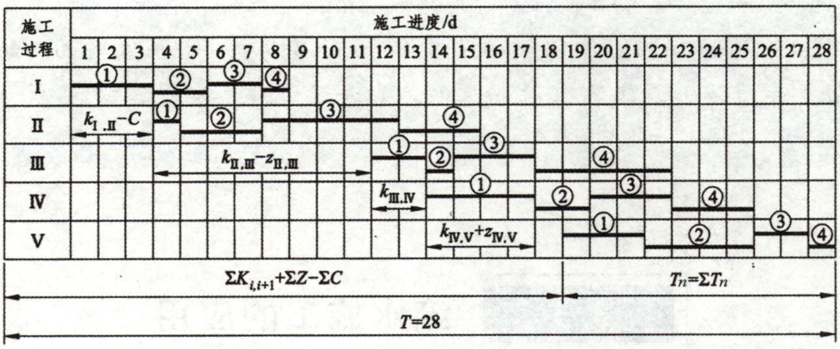

图3-8　无节奏流水施工进度图

拓展阅读

组织流水施工的要点

组织建筑施工流水作业，必须进行以下准备工作。

1. 划分施工过程

把建筑物的整个建造过程分解为若干个施工过程，每个施工过程分别由固定的专业队负责实施完成。

划分施工过程的目的，是为了对施工对象的建造过程进行分解，以便于逐一实现局部对象的施工，从而使施工对象整体得以实现。也只有这种合理的分解，才能组织专业化施工和有效地协作。

2. 划分施工段

把建筑物尽可能地划分为劳动量大致相等的施工段，也可称为流水段。划分施工段是为了把庞大的建筑物（建筑群）划分成“批量”的“产品”，从而形成流水作业的前提。每一个段就是一个假定“产品”。一般说来，单体建筑物施工分“段”，群体建筑施工分“区”。

3. 确定各施工专业队在各施工段内的工作持续时间

这个工作持续时间代表施工的节奏性。工作持续时间要用工程量、人数、工作效率（或定额）三个因素进行计算或估算。

4. 各专业队在各施工段上依次连续施工

各专业队按一定的施工工艺，配备必要的机具，依次、连续地由一个施工段转移到另一个施工段，反复地完成同类工作。这就相当于专业队要连续地对假定产品逐个进行专业的“加工”。与工业流水生产线不同的是建筑产品是固定的，所以“流水”的只能是专业队。这是建筑流水施工与工业生产流水作业的本质区别。

5. 不同专业队完成各施工过程的时间适当地搭接起来

不同的专业队之间的关系，关键的是工作时间上有搭接。搭接工作的目的是节省时间，也往往是连续施工或工艺上所要求的。要通过计算，实现搭接适当，工艺技术上可行。

3.3 流水施工的应用

在建筑工程项目施工过程中，流水施工方式是一种先进、科学的施工方式。在编制工程的施工进度计划时，应该根据工程的具体情况以及施工对象的特点，选择适当的流水施工组织方式组织施工，以保证施工的节奏性、均衡性和连续性。由于建筑施工由许多施工过程所组成，我们在安排它们的流水施工时，通常的做法是将施工工艺上互相联系的施工过程组成不同的专业组合（如基础工程、主体工程及装饰工程等），然后按照各个专业组合的施工过程的流水节拍特征（节奏性），分别组织成独立的流水组进行分别流水，在每个流水组内，若分部工程的施工数目不多于3~5个，可以通过调整班组个数使得各施工过程的流水节拍相等，从而采用全等节拍流水施工方式，这是一种最理想、最合理的流水方式。这种方式要保证几个主导施工过程的连续性，对其他非主导施工过程，只力求使其在施工段上尽可能各自保持连续施工，最后将这些流水组按照工艺要求和施工顺序依次搭接起来，即成为一个工程对象的工程流水或一个建筑群的流水施工。下面以一个常见的施工实例来阐述流水施工在建筑工程中的实际应用。

某4层教学办公楼，建筑面积为1 240 m^2，基础为钢筋混凝土条形基础，主体工程为全现浇框架结构，装修工程为塑窗、镶板门；外墙用白色外墙贴面，内墙为中级抹灰，普通涂料刷白；楼地面为水磨石，屋面用聚氯乙烯泡沫塑料做保温层，水泥砂浆找平，并铺一毡二油防水层。其劳动量见表 3-4。

表 3-4　某 4 层框架结构办公楼劳动量一览表

工程名称	分项工程名称	劳动量/日
基础工程	基坑挖土	100
	浇筑混凝土垫层	20
	绑扎基础钢筋	30
	基础模板	34
	浇筑基础混凝土	40
	回填土	16
主体工程	搭设脚手架	96
	立柱钢筋	48
	安装柱、梁、板模板（含梯）	360
	浇捣柱混凝土	80
	绑扎梁、板、钢筋（含梯）	160
	浇捣梁、板混凝土（含梯）	240
	拆模	120
	堆砌块墙	240
屋面工程	保温隔热层	28
	屋面找平层	21
	屋面防水层	14
装饰工程	天棚墙面抹灰	320
	外墙面砖	180
	楼地面及楼梯水磨石	120
	塑钢窗安装	76
	镶板门	26
	内墙涂料	24
	油漆	21

由于本工程各分部的劳动量差异较大，因此先分别组织各分部工程的流水施工，再考虑各分部之间的相互搭接施工。

3.3.1 基础工程

基础工程包括基坑挖土，浇筑混凝土垫层、绑扎基础钢筋、基础模板、浇筑基础混凝土、回填土等施工过程。基础垫层的劳动量较小，可与挖土合并为一个施工过程。基础的绑筋与基础的模板可合并为一个施工过程来考虑。这样，基础工程的6个施工过程合并为4个施工过程，即$n=4$。由于占地300 m左右，把基础工程在平面上划分为2个施工段来组织全等节拍流水施工（$m=2$）。各参数计算如下。

① 基坑挖土和垫层的劳动量之和为120 d，施工班组人数为30人，采用一班制施工，垫层需要养护1 d，其流水节拍为

$$t_{挖、垫}=\frac{120}{30\times2}=2(\mathrm{d})$$

② 基础绑扎钢筋和基础模板劳动量之和为64 d，施工班组人数为16人，采用一班制，其流水节拍为

$$t_{扎筋}=\frac{64}{16\times2}=2(\mathrm{d})$$

③ 基础混凝土劳动量为40 d，施工班组人数为10人，采用一班制，其流水节拍为

$$t_{混凝土}=\frac{40}{10\times2}=2(\mathrm{d})$$

④ 基础回填土劳动量为16 d，施工班组人数为4人，采用一班制，基础混凝土完成后间歇1 d回填，其流水节拍为

$$t_{回}=\frac{16}{4\times2}=2(\mathrm{d})$$

⑤ 基础工程的工期为

$$T_{基}=(m+n-1)t+\sum Z-\sum C=(2+4-1)\times3+1=16(\mathrm{d})$$

3.3.2 主体工程

主体工程包括立柱钢筋，安装柱、梁、板模板（含梯），浇捣柱混凝土，绑扎梁、板、钢筋（含梯），浇捣梁、板混凝土（含梯），搭设脚手架，拆模，砌砌块墙等施工过程。本工程平面上划分为2个施工段（$m=2$），主体工程由于有层间关系，要保证施工过程连续施工，必须使$m>n$，否则，施工班组会出现窝工现象。本工程主导施工过程是柱、梁、板模板的安装，要组织主体工程流水施工，就要保证主导施工过程的连续作业，其余施工过程的施工班组与其他的工地统一考虑调度安排。

主体工程施工过程数目较多，又有层间关系，因此组织无节奏流水施工。各参数计算如下。

① 立柱钢筋的劳动量为48 d，施工班组人数为6人，施工段数为$m=4\times2$，采用一班

制，其流水节拍计算为

$$t_{柱筋}=\frac{48}{6\times4\times2}=1(\mathrm{d})$$

② 安装柱、梁、板模板（含楼梯模板）的劳动量为 360 d，施工班组人数为 15 人，施工段数为 $m=4\times2$，采用一班制，其流水节拍计算为

$$t_{安模}=\frac{360}{15\times4\times2}=3(\mathrm{d})$$

③ 浇捣柱混凝土的劳动量为 80 d，施工班组人数为 10 人，施工段数为 $m=4\times2$，采用一班制，其流水节拍计算为

$$t_{柱混凝土}=\frac{80}{10\times4\times2}=1(\mathrm{d})$$

④ 绑扎梁、板钢筋（含楼梯钢筋）的劳动量为 160 d，施工班组人数为 5 人，施工段数为 $m=4\times2$，采用两班制，其流水节拍计算为

$$t_{梁、板、梯筋}=\frac{160}{5\times4\times2\times2}=2(\mathrm{d})$$

⑤ 浇捣梁、板混凝土（含楼梯混凝土）的劳动量为 240 d，施工班组人数为 15 人，施工段数为 $m=4\times2$，采用两班制，其流水节拍计算为

$$t_{梁、板、混凝土}=\frac{240}{15\times4\times2\times2}=1(\mathrm{d})$$

⑥ 梁、板、柱的拆模计划在梁、板混凝土浇捣 12 d 后进行，劳动量为 120 工日，施工班组人数为 15 人，施工段数为 $m=4\times2$，采用一班制，其流水节拍计算为

$$t_{拆模}=\frac{120}{15\times4\times2\times1}=1(\mathrm{d})$$

⑦ 砌砌块墙的劳动量为 240 d，施工班组人数为 10 人，施工段数为 $m=4\times2$，采用一班制，其流水节拍计算为

$$t_{砌块墙}=\frac{240}{10\times4\times2\times1}=3(\mathrm{d})$$

3.3.3 屋面工程

屋面工程包括屋面保温隔热层、屋面找平层和屋面防水层 3 个施工过程，考虑屋面防水要求高，所以不分段施工，即采用依次施工的方式。

屋面保温隔热层劳动量为 28 d，施工班组人数为 4 人，采用一班制，其施工持续时间为

$$t_{保温}=\frac{28}{4}=7(\mathrm{d})$$

屋面找平层劳动量为 21 d，施工班组人数为 7 人，采用一班制，其施工持续时间为

$$t_{找平}=\frac{21}{7}=3(\mathrm{d})$$

屋面找平层完成后，经过养护和干燥时间，方可进行屋面防水层的施工，防水层的劳动量为 24 d，施工班组人数为 6 人，采用一班制，其施工持续时间为

$$t_{防水}=\frac{24}{6}=4(\mathrm{d})$$

3.3.4 装饰工程

装饰工程包括天棚墙面抹灰、外墙面砖、楼地面及楼梯水磨石、塑钢窗安装、镶板门安装、内墙涂料、油漆等施工过程。参与流水的施工过程为 $n=7$。

装修工程采用自上而下的装修顺序，把每层房屋视为一个施工段，共 4 个施工段（$m=4$）。

天棚墙面抹灰劳动量为 320 d，施工班组人数为 8 人，两班制施工，则其流水节拍为

$$t_{抹灰}=\frac{320}{4\times8\times2}=5(\mathrm{d})$$

外墙面砖劳动量为 180 d，施工班组人数为 15 人，一班制施工，则其流水节拍为

$$t_{外墙}=\frac{180}{4\times15\times1}=3(\mathrm{d})$$

楼地面及楼梯水磨石劳动量为 120 d，施工班组人数为 10 人，一班制施工，则其流水节拍为

$$t_{楼地面}=\frac{120}{4\times10\times1}=3(\mathrm{d})$$

塑钢窗安装 76 d，施工班组人数为 5 人，一班制施工，则其流水节拍为

$$t_{塑钢窗}=\frac{76}{4\times5\times1}=3.8\approx4(\mathrm{d})$$

其余镶板门、内墙涂料、油漆均安排一班施工，流水节拍均取 2 d。装饰流水工期计算为

$$K_{抹灰,外墙}=4\times5-(4-1)\times3=11(\mathrm{d})$$

$$K_{外墙,地面}=3(\mathrm{d})$$

$$K_{地面,窗}=3(\mathrm{d})$$

$$K_{窗,门}=4\times4-(4-1)\times2=10(\mathrm{d})$$

$$K_{门,涂料}=2(\mathrm{d})$$

$$K_{涂料,油漆}=2(\mathrm{d})$$

$$K_{装饰}=\sum K_{i,i+1}+mt_n=(11+3+3+10+2+2)=39(\mathrm{d})$$

项 目 小 结

本项目主要介绍了流水施工原理及其在建筑工程中的应用。流水施工原理的基本概念强调了将施工过程分解为连续的作业阶段，通过流水线作业提高施工效率。在组织方式上，流水施工通过将工程任务划分为多个工序，并在工序之间实现连续作业，优化资源配置。流水施工原理不仅提供了提高施工效率的有效方法，还为现代建筑工程的组织和管理提供了重要的理论基础和实践指导。通过本项目的学习，帮助读者全面了解流水施工原理及其在建筑工程中的广泛应用，从而在实际工作中更好地运用这一理论，提高建筑工程的施工效率和管理水平。

课 后 习 题

1. 流水施工方式的特点有哪些?
2. 流水施工有哪些工艺参数? 它们的含义是什么?
3. 流水施工是怎样分类的?

项目 4

网络计划技术

项目导读

网络计划技术是用来表达工作计划的一种工具，在工程上用于表示工程施工的进度计划。它既是一种科学的计划方法，也是一种有效的施工管理方法。这种计划借助于网络表示各项工作与所需时间，以及各项工作的相互关系，通过网络分析研究工程费用与工期的相互关系，并找出在编制计划时及计划执行中的关键路线，称为关键路线法。经过多年的实践与应用，网络计划技术得到了不断地推广与发展。

学习目标

知识目标

1. 了解网络计划技术的基本概念。
2. 掌握双代号网络计划的编制方法。
3. 掌握单代号网络计划的编制方法。
4. 掌握双代号时标网络计划的编制方法。
5. 掌握单代号搭接网络计划的编制方法
6. 理解网络计划优化的概念，并掌握其优化方法。

能力目标

1. 能够编制双代号网络计划；能找出关键线路和关键工作。
2. 能够编制单代号网络计划；能找出关键线路和关键工作。
3. 能够编制双代号时标网络计划；能找出关键线路和关键工作。
4. 能够编制单代号搭接网络计划；能找出关键线路和关键工作。
5. 能够够进行网络计划优化。

素质目标

1. 培养学生具备良好的逻辑思维能力，能够分析和解决工程项目中的复杂问题，有效应用网络计划技术进行优化。

2. 培养学生具备较强的数据分析能力，能够准确收集、整理和分析项目相关数据，为网络计划优化提供可靠的支持。

3. 培养学生具备团队合作精神，能够与团队成员协作，共同制定和实施网络计划优化方案，确保项目顺利进行。

思政目标

1. 培养学生高效利用时间和资源的意识，减少时间浪费和成本超支。

2. 培养学生具备高度的责任感和精确性，确保计划的准确性和实施的严谨性。

4.1 网络图的概述

网络图是由箭线和节点组成，用以表明工作流程的有向、有序网状图形。一个网络图表示一项计划任务。网络图中的工作是计划任务按需要程度粗细划分而成的、消耗时间或消耗资源的一个子项目或子任务。工作可以是单位工程，也可以是分部工程、分项工程；一个施工过程也可以作为一项工作。在一般情况下，完成一项工作既需要消耗时间，也需要消耗劳动力、原材料、施工机具等资源。但有一些工作只消耗时间、不消耗资源，如混凝土浇筑后的养护过程和墙面抹灰后的干燥过程等。

网络图

4.1.1 网络图的分类

网络图有双代号网络图和单代号网络图两种。双代号网络图又称箭线式网络图，是以箭线及其两端节点的编号表示工作，节点表示工作的开始或结束以及工作间的连接状态；单代号网络图又称节点式网络图，是以节点及其编号表示工作，箭线表示工作间的逻辑关系。

网络图中的节点必须有编号，且其编号严禁重复，应使每一条箭线上箭尾节点编号小于箭头节点编号。

在双代号网络图中，一项工作必须有唯一的一条箭线和相应的一对不重复出现的箭尾、箭头节点编号。因此，一项工作的名称可以用其箭尾和箭头节点编号来表示。在单代号网络图中，一项工作必须有唯一的一个节点及相应的一个代号，可用其节点编号来表示。

在双代号网络图中，有时存在虚箭线，但虚箭线不代表实际工作，被称为虚工作。虚工作既不消耗时间，也不消耗资源。虚工作主要用来表示相邻两项工作间的逻辑关系。为避免两项同时开始、进行的工作具有相同的开始节点和完成节点，也需要用虚工作加以区分。在单代号网络图中，虚工作只出现在网络图的起点节点或终点节点处。

4.1.2　工艺关系和组织关系

1. 工艺关系

生产性工作间是由工艺过程决定的、非生产性工作间由工作程序决定的先后顺序关系，称为工艺关系，如图 4-1 所示，支模 1→扎筋 1→混凝土 1 为工艺关系。

2. 组织关系

工作间由于组织安排需要或资源（劳动力、原材料、施工机具等）调配需要而规定的先后顺序关系，称为组织关系，如图 4-1 所示，支模 1→支模 2、扎筋 1→扎筋 2 等为组织关系。

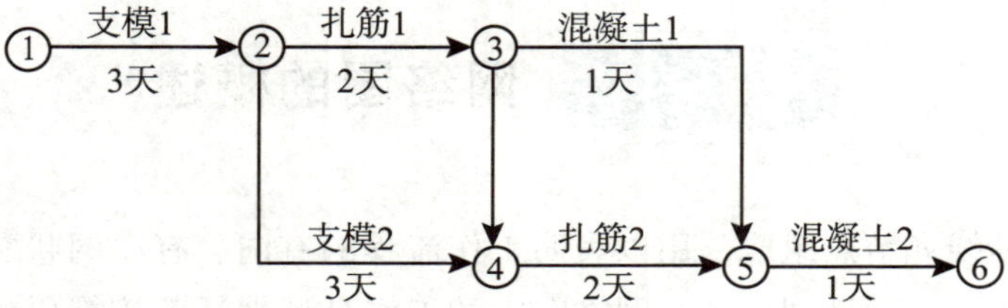

图 4-1　某混凝土工程双代号网络计划

4.1.3　紧前工作、紧后工作和平行工作

1. 紧前工作

在网络图中，相对某工作而言，紧排在该工作之前的工作称为紧前工作。在双代号网络图中，工作与其紧前工作间可能有虚工作存在，如图 4-1 所示，支模 1 是支模 2 在组织关系上的紧前工作；扎筋 1 和扎筋 2 之间虽存在虚工作，但扎筋 1 仍是扎筋 2 在组织关系上的紧前工作；支模 1 是扎筋 1 在工艺关系上的紧前工作。

2. 紧后工作

在网络图中，相对某工作而言，紧排在该工作之后的工作称为紧后工作。在双代号网络图中，工作与其紧后工作间也可能有虚工作存在，如图 4-1 所示，扎筋 2 是扎筋 1 在组织关系上的紧后工作；混凝土 1 是扎筋 1 在工艺关系上的紧后工作。

3. 平行工作

在网络图中，相对某工作而言，可与该工作同时进行的工作即为该工作的平行工作，如图 4-1 所示，扎筋 1 和支模 2 为平行工作。

紧前工作、紧后工作及平行工作是工作间逻辑关系的具体表现，是正确绘制网络图的前提条件，只要能根据工作间的工艺关系和组织关系明确其紧前或紧后关系，即可据此绘出网络图。

4.1.4　先行工作和后续工作

1. 先行工作

相对某工作而言，从网络图的第一个节点（起点节点）开始，顺箭头方向经过一系列箭线与节点到达该工作为止的各条通路上的所有工作，均称为该工作的先行工作，如图 4–1 所示，支模 1、扎筋 1、混凝土 1、支模 2、扎筋 2 为混凝土 2 的先行工作。

2. 后续工作

相对某工作而言，从该工作之后开始，顺箭头方向经过一系列箭线与节点到网络图最后一个节点（终点节点）的各条通路上的所有工作，均称为该工作的后续工作，如图 4–1 所示，混凝土 1、扎筋 2 和混凝土 2 为扎筋 1 的后续工作。

在建设工程进度控制中，后续工作是非常重要的。因为在工程网络计划的实施过程中，如发现某项工作进度出现拖延，则受到影响的必然是后续工作。

4.1.5　线路、关键线路和关键工作

1. 线路

网络图中从起点节点开始，沿箭头方向顺序通过一系列箭线与节点，最后到达终点节点的通路称为线路。线路既可用该线路上的节点编号来表示，也可用该线路上的工作名称来表示，如图 4–1 所示，该网络图中有三条线路，三条线路可表示为：①—②—③—⑤—⑥、①—②—③—④—⑤—⑥、①—②—④—⑤—⑥；也可表示为：支模 1→扎筋 1→混凝土 1→混凝土 2、支模 1→扎筋 1→扎筋 2→混凝土 2、支模 1→支模 2→扎筋 2→混凝土 2。

2. 关键线路和关键工作

在关键线路法（critical path method，CPM）中，线路上所有工作的持续时间的总和，称为该线路的总持续时间。总持续时间最长的线路称为关键线路，关键线路的长度是网络计划的总工期，如图 4–1 所示，线路①—②—④—⑤—⑥或支模 1→支模 2→扎筋 2→混凝土 2 为关键线路。

在网络计划中，关键线路不止一条，且在网络计划执行过程中，关键线路还会发生转移。

关键线路上的工作称为关键工作。在网络计划的实施过程中，关键工作的实际进度提前或延后都会对总工期产生影响。因此，关键工作的实际进度是建设工程进度控制工作中的重点。

拓展阅读

网络计划技术的应用原理

网络计划技术的应用原理具体为以下几点。

(1) 理清某项工程中各施工过程的开展顺序和相互制约、相互依赖的关系，正确绘制出网络图。

(2) 通过对网络图中的各时间参数进行计算，找出关键工作和关键线路。

(3) 利用最优化原理，改进初始方案，寻求最优网络计划方案。

(4) 在计划执行过程中，通过信息反馈进行监督与控制，保证达到预定的计划目标，确保以最少的消耗，获得最佳的经济效果。

4.2 双代号网络计划

网络计划是用网络图表达任务构成、工作顺序，并加注时间参数的进度计划。双代号网络图是以箭线及其两端节点的编号表示工作的网络图，如图 4-2 所示。

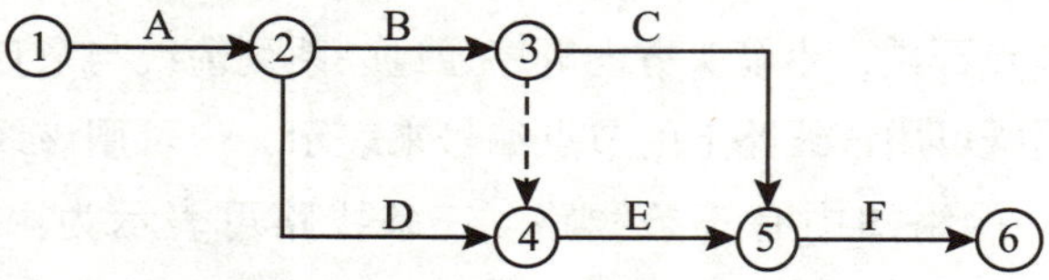

图 4-2 双代号网络图

4.2.1 基本符号

1. 箭线（工作）

在双代号网络图中，每一条箭线表示一项工作。箭线的箭尾节点表示该工作的开始，箭头节点表示该工作的结束。工作的名称标注在箭线的上方，完成该项工作所需要的持续时间标注在箭线的下方，如图 4-3（a）所示。

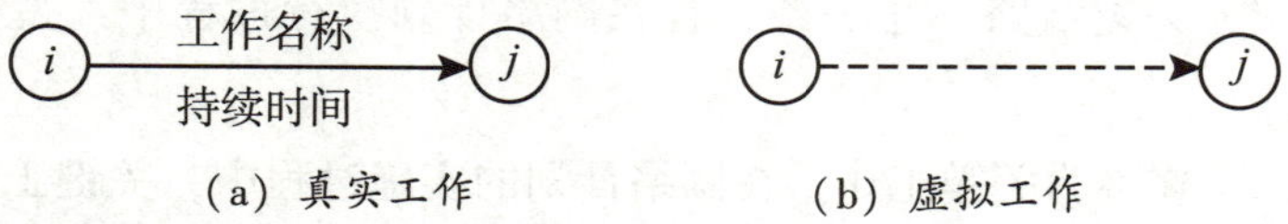

图 4-3 双代号网络工作的表示法

（1）虚箭线与实箭线

在双代号网络图中，箭线分为实箭线和虚箭线两种。任意一条实箭线都要占用时间、消耗资源。有时，只占时间，不消耗资源，如混凝土的养护。在建筑工程中，一条箭线表示项目中的一个施工过程，它可以是一道工序、一个分项工程、一个分部工程或一个单位工程，其粗细程度、大小范围的划分根据计划任务的需要来确定。

（2）虚箭线的作用

在双代号网络图中，为了正确地表达工作之间的逻辑关系，往往需要应用虚箭线，其表示方法如图 4-3（b）所示。虚箭线是实际工作中并不存在的一项虚拟工作，故它们既不占用时间，也不消耗资源，一般起着工作之间的联系、区分和断路作用。

① 联系作用

虚箭线的联系作用是指运用虚箭线正确表达工作之间相互依存的关系。如 A、B、C、D 四项工作的相互关系：A 完成后进行 B，A、C 均完成后进行 D，其图形如图 4-4 所示，图中必须用虚箭线把 A 和 D 的前后关系连接起来。

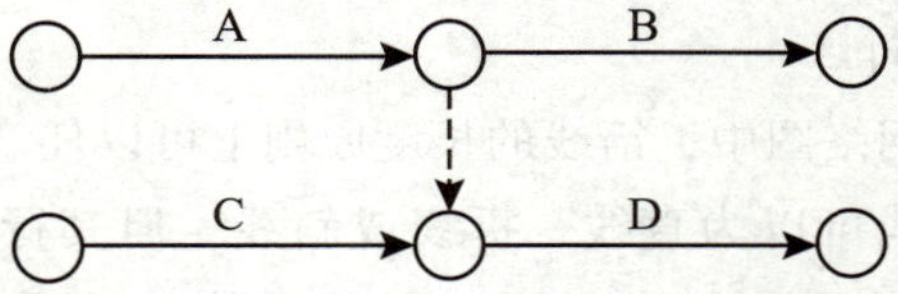

图 4-4　虚箭线的联系作用

② 区分作用

虚箭线的区分作用是指双代号网络图中每一项工作都必须用一条箭线和两个代号表示，若有两项工作同时开始，又同时完成，绘图时应使用虚箭线才能区分两项工作的代号，如图 4-5 所示。

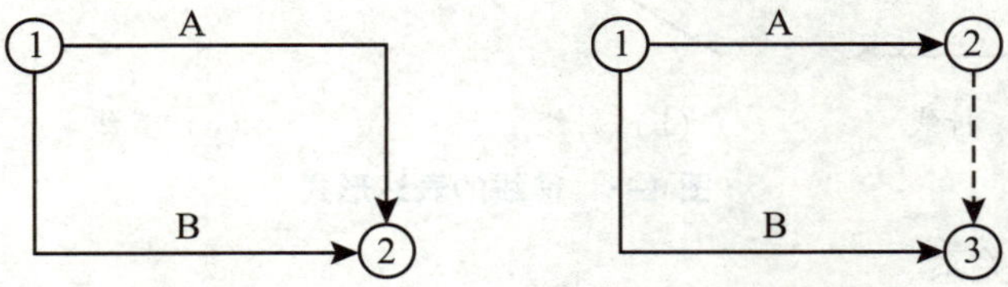

（a）错误画法　　（b）正确画法

图 4-5　虚箭线的区分作用

③ 断路作用

虚箭线的断路作用是用虚箭线把没有关系的工作隔开，如图 4-6 所示，第一段的绑钢筋工作与第三段的支模板两项工作并没有约束关系，但在这里却有了约束，它表示第三段的支模板工作要在第一段的绑钢筋完成之后进行，故而产生了多余约束。混凝土Ⅰ和扎筋Ⅲ的关系也是如此。如图 4-7 所示，在第二段支模板与绑钢筋两项工作之间加上一条虚线，则上述的多余约束就断开了。扎筋Ⅱ和混凝土Ⅱ之间也是如此处理。

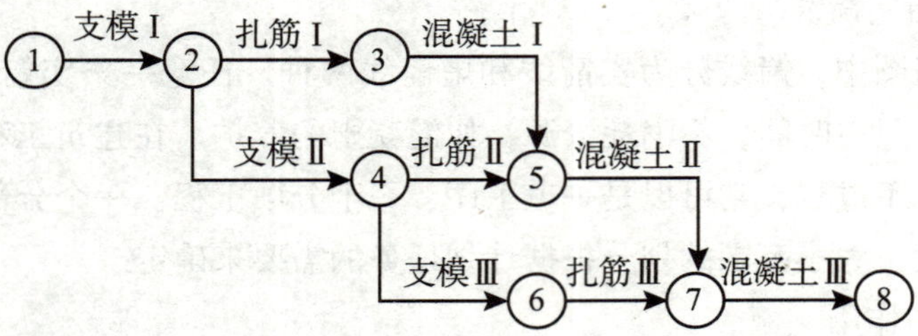

图 4-6　错误的联系

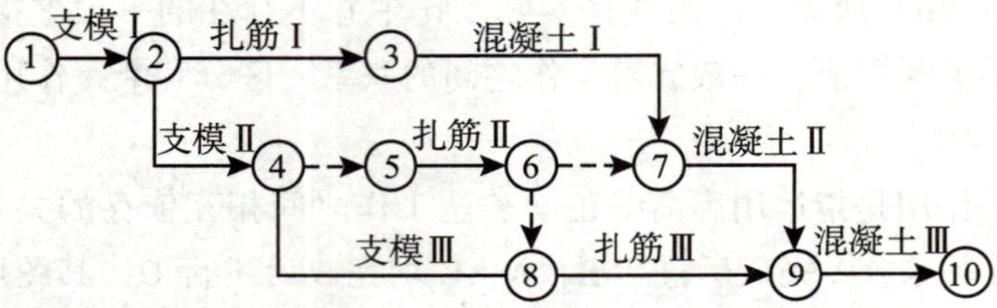

图 4-7　用虚箭线断路

（3）箭线的长度与方向

在无时间坐标限制的网络图中，箭线的长度原则上可以任意画，其占用的时间以下方标注的时间参数为准。箭线可以为直线、折线或斜线，但其行进方向均应从左向右，如图 4-8 所示。在有时间坐标限制的网络图中，箭线的长度必须根据完成该工作所需持续时间的大小按比例绘制。

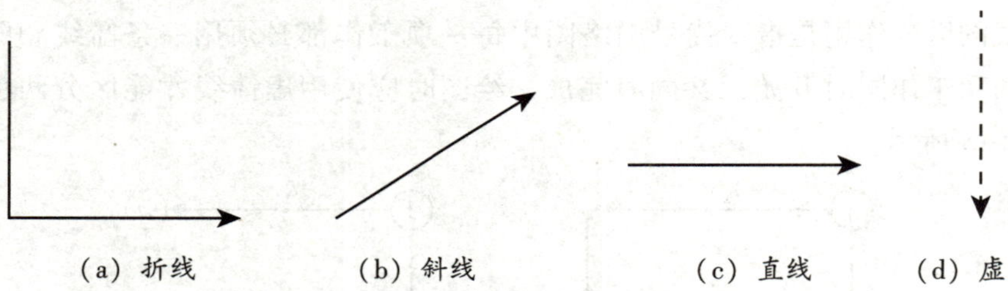

图 4-8　箭线的表达形式

（4）工作间的关系

在双代号网络图中，通常将被研究的对象称为本工作，用 i–j 表示；紧排在本工作之前的工作称为紧前工作，用 h–i 表示；紧跟在本工作之后的工作称为紧后工作，用 j–k 表示；与本工作平行进行的工作称为平行工作。各项工作之间的关系如图 4-9 所示。

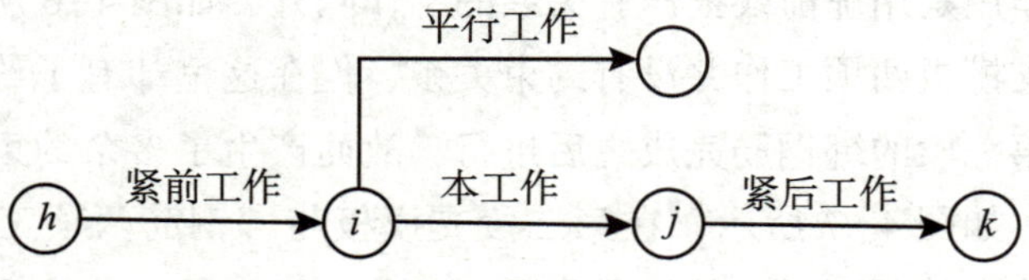

图 4-9　工作间的关系

2. 节点

节点是网络图中箭线之间的连接点，只表示工作的开始或结束的瞬间，即起着承上启下的衔接作用。所以，在双代号网络图中，节点既不占用时间，也不消耗资源。网络图中有三种类型的节点。

（1）起点节点

网络图中的第一个节点叫起点节点，它只有外向箭线，一般表示一项任务或一个项目的开始，如图 4–10（a）所示。

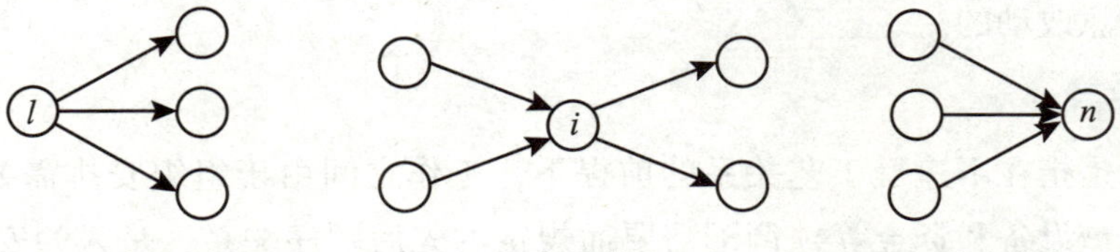

图 4–10　节点类型示意图

（2）中间节点

网络图中既有内向箭线，又有外向箭线的节点称为中间节点，如图 4–10（b）所示。

（3）终点节点

网络图中的最后一个节点叫终点节点，它只有内向箭线，一般表示一项任务或一个项目的完成，如图 4–10（c）所示。

在双代号网络图中，节点应用圆圈表示，并在圆圈内编号。一项工作应当只有唯一的一条箭线和相应的一对节点，且要求箭尾节点的编号小于其箭头节点的编号。例如在图 4–11 中，应有：$i<j<k$。网络图节点的编号顺序应从小到大，可不连续，且严禁重复。

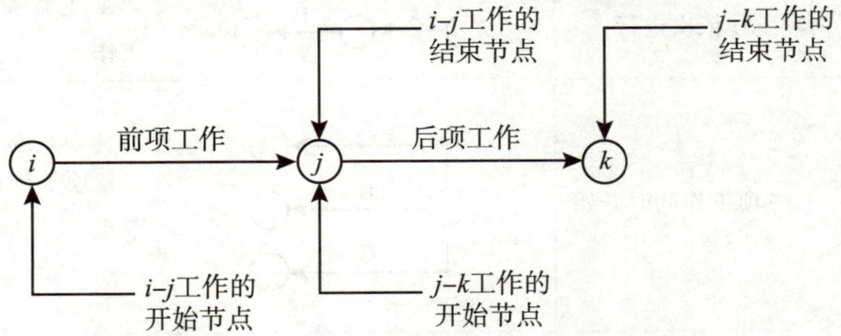

图 4–11　箭尾节点和箭头节点

3. 线路

网络图中从起点节点开始，沿箭头方向顺序通过一系列箭线与节点，最后达到终点节点的通路称为线路。线路上各项工作持续时间的总和称为该线路的计算工期。一般网络图有多条线路，可依次用该线路上的节点代号来记述，其中最长的一条线路被称为关键线路，位于关键线路上的工作称为关键工作。

4.2.2 逻辑关系

网络图中工作之间相互制约或相互依赖的关系称为逻辑关系，它包括工艺关系和组织关系，在网络中均应表现为工作之间的先后顺序。

1. 工艺关系

生产性工作之间由工艺过程决定的先后顺序关系，非生产性工作之间由工作程序决定的先后顺序称为工艺关系。例如先做基础，后做主体；先进行结构，后进行装修等，工艺关系是不能随意改动的。

2. 组织关系

组织关系是指在不违反工艺关系的前提下，工作之间由于组织安排需要或资源（人力、材料、机械设备和资金等）调配需要而规定的先后顺序关系，是人为安排的。例如，建筑群体工程中建筑物开工顺序的安排；组织流水施工等。

网络图的绘制应正确地表达整个工程或任务的工艺流程和各工作开展的先后顺序及它们之间相互依赖、相互制约的逻辑关系，因此，绘图时必须遵循一定的基本规则和要求。

4.2.3 双代号网络图的绘图规则

（1）双代号网络图必须正确表达已定的逻辑关系。双代号网络图中常见的逻辑关系的表达方式见表 4-1。

表 4-1 双代号网络图中觉的逻辑关系的表达方式

序号	逻辑关系	双代号表示方法	备注
1	A、B 两项工作依次进行		A 工作结束后，开始 B 工作
2	A、B、C 三项工作同时开始	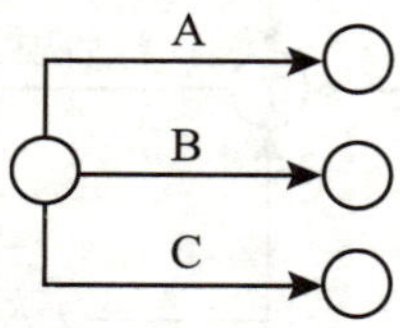	三项工作具有共同的起点节点
3	A、B、C 三项工作同时结束	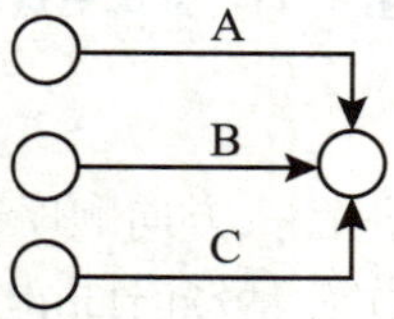	三项工作具有共同的结束节点

续表

序号	逻辑关系	双代号表示方法	备注
4	A、B、C三项工作，A完成后进行B、C	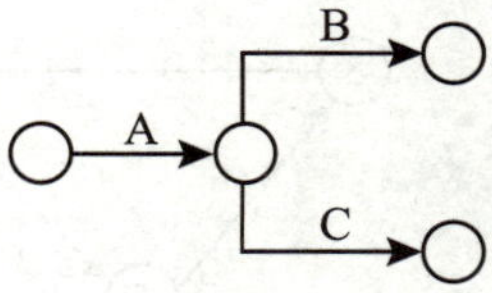	A工作的结束节点是B、C工作的开始节点
5	A、B、C三项工作，A、B完成后进行C	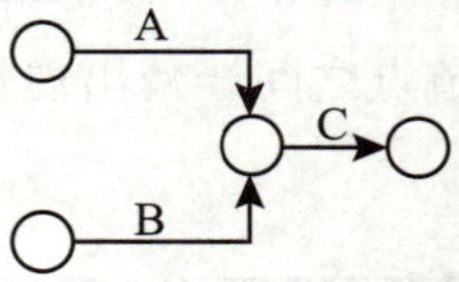	A、B工作的结束节点是C工作的开始节点
6	A、B、C、D四项工作，A、B完成后进行C、D	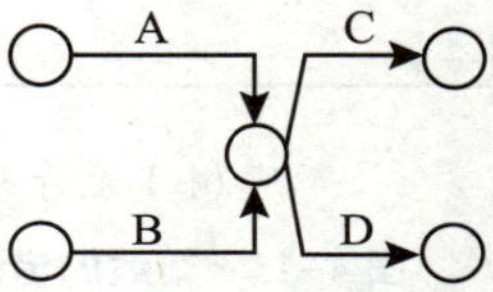	A、B工作的结束节点是C、D工作的开始节点
7	A、B、C、D四项工作，A完成后进行C，A、B完成后进行D	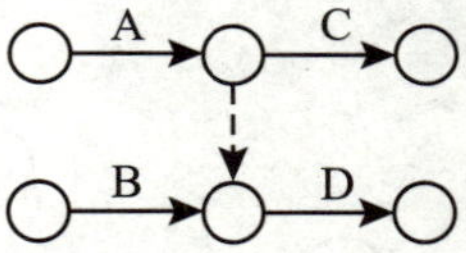	加入虚箭线，使A工作成为D工作的紧前工作
8	A、B、C、D、E五项工作，A、B完成后进行D，B、C完成后进行E	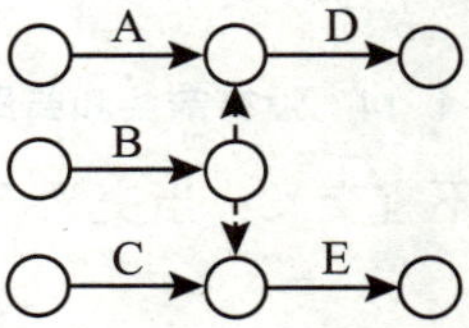	加入两条虚箭线，使B工作成为D、E共同的紧前工作
9	A、B、C、D、E五项工作，A、B、C完成后进行D，B、C完成后进行E	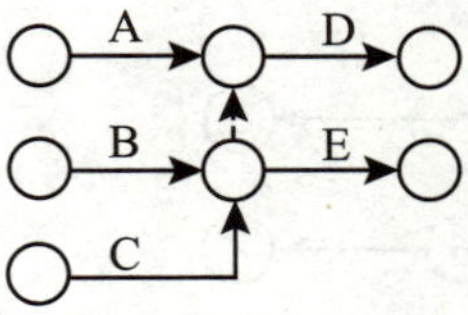	引入虚箭线，使B、C工作成为D工作的紧前工作
10	A、B两个施工过程，按三个施工段流水施工	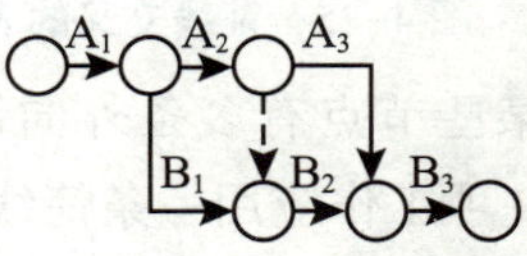	引入虚箭线，B_2工作的开始受到A_2和B_1两项工作的制约

（2）双代号网络图中，严禁出现循环回路。所谓循环回路是指从网络图中的某一个节点出发，顺着箭线方向又回到了原来出发点的线路。如图 4-12 所示的逻辑关系是错误的，工艺顺序也是矛盾的。

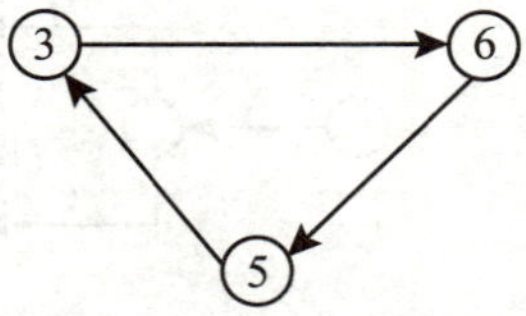

图 4-12　循环回路示意

（3）双代号网络图中，在节点之间严禁出现带双向箭头或无箭头的连线，如图 4-13 所示。

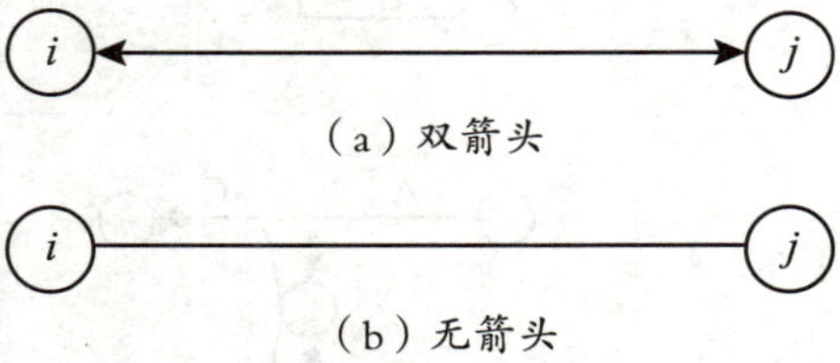

图 4-13　箭线的错误画法

（4）双代号网络图中，严禁出现没有箭头节点或没有箭尾节点的箭线，如图 4-14 所示。

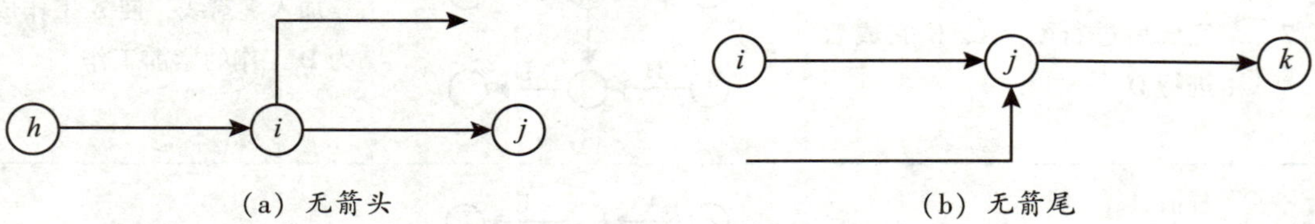

图 4-14　没有箭头和箭尾节点的箭线

（5）绘制网络图时，箭线不宜交叉；当交叉不可避免时，可采用指向法或过桥法，如图 4-15 所示。

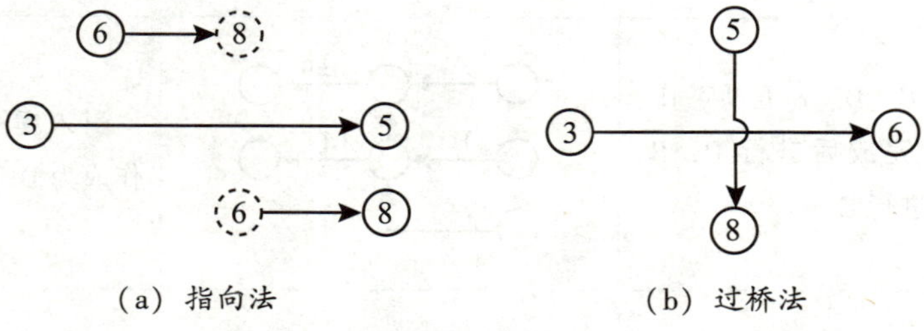

图 4-15　箭线交叉的表示方法

（6）当双代号网络图的某些节点有多条外向箭线或多条内向箭线时，为使图形简洁，可使用母线法绘制（但一项工作应用一条箭线和对应的一对节点表示），如图 4-16 所示。

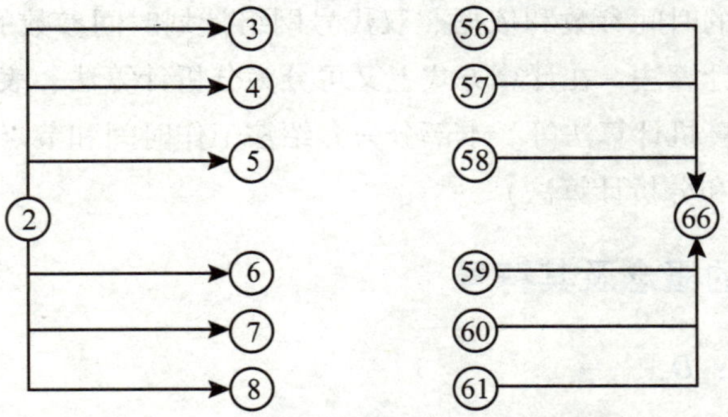

图 4-16　母线表示方法

(7) 双代号网络图中应只有一个起点节点和一个终点节点（多目标网络图计划除外）；而其他所有节点均应是中间节点，如图 4-17 所示。

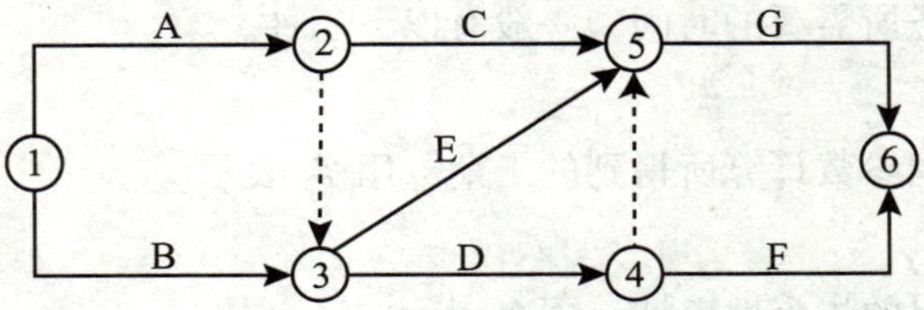

图 4-17　一个起点节点、一个终点节点的网络图

4.2.4　双代号网络图的绘制要求

绘制双代号网络图必须正确反映工作之间既定的逻辑关系，使有关系的工作一定把关系表达准确，且不要漏画“关系”；没有关系的工作一定不要生硬地扯上“关系”，以保证工作之间的逻辑关系正确。绘制网络图的关键有两条：第一，严格按照 4.2.3 中 7 条绘图规则绘图；第二，发挥虚箭线的作用并正确运用虚箭线。网络图应布局合理，条理清楚，尽量横平竖直，避免歪斜零乱，尽可能少地采用交叉方式。图 4-18 为正确的、较为科学合理的构图。

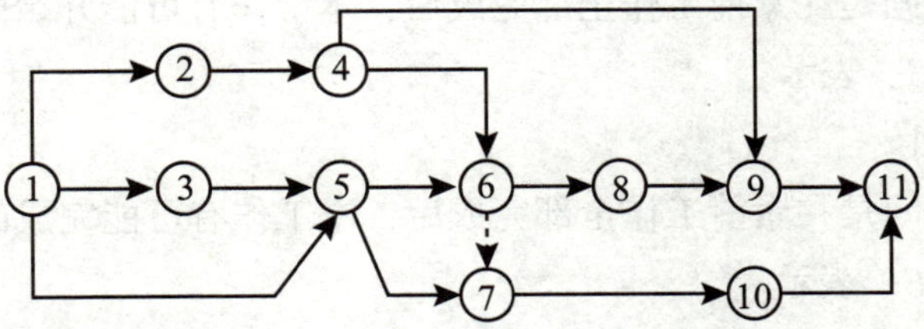

图 4-18　正确的、较为科学合理的构图

4.2.5　双代号网络计划时间参数的计算

网络计划时间参数是指网络图、工作及节点所具有的各种时间值。通过计算各项工作的时间参数，以确定网络计划的关键工作、关键线路和计算工期等，为网络计划的优化、

调整和执行提供明确的时间参数和依据。双代号网络计划时间参数的计算方法常用的有：工作计算法和按节点计算法；在计算方式上又可分为分析计算法、表上计算法、图上计算法、矩阵计算法和计算机计算法等。本部分只介绍按工作时间和节点时间在图上进行计算的方法（图上计算法和分析计算法）。

4.2.6 时间参数的概念及其符号

1. 工作持续时间：$D_{i\text{-}j}$

工作持续时间是对一项工作规定的从开始到完成的时间。在双代号网络计划中，工作 $i\text{-}j$ 的持续时间用 $D_{i\text{-}j}$ 表示。

2. 工期：T

工期泛指完成任务所需要的时间，一般有以下三种。

（1）计算工期：T_c

根据网络计划时间参数计算所得到的工期，用 T_c 表示。

（2）要求工期：T_r

任务委托人所提出的指令性工期，用 T_r 表示。

（3）计划工期：T_p

根据要求工期和计算工期所确定的作为实施目标的工期，用 T_p 表示。网络计划的计划工期 T_p 应按下列情况分别确定。

① 当已规定要求工期 T_r 时，取 $T_p<T_r$。

② 当未规定要求工期时，可令计划工期等于计算工期，即 $T_p=T_c$。

3. 网络计划工作的六个时间参数

（1）工作的最早时间

① 最早开始时间

工作最早开始时间是在紧前工作全部完成后，本工作有可能开始的最早时刻。工作 $i\text{-}j$ 的最早开始时间用 $ES_{i\text{-}j}$ 表示。

② 最早完成时间

工作最早完成时间是在紧前工作全部完成后，本工作有可能完成的最早时刻。工作 $i\text{-}j$ 的最早完成时间用 $EF_{i\text{-}j}$ 表示。

（2）工作的最迟时间

① 最迟开始时间

最迟开始时间是在不影响整个任务按期完成的前提下，工作必须开始的最迟时刻。工作 $i\text{-}j$ 的最迟开始时间用 $LS_{i\text{-}j}$ 表示。

② 最迟完成时间

最迟完成时间是在不影响整个任务按期完成的前提下，工作必须完成的最迟时刻。工

作 i–j 的最迟完成时间用 LF_{i-j} 表示。

（3）工作时差的计算

① 总时差

总时差是在不影响总工期的前提下，本工作可以利用的机动时间。工作 i–j 的总时差用 TF_{i-j} 表示。

② 自由时差

自由时差是在不影响其紧后工作最早开始的前提下，本工作可以利用的机动时间。工作 i–j 的自由时差用 FF_{i-j} 表示。

按工作计算法计算时间参数应在确定各项工作的持续时间之后进行。虚工作必须视同工作进行计算，其持续时间为零。各项工作时间参数的计算结果应标注在箭线之上，如图 4–19 所示。

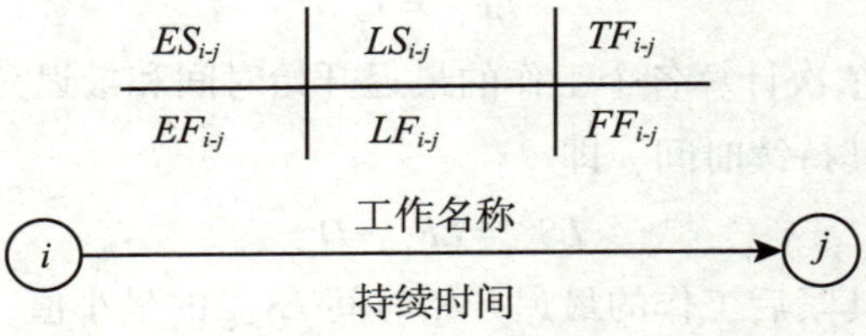

注：当为虚工作时，图中的箭线为虚线

图 4–19　工作时间参数标注形式

4.2.7　按工作计算法计算

按工作计算法在网络图上计算工作的六个时间参数，必须在清楚计算顺序和计算步骤的基础上，列出必要的公式，以加深对时间参数计算的理解。时间参数的计算步骤如下。

1. 工作最早开始时间和最早完成时间的计算

工作最早时间参数受到紧前工作的约束，故其计算顺序应从起点节点开始，顺着箭线方向依次逐项计算。

（1）以网络计划的起点节点 i 为箭尾结点的工作 i–j，当未规定其最早开始时间时，其最早开始时间取零。如果网络计划起点节点的编号为 1，则

$$ES_{i-j}=0\ (i=1) \tag{4-1}$$

（2）顺着箭线方向依次计算各个工作的最早完成时间和最早开始时间。最早完成时间等于最早开始时间加上其持续时间，即

$$EF_{i-j}=ES_{i-j}+D_{i-j} \tag{4-2}$$

最早开始时间等于各紧前工作 h–j 的最早完成时间的最大值，即

$$ES_{i-j}=\max\ (EF_{h-i}) \tag{4-3}$$

或

$$ES_{i-j}=\max\ (EF_{h-i}+D_{h-i}) \tag{4-4}$$

2. 确定计算工期 T_c

计算工期等于以网络计划的终点节点为箭头节点的各个工作的最早完成时间的最大值。当网络计划终点节点的编号为 n 时，计算工期为

$$T_c = \max(EF_{i-n}) \tag{4-5}$$

当无要求工期的限制时，取计划工期等于计算工期，即取：$T_p = T_c$

3. 工作最迟开始时间和最迟完成时间的计算

工作最迟时间参数受到紧后工作的约束，故其计算顺序应从终点节点起，逆着箭线方向依次逐项计算。

（1）以网络计划的终点节点（$j=n$）为箭头节点的工作的最迟完成时间等于计划工期 T_p 即

$$LF_{i-j} = T_p \tag{4-6}$$

（2）逆着箭线方向依次计算各个工作的最迟开始时间和最迟完成时间。最迟开始时间等于最迟完成时间减去其持续时间，即

$$LS_{i-j} = LF_{i-j} - D_{i-j} \tag{4-7}$$

最迟完成时间等于其紧后工作的最迟开始时间 LS_{j-k} 的最小值，即

$$LF_{i-j} = \min(LS_{j-k}) \tag{4-8}$$

或

$$LF_{i-j} = \min(LF_{i-k} - D_{j-k}) \tag{4-9}$$

4. 计算工作总时差

总时差等于其最迟开始时间减去最早开始时间，或等于最迟完成时间减去最早完成时间，即

$$TF_{i-j} = LS_{i-j} - ES_{i-j} \tag{4-10}$$

或

$$TF_{i-j} = LF_{i-j} - EF_{i-j} \tag{4-11}$$

5. 计算工作自由时差

当工作 $i-j$ 有紧后工作 $j-k$ 时，其自由时差应为

$$FF_{i-j} = ES_{i-j} - EF_{i-j} \tag{4-12}$$

或

$$FF_{i-j} = ES_{i-j} - ES_{i-j} - D_{i-j} \tag{4-13}$$

以网络计划的终点节点（$j=n$）为箭头节点的工作，其自由时差 FF_{i-n} 按网络计划的计划工期 T_p 确定，即

$$FF_{i-n} = T_p - EF_{i-n} \tag{4-14}$$

或

$$FF_{i-n} = T_p - ES_{i-n} - D_{i-n} \tag{4-15}$$

6. 关键工作和关键线路的确定

（1）关键工作

总时差最小的工作是关键工作。

（2）关键线路

自始至终全部由关键工作组成的线路为关键线路，或线路上总的工作持续时间最长的线路为关键线路。网络图上的关键线路可用双线或粗线标注。

【例 4-1】已知网络计划的资料见表 4-2，试绘制双代号网络计划。若计划工期等于计算工期，试计算各项工作的六个时间参数并确定关键线路，并标注在网络计划上。

表 4-2　网络计划资料

工作名称	A	B	C	D	E	F	G
紧前工作	—	A	—	A、C	A、C	B、D	E
持续时间/d	1	2	5	4	5	5	3

【解】（1）根据表 4-2 中网络计划的有关资料，按照网络图的绘图规则，绘制双代号网络图，如图 4-20 所示。

（2）计算各项工作的时间参数，并将计算结果标注在箭线上方相应的位置。

① 计算各项工作的最早开始时间和最早完成时间。从起始节点（①节点）开始顺着箭线方向依次逐项计算到终点节点（⑥节点）。

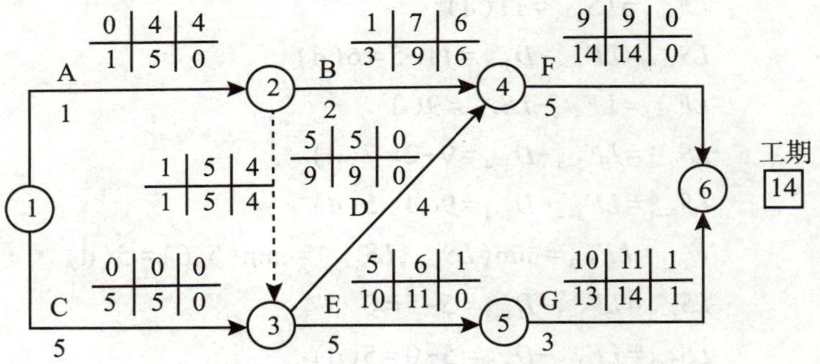

图 4-20　双代号网络计划按工作计算法计算实例（单位：d）

以网络计划起点节点为开始节点的各工作的最早开始时间为零，即：$ES_{1-2}=ES_{1-3}=0$。

计算各项工作的最早开始时间和最早完成时间。

$$EF_{1-2}=ES_{1-2}+D_{1-2}=0+1=1(\mathrm{d})$$

$$EF_{1-3}=ES_{1-3}+D_{1-3}=0+5=5(\mathrm{d})$$

$$ES_{2-3}=EF_{1-2}=1(\mathrm{d})$$

$$EF_{2-3}=ES_{2-3}+D_{2-3}=1+0=1(\mathrm{d})$$

$$ES_{2-4}=EF_{1-2}=1(\mathrm{d})$$

$$EF_{2-4}=ES_{2-4}+D_{2-4}=1+2=3(\mathrm{d})$$

$$ES_{3-4}=ES_{3-5}=\max(EF_{1-3},EF_{2-3})=\max(5,1)=5(\mathrm{d})$$

$$EF_{3-4}=ES_{3-4}+D_{3-4}=5+4=9(\mathrm{d})$$

$$EF_{3-5}=ES_{3-5}+D_{3-5}=5+5=10(\mathrm{d})$$

$$ES_{4-6}=\max(EF_{3-4},EF_{2-4})=\max(9,3)=9(\mathrm{d})$$

$$EF_{4-6}=ES_{4-6}+D_{4-6}=9+5=14(\mathrm{d})$$

$$ES_{5-6}=EF_{3-5}=10(\mathrm{d})$$

$$EF_{5-6}=ES_{5-6}+D_{5-6}=10+3=13(\mathrm{d})$$

将以上计算结果标注在图 4-20 的相应位置。

② 确定计算工期 T_c；及计划工期 T_p；计算工期：$T_c=\max(EF_{5-6},EF_{4-6})=\max(13,14)=14(\mathrm{d})$。

由于没有要求工期，取计划工期等于计算工期，即计划工期：$T_p=T_c=14(\mathrm{d})$。

③ 计算各项工作的最迟开始时间和最迟完成时间。从终点节点（⑥节点）开始逆着箭头方向依次逐项计算到起点节点（①节点）。

以网络计划终点节点为箭头节点的工作的最迟完成时间等于计划工期，即：$LF_{4-6}=LF_{5-6}=14(\mathrm{d})$。

计算各项工作的最迟开始时间和最迟完成时间。

$$LS_{4-6}=LF_{4-6}-D_{4-6}=14-5=9(\mathrm{d})$$

$$LS_{5-6}=LF_{5-6}-D_{5-6}=14-3=11(\mathrm{d})$$

$$LF_{3-5}=LS_{5-6}=11(\mathrm{d})$$

$$LS_{3-5}=LF_{3-5}-D_{3-5}=11-5=6(\mathrm{d})$$

$$LF_{2-4}=LF_{3-4}-LS_{4-6}=9(\mathrm{d})$$

$$LS_{2-4}=LF_{2-4}-D_{2-4}=9-2=7(\mathrm{d})$$

$$LS_{3-4}=LF_{3-4}-D_{3-4}=9-4=5(\mathrm{d})$$

$$F_{1-3}=LF_{2-3}=\min(LS_{3-4},LS_{3-5})=\min(5,6)=5(\mathrm{d})$$

$$LS_{1-3}=LF_{1-3}-D_{1-3}=5-5=0$$

$$LS_{2-3}=LF_{2-3}-D_{2-3}=5-0=5(\mathrm{d})$$

$$LS_{1-2}=\min(LS_{2-3}-LS_{2-4})=\min(5,7)=5(\mathrm{d})$$

$$LS_{1-2}=LF_{1-2}-D_{1-2}=5-1=4(\mathrm{d})$$

④ 计算各项工作的总时差。TF_{i-j} 可以用工作的最迟开始时间减去最早开始时间或用工作的最迟完成时间减去最早完成时间为

$$TF_{1-2}=LS_{1-2}-ES_{1-2}=4-0=4(\mathrm{d})$$

或

$$TF_{1-2}=LF_{1-2}-EF_{1-2}=5-1=4(\mathrm{d})$$

$$TF_{1-3}=LS_{1-3}-ES_{1-3}=0-0=0$$

$$TF_{2-3}=LS_{2-3}-ES_{2-3}=5-1=4(\mathrm{d})$$

$$TF_{2-4}=LS_{2-4}-ES_{2-4}=7-1=6(\mathrm{d})$$

$$TF_{3-4}=LS_{3-4}-ES_{3-4}=5-5=0$$

$$TF_{3-5}=LS_{3-5}-ES_{3-5}=6-5=1(\mathrm{d})$$

$$TF_{4-6}=LS_{4-6}-ES_{4-6}=9-9=0$$

$$TF_{5-6}=LS_{5-6}-ES_{5-6}=11-10=1(d)$$

将以上计算结果标注在图 4-20 中的相应位置。

⑤ 计算各工作的自由时差。FF_{i-j} 等于紧后工作的最早开始时间减去本工作的最早完成时间。

$$FF_{1-2}=ES_{2-3}-EF_{1-2}=1-1=0$$
$$FF_{1-3}=ES_{3-4}-EF_{1-3}=5-5=0$$
$$FF_{2-3}=ES_{3-5}-EF_{2-3}=5-1=4(d)$$
$$FF_{2-4}=ES_{4-6}-EF_{2-4}=9-3=6(d)$$
$$FF_{3-4}=ES_{4-6}-EF_{3-4}=9-9=0$$
$$FF_{3-5}=ES_{5-6}-EF_{3-5}=10-10=0$$
$$FF_{4-6}=T_p-EF_{4-6}=14-14=0$$
$$FF_{5-6}=T_p-EF_{5-6}=14-13=1(d)$$

将以上计算结果标注在图 4-20 中的相应位置。

3. 确定关键工作及关键线路

在图 4-20 中，最小的总时差是 0，所以，凡是总时差为 0 的工作均为关键工作。该例中的关键工作是：①-③，③-④，④-⑥（或关键工作是：C、D、F）。时间最长的线路是关键线路，即①-③-④-⑥。关键线路用双箭线标注，如图 4-20 所示。

4.2.8　按节点计算法计算

按节点计算法计算网络计划的时间参数是先计算节点的最早时间（ET_i）和节点的最迟时间（LT_i），再根据节点时间推算工作时间参数。按节点计算法计算时间参数，其计算结果应标注在节点之上节点时间参数，标注方式如图 4-21 所示。

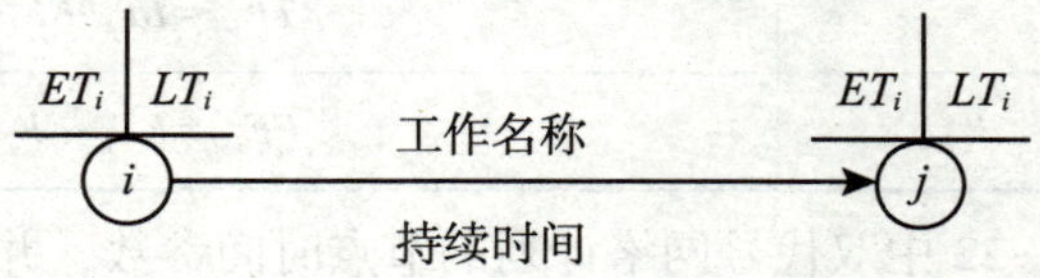

图 4-21　节点时间参数标注方式

1. 计算节点时间

(1) 节点最早时间 ET_i 的计算

双代号网络计划中，节点的最早时间是以该节点为开始节点的各项工作的最早开始时间。

节点 i 的最早时间 ET_i，应从网络计划的起点节点开始，顺着箭线方向逐项依次计算。

① 起点节点的最早时间为 0，即

$$ET_i=0(i=1) \tag{4-16}$$

② 其他节点的最早时间 ET_j 按式（4-17）计算

$$ET_j=\max(ET_i+D_{i-j}) \tag{4-17}$$

（2）网络计划计算工期 T_c 的计算

网络计划的计算工期等于其终点节点 n 的最早时间，即

$$T_c=ET_n \tag{4-18}$$

（3）节点最迟时间 LT_n 的计算

节点最迟时间是以该节点为完成节点的工作的最迟完成时间。节点 i 的最迟时间 LT_n 应从网络计划的终点节点开始，逆着箭线方向逐项依次计算。

① 终点节点的最迟时间 LT_n 应按网络计划的计划工期 T_p 确定，即

$$LT_n=T_p \tag{4-19}$$

② 其他节点的最迟时间 LT_i 应为

$$LT_i=\min(LT_j-D_{i-j}) \tag{4-20}$$

2. 根据节点时间计算工作时间参数

根据节点时间计算工作时间参数的公式见表 4-3。

表 4-3　根据节点时间计算工作时间参数及计算公式

工作 $i-j$ 的时间参数	计算公式
最早开始时间 ES_{i-j}	$ES_{i-j}=ET$
最早完成时间 EF_{i-j}	$EF_{i-j}=ET_{i-j}+D_{i-j}$
最迟完成时间 LF_{i-j}	$LF_{i-j}=LT_j$
最迟开始时间 LS_{i-j}	$LS_{i-j}=LT_j-D_{i-j}$
总时差 TF_{i-j}	$TF_{i-j}=LT_j-EF_j-D_{i-j}$
自由时差 FF_{i-j}	$FF_{i-j}=ET_j-EF_i-D_{i-j}$

【例 4-2】计算图 4-22 中双代号网络计划的节点时间参数，并标注在网络图上。

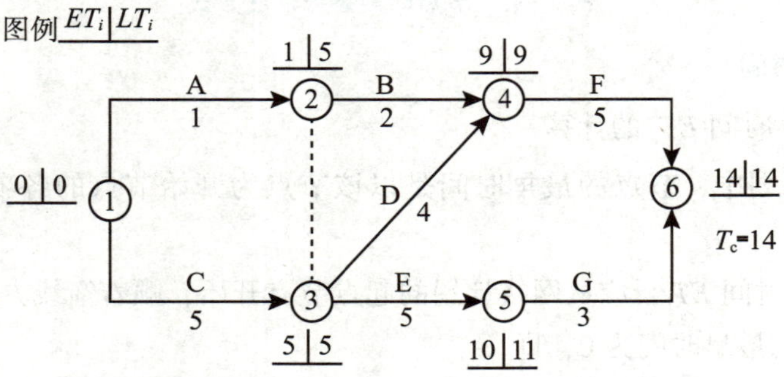

图 4-22　双代号网络计划节点计算法计算实例（单位：d）

【解】（1）计算各节点的时间参数，并将计算结果标注在节点上方相应位置，如图 4-22 所示。

① 计算各节点的最早时间

$ET_1=0$

$ET_2=ET_1+D_{1-2}=0+1=1(\mathrm{d})$

$ET_3=ET_1+D_{1-3}=0+5=5(\mathrm{d})$

$ET_4=\max(ET_2+D_{2-4},ET_3+D_{3-4})=\max(1+2,5+4)=9(\mathrm{d})$

$ET_5=ET_3+D_{3-5}=5+5=10(\mathrm{d})$

$ET_6=\max(ET_4+D_{4-6},ET_5+D_{5-6})=\max(9+5,10+3)=14(\mathrm{d})$

② 网络计划的计算工期 $T_c=ET_6=14$（d）。由于未规定要求工期，可令计划工期等于计算工期，即：$T_p=T_c=14$（d）

③ 计算各节点的最迟时间

$LT_6=T_p=14(\mathrm{d})$

$LT_5=LT_6-D_{5-6}=14-3=11(\mathrm{d})$

$LT_4=LT_6-D_{4-6}=14-5=9(\mathrm{d})$

$LT_3=\min(LT_4-D_{3-4},LT_5-D_{3-5})=\min(9-4,11-5)=5(\mathrm{d})$

$LT_2=\min(LT_3-D_{2-3},LT_4-D_{2-4})=\min(5-0,9-2)=5(\mathrm{d})$

$LT_1=\min(LT_2-D_{1-2},LT_3-D_{1-3})=\min(5-1,5-5)=0$

（2）根据节点时间推算各工作时间参数

① 工作 $i-j$ 早开始时间 ES_{i-j} 的计算

$ES_{1-2}=ES_{1-3}=ET_1=0$

$ES_{2-3}=ES_{2-4}=ET_2=1(\mathrm{d})$

$ES_{3-4}=ES_{3-5}=ET_3=5(\mathrm{d})$

……

余类推，以上计算结果见图 4-22。

② 工作 $i-j$ 最早完成时间 EF_{i-j} 的计算

$EF_{1-2}=ET_1+D_{1-2}=0+1=1(\mathrm{d})$

$EF_{1-3}=ET_1+D_{1-3}=0+5=5(\mathrm{d})$

$EF_{2-3}=ET_2+D_{2-3}=1+0=1(\mathrm{d})$

……

余类推，以上计算结果见图 4-22。

③ 工作 $i-j$ 最迟完成时间 LF_{i-j} 的计算

$LF_{2-3}=LT_2=5(\mathrm{d})$

$LF_{1-3}=LT_3=5(\mathrm{d})$

$LF_{2-4}=LT_4=9(\mathrm{d})$

……

余类推，以上计算结果见图 4-22。

④ 工作 $i-j$ 最迟开始时间 LS_{i-j} 的计算

$LS_{1-2}=LT_2-D_{1-2}=5-1=4(d)$

$LS_{1-3}=LT_3-D_{1-3}=5-5=0$

$LS_{2-4}=LT_4-D_{2-4}=9-2=7(d)$

……

余类推，以上计算结果见图 4-22。

⑤ 工作 $i-j$ 总时差 TF_{i-j} 的计算

$TF_{1-2}=LT_2-ET_1-D_{1-2}=5-0-1=4(d)$

$TF_{1-3}=LT_3-ET_1-D_{1-3}=5-0-5=0$

$TF_{2-4}=LT_4-ET_2-D_{2-4}=9-1-2=6(d)$

$TF_{3-5}=LT_5-ET_3-D_{3-5}=11-5-5=1(d)$

……

余类推，以上计算结果见图 4-22。

⑥ 工作 $i-j$ 自由差 FF_{i-j} 的计算

$FF_{1-2}=ET_2-ET_1-D_{1-2}=1-0-1=0$

$FF_{1-3}=ET_3-ET_1-D_{1-3}=5-0-5=0$

$FF_{2-4}=ET_4-ET_2-D_{2-4}=9-1-2=6(d)$

$FF_{3-5}=ET_5-ET_3-D_{3-5}=10-5-5=0$

……

余类推，以上计算结果见图 4-22。

关键工作及关键线路的确定同【例 4-1】，见图 4-22。

4.2.9 用节点标号法计算工期并确定关键线路

标号法是计算总工期和确定关键线路的简单办法，计算步骤如下。

（1）设网络计划起点节点的标号值为零，即 $b_1=0$。

（2）顺箭线方向逐个计算节点的标号值。每个节点的标号值，等于以该节点为完成节点的各工作的开始节点标号值与相应工作持续时间之和的最大值，即

$$b_j=\max(b_i+D_{i-j}) \tag{4-21}$$

将标号值的来源节点及得出的标号值标注在节点上方。

（3）节点标号完成后，终点节点的标号值即为计算工期。

（4）从网络计划终点节点开始，逆箭线方向按原节点寻求出关键线路。

【例 4-3】试用节点标号法计算图 4-23 所示的网络计划工期并确定关键线路。

由图 4-23 可知关键工作是：B、E、G、I，总工期为 180 d。

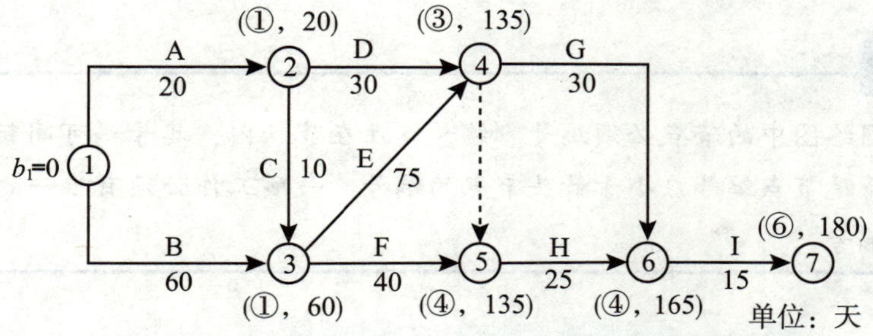

图 4-23　用节点标点法计算工期并确认关键线路实例

4.3　单代号网络计划

单代号网络图是以节点及其编号表示工作，以箭线表示工作之间逻辑关系的网络图。在单代号网络图中加注工作的持续时间，便形成单代号网络计划，如图 4-24 所示。

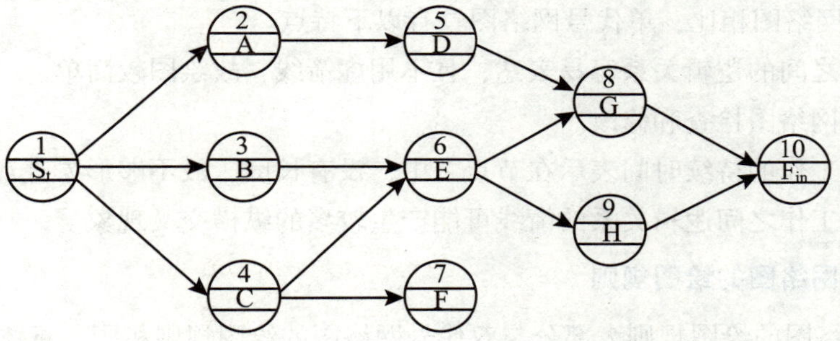

图 4-24　单代号网络图

4.3.1　单代号网络图

1. 单代号网络图的基本符号

(1) 节点

单代号网络图中的每一个节点表示一项工作，节点宜用圆圈或矩形表示。节点所表示的工作名称、持续时间和工作代号等应标注在节点内，如图 4-25 所示。

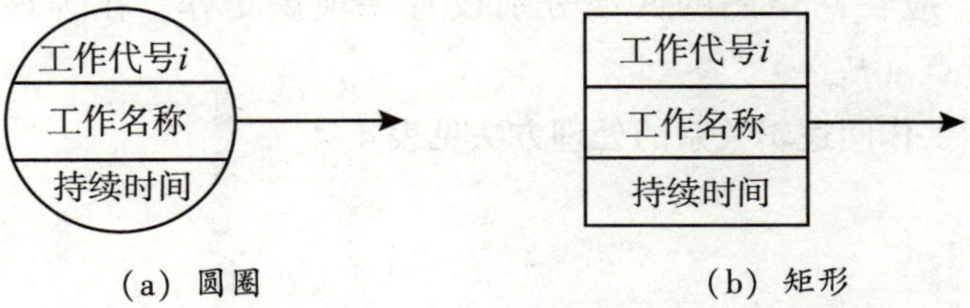

图 4-25　单代号网络图中工作的表示方法

提 示

单代号网络图中的节点必须编号。编号标注在节点内，其号码可间断，但严禁重复。箭线的箭尾节点编号应小于箭头节点的编号。一项工作必须有唯一的一个节点及相应的一个编号。

（2）箭线

单代号网络图中的箭线表示紧邻工作之间的逻辑关系，既不占用时间，也不消耗资源。箭线应画成水平直线、折线或斜线。箭线水平投影的方向应自左向右，表示工作的行进方向。工作之间的逻辑关系包括工艺关系和组织关系，在网络图中均表现为工作之间的先后顺序。

（3）线路

单代号网络图中，各条线路应用该线路上的节点编号从小到大依次表述。

2. 单代号网络图的特点

与双代号网络图相比，单代号网络图具有以下特点。

（1）工作之间的逻辑关系容易表达，且不用虚箭线，故绘图较简单。

（2）便于网络图检查和修改。

（3）由于工作的持续时间表示在节点之中，没有长度，故不够形象直观。

（4）表示工作之间逻辑关系的箭线可能产生较多的纵横交叉现象。

3. 单代号网络图的绘图规则

单代号网络图的绘图规则大部分与双代号网络图的绘图规则相同，具体如下。

（1）单代号网络图必须正确表达已定的逻辑关系。

（2）单代号网络图中，严禁出现循环回路。

（3）单代号网络图中，严禁出现双向箭头或无箭头的连线。

（4）单代号网络图中，严禁出现没有箭尾节点的箭线和没有箭头节点的箭线。

（5）绘制网络图时，箭线不宜交叉，当交叉不可避免时，可采用过桥法或指向法绘制。

（6）单代号网络图只应有一个起点节点和一个终点节点；当网络图中有多项起点节或多项终点节点时，应在网络图的两端分别设置一项虚工作，作为该网络图的起点节点（S_t）和终点节点（F_{in}）。

单代号网络图工作间逻辑关系的处理方法见表 4-4。

表 4-4　单代号网络图逻辑关系的处理方法

序号	逻辑关系	单代号表示方法
1	A、B、C 三项工作依次进行	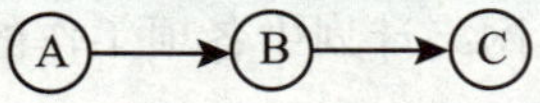
2	A、B、C 三项工作同时开始	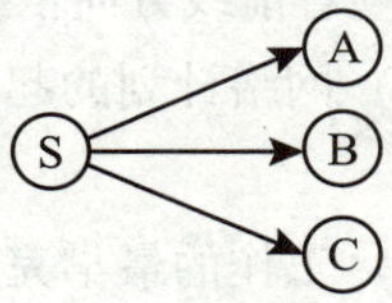
3	A、B、C 三项工作同时结束	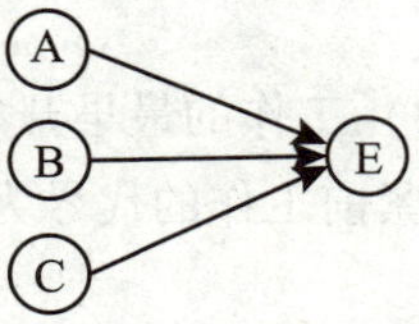
4	A、B、C 三项工作，A 完成后进行 B、C	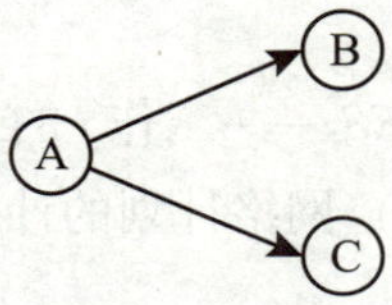
5	A、B、C 三项工作，A、B 完成后进行 C	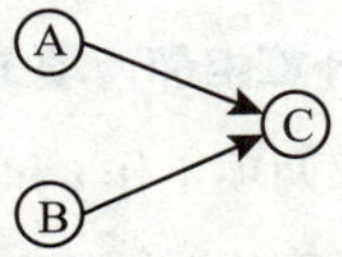
6	A、B、C、D 四项工作，A、B 完成后进行 C、D	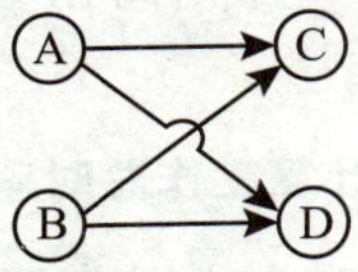

4.3.2　单代号网络计划时间参数的计算

单代号网络计划时间参数的计算应在确定各项工作的持续时间之后进行。时间参数的计算顺序和计算方法基本上与双代号网络计划时间参数的计算相同。单代号网络计划时间参数的标注形式如图 4-26 所示。

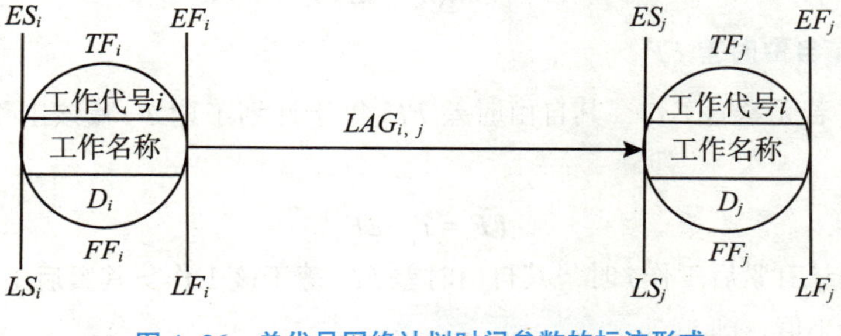

图 4-26　单代号网络计划时间参数的标注形式

单代号网络计划时间参数的计算步骤如下。

1. 计算最早开始时间和最早完成时间

网络计划中各项工作的最早开始时间和最早完成时间的计算应从网络计划的起点节点开始，顺着箭线方向依次逐项计算。

（1）网络计划的起点节点的最早开始时间为零。如起点节点的编号为 1，则

$$ES_i=0(i=1) \tag{4-22}$$

（2）工作的最早完成时间等于该工作的最早开始时间加上其持续时间，即

$$EF_i=ES_i+D_i \tag{4-23}$$

（3）工作的最早开始时间等于该工作的各个紧前工作的最早完成时间的最大值。如工作 j 的紧前工作的代号为 i，则

$$ES_j=\max(EF_i) \tag{4-24}$$

或

$$ES_j=\max(EF_i+D_i) \tag{4-25}$$

式中 ES_j——工作 j 的最早开始时间。

（4）网络计划的计算工期 T_c。T_c 等于网络计划的终点节点 n 的最早完成时间，即

$$T_c=EF_n \tag{4-26}$$

2. 计算相邻两项工作之间的时间间隔 $LAG_{i,j}$

相邻两项工作 i 和 j 之间的时间间隔 $LAG_{i,j}$ 等于紧后工作 j 的最早开始时间 ES_j 和本工作的最早完成时间 EF_i 之差，即

$$LAG_{i,j}=ES_j-EF_i \tag{4-27}$$

3. 计算工作总时差 TF_i

工作 i 的总时差 TF_i 应从网络计划的终点节点开始，逆着箭线方向依次逐项计算。

（1）网络计划终点节点的总时差 TF_i，如计划工期等于计算工期，其值为零，即

$$TF_i=0 \tag{4-28}$$

（2）其他工作 i 的总时差 TF_i 等于该工作的各个紧后工作 j 的总时差 TF_j 加该工作与其紧后工作之间的时间间隔 $LAG_{i,j}$ 之和的最小值，即

$$TF_i=\min(TF_j+LAG_{i,j}) \tag{4-29}$$

4. 计算工作自由时差 FF_i

（1）工作 i 若无紧后工作，其自由时差 FF_i 等于计划工期 T_p 减该工作的最早完成时间 EF_n，即

$$FF_i=T_p-EF_n \tag{4-30}$$

（2）当工作 j 有紧后工作 j 时，其自由时差 FF_i 等于该工作与其紧后工作 j 之间的时间间隔 $LAG_{i,j}$ 的最小值，即

$$FF_i=\min(LAG_{i,j}) \tag{4-31}$$

5. 计算工作的最迟开始时间和最迟完成时间

（1）工作 i 的最迟开始时间 LS_i，等于该工作的最早开始时间 ES_i 加上其总时差 TF_i 之和，即

$$LS_i = ES_i + TF_i \tag{4-32}$$

（2）工作 i 的最迟完成时间 LF_i 等于该工作的最早完成时间 EF_i 加上其总时差 TF_i 之和，即

$$LF_i = EF_i + TF_i \tag{4-33}$$

6. 关键工作和关键线路的确定

（1）关键工作

总时差最小的工作是关键工作。

（2）关键线路

关键线路的确定按以下规定：从起点节点开始到终点节点均为关键工作，且所有工作的时间间隔为零的线路为关键线路。

【例 4-4】已知单代号网络计划如图 4-27 所示，若计划工期等于计算工期（工期单位：d），试计算单代号网络计划的时间参数，将其标注在网络计划上，并用双箭线标标出关键线路。

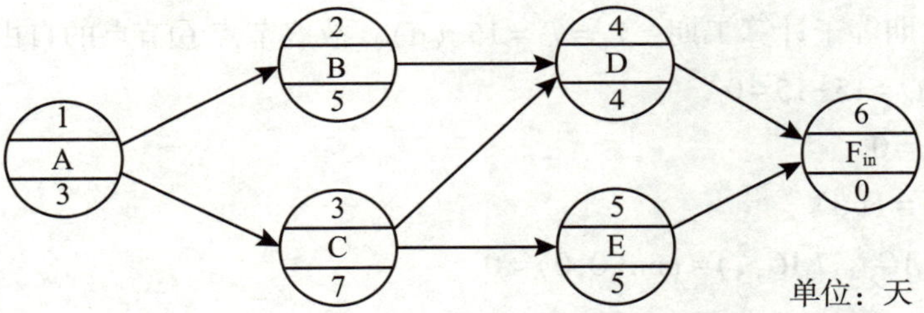

图 4-27　单代号网络计划计算示例

【解】（1）计算最早开始时间和最早完成时间

$ES_1 = 0$　　$EF_1 = ES_1 + D_1 = 0+3 = 3(d)$

$ES_2 = EF_1 = 3(d)$　　$EF_2 = ES_2 + D_2 = 3+5 = 8(d)$

$ES_3 = EF_1 = 3(d)$　　$EF_3 = ES_3 + D_3 = 3+7 = 10(d)$

$ES_4 = \max(EF_2, EF_3) = \max(8, 10) = 10(d)$

$EF_4 = ES_4 + D_4 = 10+4 = 14(d)$

$ES_5 = EF_3 = 10(d)$

$EF_5 = ES_5 + D_5 = 10+5 = 15(d)$

$ES_6 = \max(EF_4, EF_5) = \max(10, 15) = 15(d)$

$EF_6 = ES_6 + D_6 = 15+0 = 15(d)$

已知计划工期等于计算工期，故有：$T_p = T_c = EF = 15$（d）

（2）计算相邻两项工作之间的时间间隔 $LAG_{i,j}$

$LAG_{1,2}=ES_2-EF_1=3-3=0$

$LAG_{1,3}=ES_3-EF_1=3-3=0$

$LAG_{2,4}=ES_4-EF_2=10-8=2(\text{d})$

$LAG_{3,4}=ES_4-EF_3=10-10=0$

$LAG_{3,5}=ES_5-EF_3=10-10=0$

$LAG_{4,6}=ES_6-EF_4=15-14=1(\text{d})$

$LAG_{5,6}=ES_6-EF_5=15-15=0$

（3）计算工作的总时差 TF_i

已知计划工期等于计算工期：$T_\text{p}=T_\text{c}=15$（d）。故终节点⑥节点的总时差为零，即：$TF_6=0$。其他工作总时差为：

$TF_5=TF_6+LAG_{5,6}=0+0=0$

$TF_4=TF_6+LAG_{4,6}=0+1=1(\text{d})$

$TF_3=\min[(TF_4+LAG_{3,4}),(TF_5+LAG_{3,5})]=\min[(0+0),(1+0)]=0$

$TF_2=TF_4+LAG_{2,4}=1+2=3(\text{d})$

$TF_1=\min[(TF_2+LAG_{1,2}),(TF_3+LAG_{1,3})]=\min[(3+0),(0+0)]=0$

（4）计算工作的自由时差 EF_i

已知计划工期等于计算工期：$T_\text{p}=T_\text{c}=15$（d）。故终节点⑥节点的自由时差为

$FF_6=T_\text{p}-EF_6=15-15=0$

$FF_5=LAG_{5,6}=0$

$FF_4=LAG_{4,6}=1(\text{d})$

$FF_3=\min(LAG_{3,4},LAG_{3,5})=\min(0,0)=0$

$FF_2=LAG_{2,4}=2(\text{d})$

$FF_1=\min(LAG_{1,2},LAG_{1,3})=\min(0,0)=0$

（5）计算工作的最迟开始时间 LS_i 和最迟完成时间 LF_i

$LF_1=EF_1+TF_1=0+0=0$　　$LF_1=EF_1+TF_1=3+0=3(\text{d})$

$LS_2=ES_2+TF_2=3+3=6(\text{d})$　　$LF_2=EF_2+TF_2=8+3=11(\text{d})$

$LS_3=ES_3+TF_3=3+0=3(\text{d})$　　$LF_3=EF_3+TF_3=10+0=10(\text{d})$

$LS_4=ES_4+TF_4=10+1=11(\text{d})$　　$LF_4=EF_4+TF_4=14+1=15(\text{d})$

$LS_5=ES_5+TF_5=10+0=10(\text{d})$　　$LF_5=EF_5+TF_5=15+0=15(\text{d})$

$LS_6=ES_6+TF_6=15+0=15(\text{d})$　　$LF_6=EF_6+TF_6=15+0=15(\text{d})$

将以上计算结果标注在图 4-28 相应位置。

（6）关键工作和关键线路的确定

根据计算结果，总时差为零的工作：A、C、E、F 为关键工作。

从起点节点①节点开始到终点节点⑥节点均为关键工作，且所有工作之间时间间隔为

零的线路：①-③-⑤-⑥为关键线路，用双箭线标注在图4-28中。

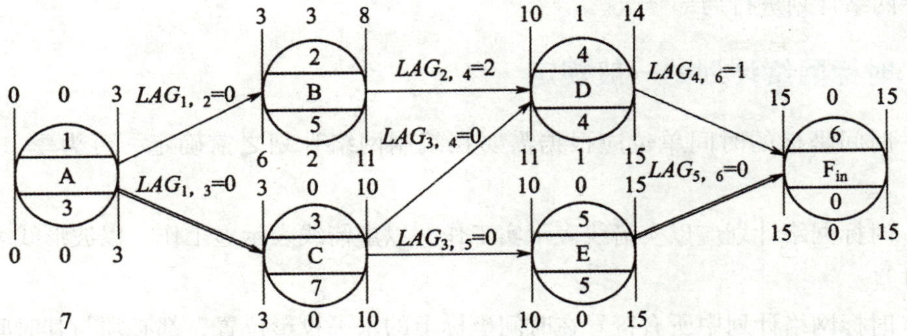

图4-28 单代号网络计划时间参数计算结果

4.4 双代号时标网络计划

4.4.1 双代号时标网络计划的特点

以水平时间坐标为尺度编制的双代号网络计划，就是双代号时标网络计划，简称时标网络计划，有以下几方面的特点。

(1) 时标网络计划能在图上直接显示出各项工作的开始与完成时间、工作的自由时差及关键线路。

(2) 时标网络计划能够清楚地表明计划的时间进程，使用方便，具有横道图的优点。

(3) 在时标网络计划中可以统计每一个单位时间对资源的需要量，以便进行资源优化和调整，弥补了网络图这方面的不足。

(4) 由于箭线受到时间坐标的限制，对网络计划的修改比较麻烦，当情况发生变化时，往往要重新绘图。但在使用计算机以后，这一问题可以得到解决。

4.4.2 时标网络计划的应用

(1) 编制工作项目较少，并且工艺过程较简单的项目进度计划，能迅速地进行绘制、计算与调整，比较容易进行图上分析。

(2) 对于大型复杂的建设工程项目，可以先使用时标网络图的形式绘制各分部分项工程的网络计划，然后综合起来绘制出较简明的总网络计划。也可以先编制一个总的建设工程项目进度计划，以后每隔一段时间，对下段时间应进行的工作区段绘制详细的时标网络计划。时间间隔的长短要根据工作的性质、所需的详细程度和工程的复杂性决定。

（3）在计划执行过程中，如果时间有变化，则不必改动整个网络计划，而只对这一阶段的时标网络计划进行局部修改。

4.4.3 时标网络计划的一般规定

（1）时间坐标的时间单位应根据需要在编制网络计划之前确定，可为季、月、周、天等。

（2）时标网络计划应以实箭线表示实工作，以虚箭线表示虚工作，以波形线表示工作的自由时差。

（3）时标网络计划中所有符号在时间坐标上的水平投影位置，都必须与其时间参数相对应。节点中心必须对准相应的时标位置。

（4）虚工作必须以垂直方向的虚箭线表示，有自由时差时加波形线表示。

4.4.4 时标网络计划的编制

时标网络计划宜按各个工作的最早开始时间编制。在编制时标网络计划之前，应先按已确定的时间单位绘制出时标计划表见表4-5。

表4-5　时标计划表

日历																
（时间单位）	1	2	3	4	5	6	7	8	9	10	11	12	13	14	15	16
网络计划																
（时间单位）																

时标网络计划的编制方法有间接法绘制和直接法绘制两种。

1. 间接法绘制

先绘制出无标时网络计划，计算各工作的最早时间参数，再根据最早时间参数在时标计划表上确定节点位置，连线完成，某些工作箭线长度不足以到达该工作的完成节点时，用波形线补足。

2. 直接法绘制

根据网络计划中工作之间的逻辑关系及各工作的持续时间，直接在时标计划表上绘制时标网络计划。绘制步骤如下。

（1）将起点节点定位在时标表的起始刻度线上。

（2）按工作持续时间在时标计划表上绘制起点节点的外向箭线。

（3）其他工作的开始节点必须在其所有紧前工作都绘出以后，定位在这些紧前工作最早完成时间最大值的时间刻度上，某些工作的箭线长度不足以到达该节点时，用波形线补足，箭头画在波形线与节点连接处。

（4）用上述方法从左至右依次确定其他节点位置，直至网络计划终点节点定位，完成绘图。

【例 4-5】已知网络计划资料见表 4-6，试用直接法绘制双代号时标网络计划。

表 4-6　网络计划资料

工作名称	A	B	C	D	E	F	G	H	J
紧前工作	—	—	—	A	A、B	D	C、E	C	D、G
持续时间/d	3	4	7	5	2	4	3	6	4

【解】（1）将网络图的起点节点定位在时标表的起始刻度线的位置上，如图 4-29 所示。

（2）画节点①的外向箭线，即按各工作的持续时间，画出无紧后工作的 A、B、C 工作，并确定节点②、③、④的位置，如图 4-29 所示。

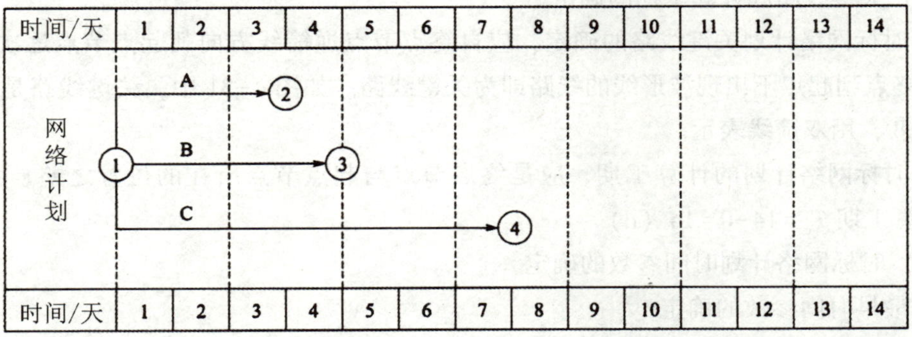

图 4-29　画节点①的外向箭线和节点②、③、④的位置

（3）依次画出节点②、③、④的外向箭线工作 D、E、H，并确定节点⑤、⑥的位置，节点⑥的位置定位在其两条内向箭线的最早完成时间的最大值处，即定位在时标值 7 的位置，工作 E 达不到节点，即用波线补足，如图 4-30 所示。

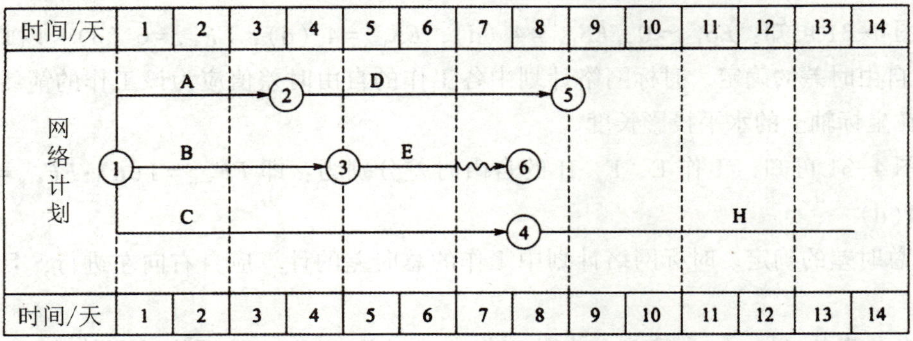

图 4-30　画工作 D、E、H，并确定节点⑤、⑥的位置

（4）按上述步骤，直到画出全部工作，确定出终点节点⑧的位置，时标网络计划绘制

完成，如图 4-31 所示。

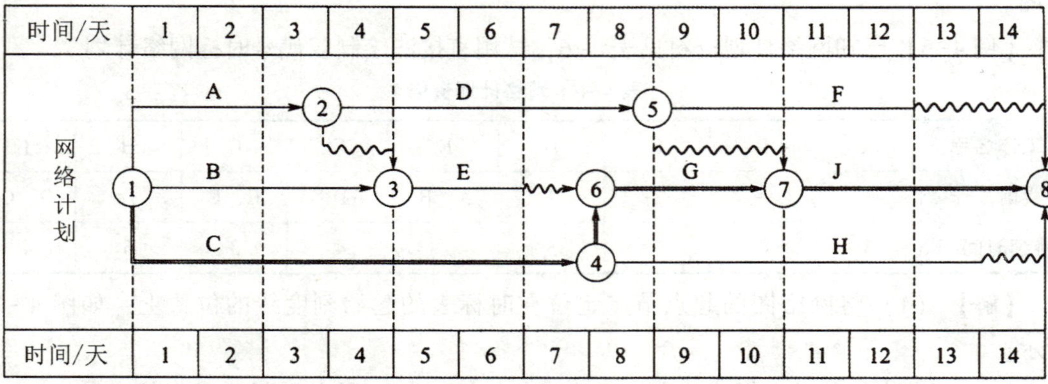

图 4-31　绘制完成的时标网络计划

（5）关键线路和计算工期的确定

① 时标网络计划关键线路的确定，应自终点节点逆箭线方向朝起点节点逐次进行判定：从终点到起点不出现波形线的线路即为关键线路。如图 4-31 中，关键线路是①-④-⑥-⑦-⑧，用双箭线表示。

② 时标网络计划的计算工期，应是终点节点与起点节点所在的位置之差。图 4-31 中，计算工期 $T_c=14-0=14$（d）。

（6）时标网络计划时间参数的确定

① 最早时间参数的确定

最早开始时间 $ES_{i\text{-}j}$。每条实箭线左端箭尾节点（i 节点）中心所对应的时标值，即为该工作的最早开始时间。

最早完成时间 $EF_{i\text{-}j}$。如箭线右端有波形线，则实箭线右端末所对应的时标值即为该工作的最早完成时间。如箭线右端无波形线，则该箭线右端节点（j 节点）中心所对应的时标值为该工作的最早完成时间。

由图 4-31 可知：$ES_{1\text{-}3}=0$，$ES_{1\text{-}3}=4$（d），$ES_{3\text{-}6}=4$（d），$EF_{3\text{-}6}=6$（d）。以此类推。

② 自由时差的确定。时标网络计划中各工作的自由时差值应为该工作的箭线中波形线部分在坐标轴上的水平投影长度。

由图 4-31 可知，工作 E、F、H 的自由时差分别为：即 $FF_{3\text{-}6}=1$(d)；$FF_{5\text{-}8}=2$(d)；$FF_{4\text{-}8}=1$(d)

③ 总时差的确定。时标网络计划中工作的总时差的计算应自右向左进行，且符合下列规定。

以终点节点（$j=n$）为箭头节点的工作的总时差 $TF_{i\text{-}n}$ 应按网络计划的计划工期 T_p；计算确定，即

$$TF_{i\text{-}n}=T_p-EF_{i\text{-}n}$$

由图 4-31 可知，工作 F、J、H 的总时差分别为

$TF_{5-8}=T_p-EF_{5-8}=14-12=2(d)$

$TF_{7-8}=T_p-EF_{7-8}=14-14=0$

$TF_{4-8}=T_p-EF_{4-8}=14-13=1(d)$

其他工作的总时差等于其紧后工作 $j-k$ 总时差的最小值与本工作的自由时差之和，即

$TF_{i-j}=\min(TF_{j-k})+FF_{i-j}$

图 4-31 中，各项工作的总时差计算为

$TF_{6-7}=TF_{7-8}+FF_{6-7}=0+0=0$

$TF_{3-6}=TF_{6-7}+FF_{3-6}=0+1=1(d)$

$TF_{2-5}=\min(TF_{5-7},TF_{5-8})+FF_{2-5}=\min(2,2)+0=2+0=2(d)$

$TF_{1-4}=\min(TF_{4-6},TF_{4-8})+FF_{1-4}=\min(0,1)+0=0+0=0$

$TF_{1-3}=TF_{3-6}+FF_{1-3}=1+0=1(d)$

$TF_{1-2}=\min(TF_{2-3},TF_{2-5})+FF_{1-2}=\min(1,2)+0=1+0=1(d)$

④ 最迟时间参数的确定。时标网络计划中工作的最迟开始时间和最迟完成时间可按下式计算为

$LS_{i-j}=ES_{i-j}+TF_{i-j}$

$LF_{i-j}=EF_{i-j}+TF_{i-j}$

如图 4-31 所示，工作的最迟开始时间和最迟完成时间为

$LS_{1-2}=ES_{1-2}+TF_{1-2}=0+1=1(d)$

$LF_{1-2}=EF_{1-2}+TF_{1-2}=3+1=4(d)$

$LS_{1-3}=ES_{1-3}+TF_{1-3}=0+1=1(d)$

$LF_{1-3}=EF_{1-3}+TF_{1-3}=4+1=5(d)$

以此类推，可计算出各项工作的最迟开始时间和最迟完成时间。由于所有工作的最早开始时间、最早完成时间和总时差均为已知，故计算起来比较容易。

4.5　单代号搭接网络计划

4.5.1　搭接网络计划的特点和表达方法

搭接关系有两种，用以处理这两种搭接关系而设的时距有四种，搭接关系示意图如图 4-32 所示。

(1) 开始到开始（*STS*）关系，其单代号搭接网络关系表达方式如图 4-33（a）所示。

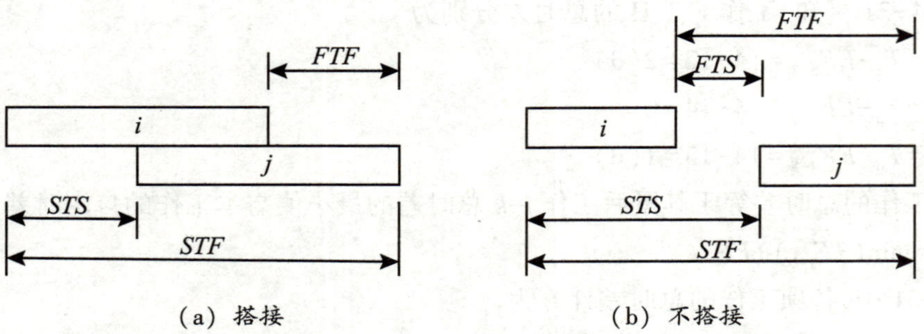

图 4-32　搭接关系示意图

（2）开始到结束（*STF*）关系，其单代号搭接网络关系表达方式如图 4-33（b）所示。

（3）结束到开始（*FTS*）关系，其单代号搭接网络关系表达方式如图 4-33（c）所示。

（4）结束到结束（*FTF*）关系，其单代号搭接网络关系表达方式如图 4-33（d）所示。

（5）混合关系，一般是同时用和 *STS* 和 *FTF* 两种关系来表达，当然也可以是别的结合形式，如图 4-33（e）所示。

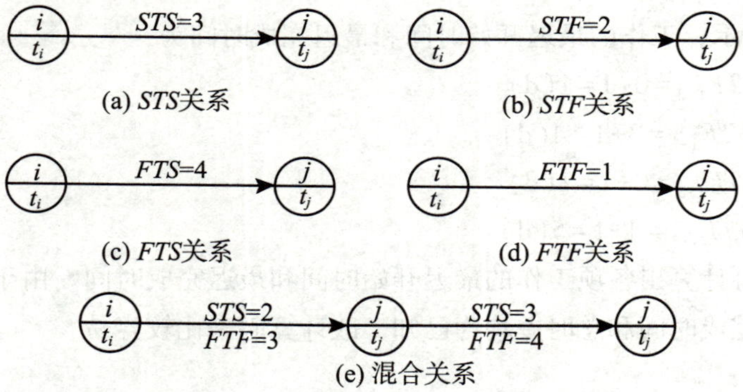

图 4-33　单代号搭接网络计划各种搭接关系表达方式

4.5.2　搭接网络计划时间参数的计算

在制定计划时，究竟采用什么时距并确定其数值，要根据计划对象的具体情况决定。图 4-34 就是一个完整的单代号搭接网络计划。

单代号搭接网络计划的时间参数计算与单代号和双代号网络计划时间参数的计算原理基本相同，计算的参数种类也基本相同。现对图 4-34 进行计算，计算结果如图 4-35 所示。

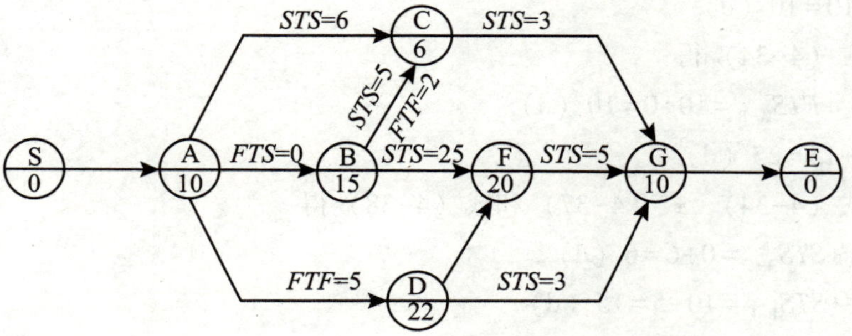

注：S 与 E 是虚拟节点

图 4-34　单代号搭接网络计划

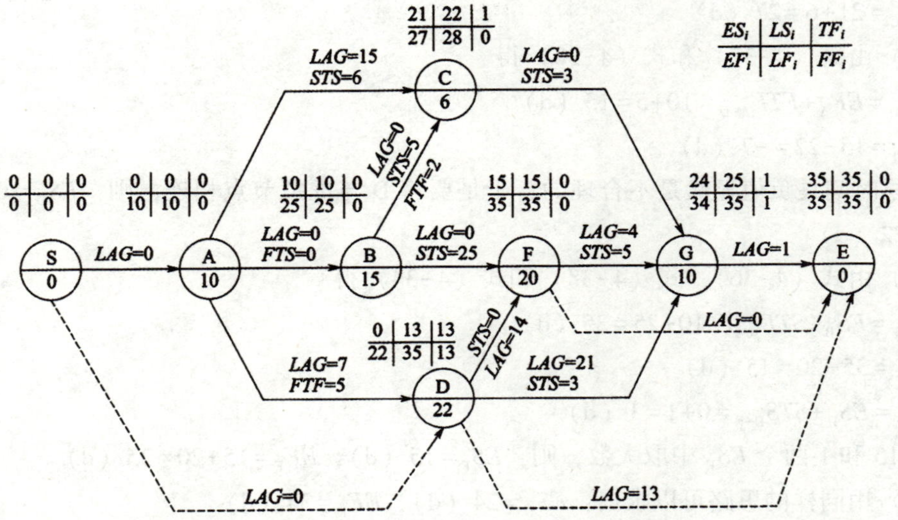

图 4-35　单代号搭接网络计划工作时间参数计算

1. 单代号搭接网络计划工作最早时间的计算

最早时间的计算使用下列公式

$$ES_j = ES_i + STS_{i-j} \tag{4-34}$$

$$ES_j = EF_i + FTS_{i-j} \tag{4-35}$$

$$EF_j = ES_i + STF_{i-j} \tag{4-36}$$

$$ES_j = EF_i + FTF_{i-j} \tag{4-37}$$

$$ES_j = EF_i + D_j \tag{4-38}$$

$$EF_j = ES_i + D_j \tag{4-39}$$

根据已知的时距关系选择上述公式，就可以把最早时间计算出来。

（1）计算与虚拟节点相连接的工作 A

$ES_A = 0$

$ES_A=0+10=10$（d）

（2）由式（4-34）得

$ES_B=EF_A+FTS_{A-B}=10+0=10$（d）

$EF_B=10+15=25$（d）

（3）由式（4-34）、式（4-37）和式（4-38）得

$ES_C=ES_A+STS_{A-C}=0+6=6$（d）

$ES_C=ES_B+STS_{B-C}=10+5=15$（d）

$ES_C=EF_B+FTF_{B-C}-D_C=25+2-6=21$（d）

在以上三个数中取大数，则

$ES_C=21$（d）

$EF_C=21+6=27$（d）

（4）由式（4-37）和式（4-38）得

$EF_D=EF_A+FTF_{A-D}=10+5=15$（d）

$ES_D=15-22=-7$（d）

最早时间是负值显然是不合理的，于是要将 D 与虚拟节点相连，则：$ES_D=0$，$EF_C=0+22=22$（d）。

（5）由式（4-36）、式（4-38）和式（4-34）得

$EF_F=ES_B+STF_{B-F}=10+25=35$（d）

$ES_F=35+20=15$（d）

$ES_F=ES_D+STS_{D-F}=0+1=1$（d）

在 15 和 1 两个 ES_F 中取大数，则：$ES_F=15$（d），$EF_F=15+20=35$（d）

（6）用同样的思路可以求出：$ES_G=24$（d），$EF_F=34$（d）

2. 总工期的确定

计算完最早时间以后，便可以确定总工期。为此，观察各项工作的最早完成时间，可以发现，与虚拟节点相连的工作 G 的 $EF_G=34$（d），而不与节点 E 相连的工作 F 的 $EF_F=35$（d），显然总工期应取 35（d）。于是应将 F 与 E 用虚箭线相连，形成通路，如图 4-36 所示。

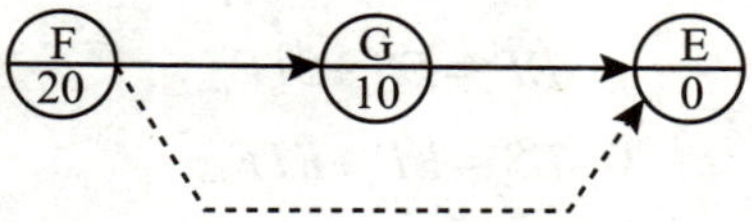

图 4-36　工作 F 用虚箭线与 E 相连接（单位：d）

3. 工作最迟时间的计算

工作最迟时间的计算使用下列公式计算

$$LF_i=LF_j-FTF_{i-j} \tag{4-40}$$

$$LF_i = LS_j - FTS_{i-j} \tag{4-41}$$

$$LS_i = LS_j - STS_{i-j} \tag{4-42}$$

$$LS_i = LF_j - STF_{i-j} \tag{4-43}$$

$$LS_i = LF_j - D_i \tag{4-44}$$

$$LF_i = LS_j + D_i \tag{4-45}$$

（1）与虚拟终节点相连的工作的最迟完成时间就是总工期值，故有

$LF_G = 35$（d）

$LS_G = 35 - 10 = 25$（d）

$LF_F = 35$（d）

$LS_F = 35 - 20 = 15$（d）

（2）求工作 D 的最迟时间。据式（4-44）可得

$LS_D = LS_F - STS_{D-F} = 15 - 1 = 14$（d）

$LF_D = 14 + 22 = 36$（d）

$LS_D = LS_G - STS_{D-G} = 25 - 3 = 22$（d）

$LF_D = 22 + 22 = 44$（d）

以上两个 D 的最迟完成时间都大于总工期，显然是不合理的，故 LF_D 应取总工期的值，即

$LF_D = 35$（d）

$LS_D = 35 - 22 = 13$（d）

然后将 D 点与终点节点 E 用虚线相连。

（3）据式（4-44）可得

$LS_C = LS_G - STS_{C-G} = 25 - 3 = 22$（d）

$LF_C = LS_C + 6 = 22 + 6 = 28$（d）

（4）同理可得

$LS_B = 10$（d）

$LF_B = 10 + 15 = 25$（d）

$LF_A = 10$（d）

$LS_A = 10 - 10 = 0$

4. 求间隔时间（$LAG_{i,j}$）

$$LAG_{i-j} = \min \begin{Bmatrix} ES_j - EF_i - FTS_{i-j} \\ ES_j - ES_i - STS_{i-j} \\ EF_j - EF_i - FTF_{i-j} \\ EF_j - ES_i - STF_{i-j} \end{Bmatrix}$$

计算 $LAG_{i,j}$ 的公式如下。例如，C、G 间的关系为 STS，故

$$LAG_{C,G}=24-21-3=0$$

D 和 E 之间没有时距，故

$$LAG_{D,E}=35-2=13\ (d)$$

C 和 B 有两种关系，故

$$LAG_{B,C}=\min\begin{Bmatrix}ES_C-ES_B-STS_{B-C}=21-10-5=6\\EF_C-EF_B-FTF_{B-C}=27-25-2=0\end{Bmatrix}=0$$

以此类推。计算结果全部标在图 4-36 上。

5. 计算工作时差

（1）工作总时差的计算与单代号网络计划相同。

（2）工作自由时差（FF_i）的含义与单代号网络计划相同，其计算方法如下。

① 如果一项工作只有一项紧后工作，则该工作与紧后工作之间的 $LAG_{i,j}$ 就是它的自由时差值。

② 如果一项工作有两个以上紧后工作，则该工作的自由时差值是其与紧后工作之间的 $LAG_{i,j}$ 的最小值，如 D 之后有三个 $LAG_{i,j}$，则

$$FFD=\min\begin{Bmatrix}LAG_{D,F}\\LAG_{D,G}\\LAG_{D,E}\end{Bmatrix}=\min\begin{Bmatrix}14\\21\\13\end{Bmatrix}=13\ (d)$$

6. 判别关键线路

单代号搭接网络计划的关键线路是起点节点到终点节点总时差为 0 的节点及其间的 $LAG_{i,j}$ 为 0 的通路连接起来形成的通路。图 4-35 的关键线路是 S-A-B-F-E。

4.6 网络计划优化

网络计划的绘制和时间参数的计算只是完成网络计划的第一步，得到的只是初始方案，是一种可行方案，但不一定是最优方案。要由初始方案变成最优方案，就必须进行网络计划的优化。

网络计划的优化，就是在满足既定约束条件下，按选定目标通过不断改进网络计划寻求满意方案。网络计划优化分为工期优化、费用优化和资源优化。

4.6.1 工期优化

工期优化是指在满足既定约束条件下，通过缩短计算工期以达到要求工期的目标。

若计算工期小于要求工期不多或两者相等，一般可不必优化。若计算工期大于要求工期，可通过压缩关键工作的作业时间来满足要求工期，与此同时，必须相应增加被压缩作业时间的关键工作的资源需求量。

工期优化的步骤如下。

1. 找出初始网络计划的计算工期、关键线路及关键工作。

2. 按要求工期计算应缩短的时间 ΔT，$\Delta T = T_c - T_r$。

3. 确定各关键工作能缩短的时间。

4. 选择关键工作，压缩其持续时间，并重新计算网络计划的计算工期。

选择缩短持续时间的关键工作时，应考虑下列因素。

（1）该关键工作缩短持续时间后，对工程质量和施工安全影响不大。

（2）该关键工作有充足备用资源。

（3）该关键工作缩短持续时间所需增加的费用最少。

5. 当计算工期仍超过要求工期时，则重复以上 1~4 的步骤，直到满足工期要求或工期已不能再缩短为止。

6. 当所有关键工作的持续时间都已达到其能缩短的极限而工期仍不能满足要求时，应遵照规定对计划的原技术方案、组织方案进行调整或对要求工期重新审定。

下面结合示例说明工期优化的步骤。

【例 4-6】已知某网络计划初始方案如图 4-37 所示，图中箭线上的数据为该工作的正常持续时间，括号内数据为该工作的最短持续时间。假定要求工期为 146 天，试对其进行工期优化。

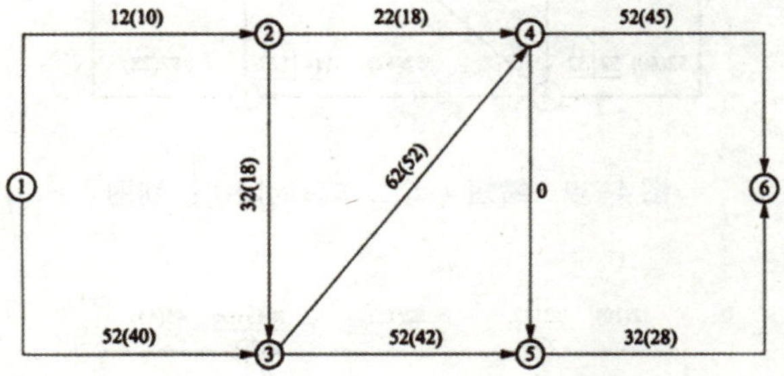

图 4-37　某网络计划初始方案

【解】假设 3-4 工作有充足的资源，且缩短时间对质量无太大影响；4-6 缩短时间所需费用最省，且资源充足；1-3 工作缩短时间的有利因素不如 3-4 与 4-6。

第一步，根据工作正常时间计算各个节点的最早和最迟时间，并找出关键工作及关键线路。计算结果如图 4-38 所示，图中 1-3-4-6 为关键线路。

第二步，计算需缩短的工期，由图 4-38 可知，计算工期为 166 天，而要求工期为 146 天，需要缩短 20 天。

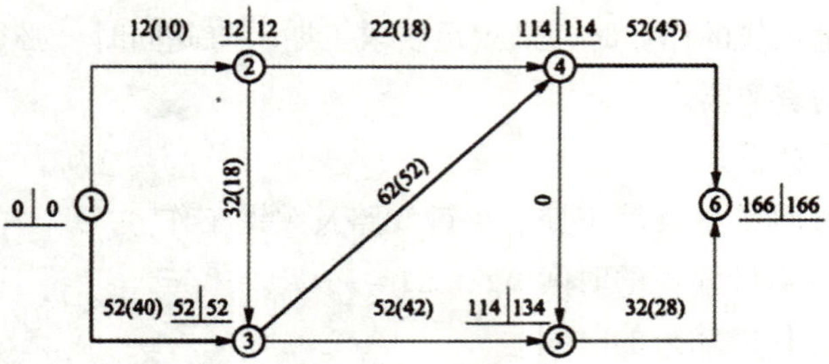

图 4-38　工期优化第一步工作

第三步，关键工作 1-3 可缩短 12 天，3-4 可缩短 10 天，4-6 可缩短 7 天，共计可缩短时间 29 天。

第四步，选择关键工作，考虑选择因素。由于 4-6 缩短时间所需费用最省，且资源充足，所以优先考虑压缩其工作时间，由原 52 天压缩为 45 天，即得网络计划图 4-39。

图 4-39 中的计算工期为 159 天，与要求工期 146 天相比，尚需压缩 13 天。考虑选择因素，因为 3-4 工作有充足的资源，且缩短工期对质量无太大的影响，所以选择压缩其工期，由原 62 天压缩为 52 天，即得网络计划图 4-40。

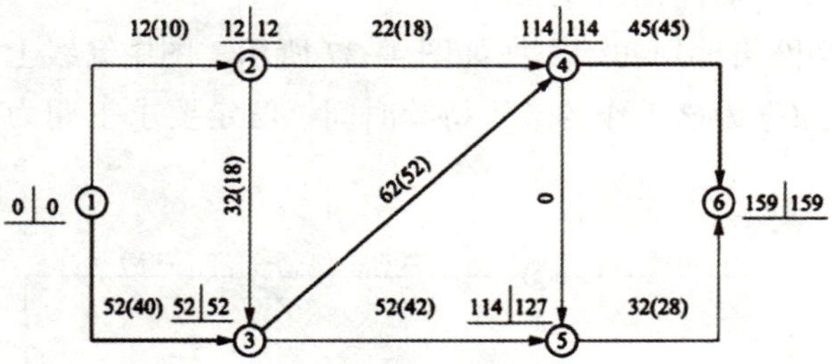

图 4-39　缩短 4-6 工作后的网络计划图

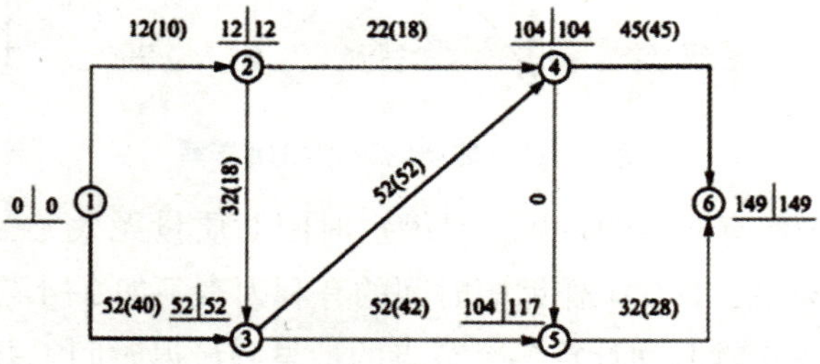

图 4-40　缩短 3-4 工作后的网络计划图

图 4-40 中的计算工期为 149 天，与要求工期 146 天相比还需压缩 3 天，考虑选择因素，选择 1-3 工作。由原 52 天压缩为 49 天，即得网络计划图 4-41。

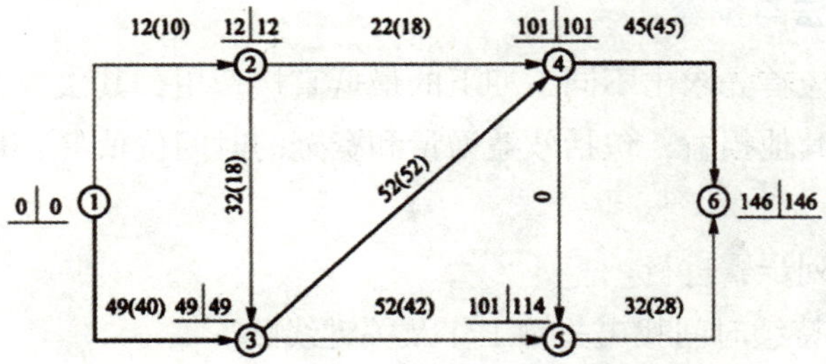

图 4-41　优化后的网络计划图

4.6.2　费用优化

费用优化是通过比较不同工期及其相应工程费用，寻求与工程费用最低相对应的最优工期。

1. 费用和工期的关系

建筑安装工程费用主要由直接费用和间接费用两部分组成。一般情况下，缩短工期会引起直接费用的增加和间接费用的减少，延长工期则会引起直接费用的减少和间接费用的增加。在考虑工程总费用时，还应考虑因工期变化带来的其他损益，如拖延工期罚款、因提前竣工而得到的奖励，以及因提前投产而获得的受益和资金的时间价值等。

缩短单位时间所增加的直接费用称为直接费用率，用 ΔC_{i-j} 表示，其计算公式为

$$\Delta C_{i-j}=\frac{CC_{i-j}-CN_{i-j}}{DN_{i-j}-DC_{i-j}} \tag{4-46}$$

式中　CC_{i-j}——工作的持续时间最短时，完成该工作所需的直接费用；

CN_{i-j}——在正常条件下，完成工作 $i-j$ 所需的直接费用；

DN_{i-j}——工作 $i-j$ 的正常持续时间；

DC_{i-j}——工作 $i-j$ 的最短持续时间。

施工项目的总费用和工期的关系曲线如图 4-42 所示。图中总费用曲线上的最低点（A 点）就是工程计划的最优方案，此方案工程费用最低，其相应的工期称为最优工期。在实际操作中，要达到这一点很困难，在这点附近一定范围内的工程计划都可算作最优计划。

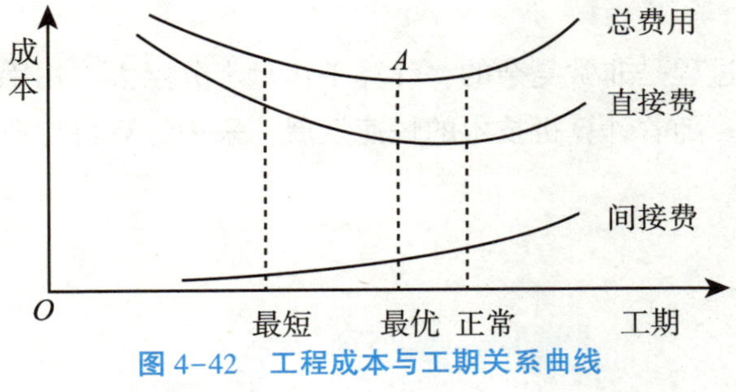

图 4-42　工程成本与工期关系曲线

2. 费用优化的方法与步骤

进行费用优化，应首先求出不同工期下的最低直接费用，其次考虑相应的间接费用影响和工期变化带来的其他损益，包括效益增量和资金的时间价值等，最后再通过叠加求出最低工程总成本。

费用优化应按下列步骤进行。

（1）按工作正常持续时间找出关键工作及关键线路。

（2）按式（4-46）计算各项工作的直接费用率 ΔC_{i-j}。

（3）在网络计划中找出 ΔC_{i-j} 或组合费用率最低的一项关键工作或一组关键工作，作为缩短持续时间的对象。缩短持续时间时应注意以下两点。

① 不能将关键工作压缩为非关键工作。

② 缩短后的工作持续时间不小于最短持续时间。

（4）计算相应增加的总费用。

（5）考虑工期变化带来的间接费及其他损益，在此基础上计算总费用。

（6）重复（3）~（5）的步骤，一直计算到总费用最低为止。

4.6.3 资源优化

资源是完成一项任务所需的人力、材料、机械设备和资金等的统称。由于完成一项工作所需用的资源基本上是不变的，所以资源优化是通过改变工作的开始时间和完成时间来使资源达到均衡的。资源优化的前提有以下几点。

（1）不改变网络计划中各工作之间的逻辑关系。

（2）不改变各工作的持续时间。

（3）除规定可中断的工作之外，一般不允许中断工作。

一般情况下网络计划的优化分为两种：“资源有限—工期最短”“工期固定—资源均衡”。

“资源有限—工期最短”的优化是指在满足资源限制条件下，通过调整计划安排，使工期最短。

“工期固定—资源均衡”的优化是指调整计划安排，在工期保持不变的条件下，使资源需用量尽可能均衡。

网络计划的优化过程是非常复杂的，计算工作量十分巨大，用手工计算很难实现，必须要借助电子计算机。随着计算机技术的快速发展，采用计算机专业软件，网络计划的优化工作变得相当容易。

项 目 小 结

本项目从基本概念出发，介绍了网络计划技术如何通过图形或表格形式展现项目中各项工作的逻辑关系，又详细学习了双代号网络计划和单代号网络计划的编制方法。此外，还进一步探讨了双代号时标网络计划和单代号搭接网络计划，这两种形式在特定场景下能够更直观地反映项目的时间进度和工作搭接关系。通过本项目的学习，帮助读者了解网络计划技术的知识和技能在工程项目管理领域的实践和发展具有重要意义。

课 后 习 题

1. 网络图的组成及分类有哪两种?
2. 双代号网络计划时间参数的计算方法有哪些?
3. 单代号网络图的特点有哪些?
4. 双代号时标网络计划的有哪些规定?
5. 什么是网络计划的优化? 怎么分类的?

项 目 5

施工组织设计

项目导读

施工组织设计是指用来指导整个工程实施过程中各项活动的技术、经济和组织的综合性文件，它是在开工前针对拟建项目工程本身特点和工地具体情况，对所需的劳动力、材料、机具和临时设施，经过科学计算、精心对比及合理安排后编制出的一套在时间和空间上进行合理施工的战略部署文件。施工组织设计是建筑工程中不可或缺的一环。通过科学合理地制定和实施施工组织设计，可以确保工程项目的顺利进行，提高施工效率和质量，降低施工成本，实现工程项目的可持续发展。因此，在工程项目实施过程中，必须充分重视并精心制定施工组织设计。

学习目标

知识目标

1. 掌握施工组织总设计概述的基本概念。
2. 了解施工总进度计划和资源需要量计划的编制方法和流程。
3. 了解单位工程施工组织设计的概念、编制内容。

能力目标

1. 能够编制施工总进度计划和资源需要量计划。
2. 能够根据项目要求进行单位工程施工组织设计。

素质目标

1. 培养学生具有较强的逻辑思维能力，能够系统地整合和分析各类施工组织设计信息。

2. 培养学生具有良好的团队合作精神，能够有效协调不同专业人员完成施工组织设计工作。

3. 培养学生具有细致认真的工作态度，能够对施工组织设计工作进行全面的考量和规划。

思政目标

1. 鼓励学生运用科学的方法和工具进行进度规划，提高工作效率和管理水平。

2. 鼓励学生运用现代技术手段提高设计的科学性和实用性，提升自身的专业素养和竞争力。

5.1 施工组织总设计

5.1.1 施工组织总设计的概念及作用

施工组织总设计是以一个建筑项目或建筑群为对象，根据初步设计或扩大初步设计图纸及其他有关资料和现场施工条件编制，用以指导整个施工现场各项施工准备和组织施工活动的技术经济文件。施工组织总设计一般由建设总承包单位或工程项目经理部的工程师编制，其主要作用有以下几点。

施工组织总设计

(1) 为建筑项目或建筑群的施工做出全局性的战略部署。

(2) 为做好施工准备工作、保证资源供应提供依据。

(3) 为建设单位编制工程建设计划提供依据。

(4) 为施工单位编制施工计划和单位工程施工组织设计提供依据。

(5) 为组织整个施工作业提供科学的方案和实施步骤。

(6) 为确定设计方案的施工可行性和经济合理性提供依据。

5.1.2 施工组织总设计的编制原则

编制施工组织总设计应遵循以下基本原则。

1. 遵守建设程序，执行国家政策

在编制施工组织总设计时必须严格执行基本建设程序，认真贯彻党和国家关于基本建设的有关方针、政策和规定。

2. 严格遵守合同，保证建设工期

严格遵守定额工期和合同规定的工程竣工及交付使用期限。对不同的建设工程项目，根据历史经验和对资料的整理，国家制定了不同工程系列的工期定额以指导施工，在编制施工进度计划时，其计划工期应该严格控制在国家定额工期范围内。

提 示

一些建设项目，为了尽快发挥投资效益，在签订合同时，工期要求往往高于国家工期定额，但提前量应视工程结构的实际情况和各企业的技术、装备情况而定，应控制在一个合理的幅度内，避免盲目蛮干，造成不必要的损失。对总工期较长的大型项目，应该根据生产的需要，安排分期分批建设、配套投产或交付使用，从实质上缩短工期，尽早发挥建设投资的经济效益。

3. 采用先进技术，提高施工水平

尽量采用先进的科学技术，努力提高工业化、机械化施工水平。先进的科学技术是提高劳动生产率、提高工程质量、加快施工进度、降低成本、提高经济效益的源泉。在编制施工组织总设计时，必须结合工程实际情况，加以推广应用。采用机械化施工和工厂化施工，可以提高劳动生产率，改善工人的操作环境和条件，加快工程的施工速度。

4. 均衡连续施工，提高生产效率

科学合理地安排施工计划，组织连续、均衡而紧凑的施工，保证人力和物力充分发挥作用，避免不必要的重复工作，能够最大限度地提高施工人员、机械的生产效率，加快施工进度，缩短工期。

5. 确保工程质量，保证安全生产

在编制施工组织设计时，要认真贯彻“质量第一”和“安全生产”的方针，严格按照施工验收规范和施工操作规程的要求，制定具体的保证质量和施工安全的措施，以确保工程顺利进行。

6. 合理选择资源，降低工程成本

因地制宜，就地取材，尽量减少临时设施，节约用地，努力降低工程成本。在编制施工组织设计时，应充分利用施工场地原有的设施，以减少临时设施费用。合理选用当地资源，合理安排物资运输、装卸与储存作业，减少物资运输量，避免二次搬运，精心进行场地规划布置，节约施工用地，降低一切非生产性开支和管理费用。

7. 进行文明施工，做好环保工作

文明施工是为了保持施工现场良好的作业环境、卫生环境和工作秩序。文明施工是适应现代化施工的客观要求，它能促进企业综合管理水平的提高，能代表企业形象，提高企业的知名度和市场竞争力。

环境保护是按照法律法规、各级主管部门和企业的要求，保护和改善作业现场的环境。它是保证人们身体健康和社会文明的需要，也是现代化大生产的客观要求。消除建筑施工对外部环境的干扰，减少对环境的污染和对市民的干扰，是保证施工顺利进行的需

要。在编制施工组织总设计时，应该明确文明施工和环保措施。

8. 认真调查研究，理论结合实际

编制施工组织总设计前，编制人员先应进行调查了解，掌握第一手资料，然后综合分析，提出初步设计设想，并应广泛听取建设、设计、监理和本单位领导、技术人员和施工人员的意见。这样编写的施工组织总设计，能做到理论结合实际，比较切实可行。

5.1.3　施工组织总设计编制依据

要保证施工组织总设计的编制工作顺利进行并提高质量，使设计文件更能结合工程实际情况，更好地发挥施工组织总设计的作用。编制施工组织总设计的编制依据，见表5-1。

表5-1　施工组织总设计编制依据

依据	内容
计划文件及有关合同	包括国家批准的基本建设计划、可行性研究报告、工程项目一览表、分期分批施工项目和投资计划、主管部门的批件、施工单位上级主管部门下达的施工任务计划、招标投标文件及签订的工程承包合同、工程材料和设备的订货合同等
设计文件及有关资料	包括建设项目的初步设计与扩大初步设计或技术设计的有关图纸、设计说明书、建筑总平面图、建设地区区域平面图、建筑竖向设计、总概算或修正概算等
工程勘察和原始资料	包括建设地区的地形、地貌、工程地质及水文地质、气象等自然条件；交通运输、能源、预制构件、建筑材料、水电供应及机械设备等技术经济条件；建设地区的政治、经济、文化、生活、卫生等社会生活条件
现行规范、规程和有关技术规定	包括国家现行的施工及验收规范、操作规程、定额、技术规定和技术经济指标
其他	类似工程的施工组织总设计和有关参考资料

5.1.4　施工组织总设计编制内容和程序

施工组织总设计编制内容应根据项目工程的性质、规模、工期、结构的特点及施工条件的不同而有所不同。施工组织总设计包括下列内容：工程概况及特点分析、施工部署和主要工程项目的施工方案、施工总进度计划、施工资源需用量计划、施工准备工作计划、施工总平面图和主要技术经济指标等。施工组织总设计的编制程序，如图5-1所示。

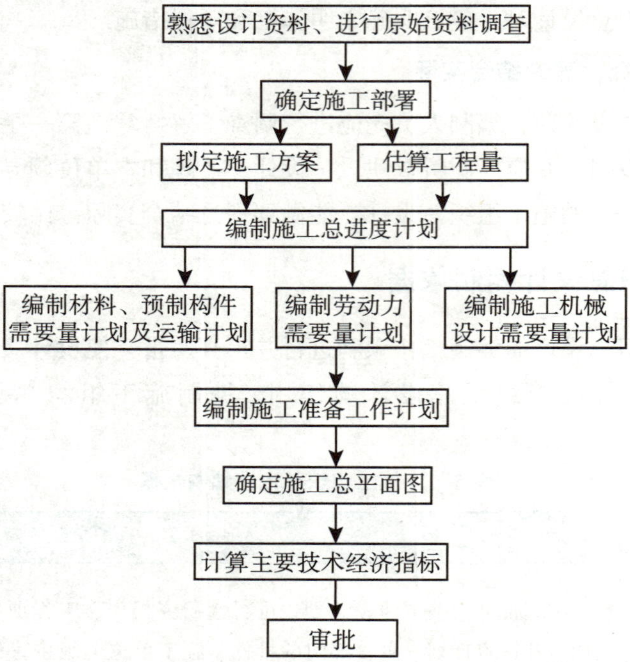

图 5-1　施工组织总设计编制程序

拓展阅读

编制施工准备工作计划

为了落实各项施工准备工作，加强对其检查和监督的力度，保证施工全过程的顺利进行，必须根据各项施工准备工作的内容、时间和具体负责人，编制施工准备工作计划。施工准备工作计划见表 5-2。

表 5-2　施工准备工作计划表

序号	准备工作项目	工程量		简要内容	负责单位或负责人	起止日期		备注
		单位	数量			日/月	日/月	

5.1.5　施工组织特点分析

（1）建筑项目特点包括工程性质、建设地点、建筑规模、总工期、总占地面积、总建筑面积、分期分批投入使用的项目和工期、总投资、主要工种工程量、设备安装及其吨数、建筑安装工程量、生产流程和工艺特点、建筑结构类型、新技术、新材料、新工艺的复杂程度和应用情况等。

（2）建设地区特征包括地形、地貌、水文、地质、气象等情况；建设地区的资源、交通、运输、水、电、劳动力、生活设施等情况。

（3）施工条件及其他内容包括施工企业的生产能力、技术装备、管理水平、主要设备、材料和特殊物资供应情况；有关建设项目的决议、合同、协议、土地征用范围、数量和居民搬迁时间等情况。

5.2 编制施工总进度计划

施工总进度计划是施工现场各项施工活动在时间上和空间上的体现。编制施工总进度计划是根据施工部署中的施工方案和施工项目开展的程序，对整个工程的所有施工项目作出时间上和空间上的安排。其作用在于确定各个建筑物及其主要工种、分项工程、准备工作和全工地工程的施工期限及开工和竣工的日期，从而确定建筑施工现场劳动力、原材料、成品、半成品、施工机械的需要数量和调配情况，及现场临时设施的数量、水电供应量和能源、交通的需用量等。因此，正确编制施工总进度计划是保证各项目以及整个建设工程如期交付使用、充分发挥其投资效益，保证降低建筑工程成本的重要条件。

5.2.1　施工部署

1. 工程开展程序

确定建设项目中各项工程的合理开展程序是关系整个建设项目能否尽快投产使用的关键。对于一些大中型工业建设项目，应根据建设项目总目标的要求，分期分批建设，既可使各个具体项目尽快建成，尽早投入使用，又可在全局上实现施工的连续性和均衡性，减少临时设施工程数量，降低工程成本。如何分期施工，分几期施工，每期工程包含哪些项目，则应根据生产工艺要求、建设部门要求、工程规模大小和施工难易程度、资金、技术等情况，由建设单位和施工单位共同研究确定。

大中型民用建设项目（如居民小区）应分期分批建设。除考虑住宅外，还应考虑幼儿园、学校、商店和其他公共设施的建设，以便交付使用后能尽早发挥其经济效益、社会效益和环境保护效益。

小型工业与民用建筑或大型建设项目的某一系统由于工期较短或生产工艺的要求，也可不用分期分批建设，可采取一次性建成投产。

提 示

在统筹安排各类项目施工时，应保证重点、兼顾其他，其中应优先安排工程量大、施工难度大、工期长的项目；供施工、生活使用的项目及临时设施；按生产工艺要求，先期投入生产或起主导作用的工程项目等。

2. 主要施工项目的施工方案

拟定主要工程项目施工方案的目的是进行技术和资源的准备工作，也是为了施工的顺利进行和现场的合理布局，其内容包括施工方法、施工工艺流程、施工机械设备等。对施工方法的确定应考虑技术工艺的先进性和经济上的合理性；对施工机械的选择应使主导机械的性能可满足工程的需要，又可发挥其效能，以便在各个工程上均能实现综合流水作业，减少其拆、装、运的次数；对于辅助机具，其性能应与主导施工机具相适应，以便充分发挥主导施工机具的工作效能。

3. 施工任务的划分与组织安排

在明确施工项目管理体制、机构的前提下，安排参与建设的各施工单位的施工任务，明确总包与分包单位的关系，建立施工现场统一的组织领导机构及职能部门，确定综合和专业化的施工组织；明确各施工单位之间的分工与协作关系，划分施工阶段，确定各施工单位分期分批的主导施工项目和穿插施工项目。

4. 全场临时设施的规划

根据工程开展程序和施工项目施工方案的要求对施工现场临时设施进行规划，包括安排生产和生活性临时设施的建设；安排原材料、成品、半成品、构件的运输和储存方式；安排场地平整方案和全场排水设施；安排场内外道路、水、电、气的引入方案；安排场区内的测量标志等。

5.2.2 施工总进度计划

1. 基本要求

编制施工总进度计划的基本要求是保证拟建工程在规定的期限内完成，发挥投资效益、施工的连续性和均衡性，节约施工费用。

根据施工部署中拟建工程分期分批的投产顺序，将每个系统的各项工程分别划出，在控制的期限内进行各项工程的具体安排。如果建设项目工程规模不大、各系统工程项目不多时，可不按照分期分批投产顺序安排，可直接安排总进度计划。

2. 编制步骤

（1）列出工程项目一览表并计算工程量

施工总进度计划主要起控制总工期的作用，因此项目划分不宜过细，可按照确定的主要工程项目的开展顺序排列，一些附属项目、辅助工程及临时设施可合并列出。

在工程项目一览表的基础上，计算各主要项目的实物工程量。计算工程量可按照初步（或扩大初步）设计图纸，并根据各种定额手册进行计算。常用的定额资料的分类见表5-3。

表5-3 常用的定额资料的分类

类型	内容
万元、10万元投资工程量的劳动力及材料消耗扩大指标	此种定额规定了某一种结构类型建筑，每万元或10万元投资中，劳动力、主要材料等消耗量。根据设计图纸中的结构类型，即可计算出拟建工程各分项工程需要的劳动力和主要材料的消耗量
概算指标或扩大结构定额	概算指标是以建筑物每100 m^3 体积为单位；扩大结构定额是以每100 m^2 建筑面积为单位。查定额时，应查找与该建筑物结构类型、跨度、高度相类似的部分，查出该建筑物按照定额单位所需要的劳动力和各项主要材料消耗量，从而推算出拟建工程所需要的劳动力和材料的消耗量
标准设计或已建房屋、构筑物的资料	在缺少上述几种定额手册的情况下，可采用标准设计或已建成的类似房屋实际所消耗的劳动力及材料进行类比，按比例估算。但由于和拟建工程完全相同的已建工程是极为少见的，因此在采用已建工程资料时，一般都要进行折算、调整

（2）确定各单位工程的施工期限

单位工程的施工期限，应根据施工单位的具体条件（施工技术与施工管理水平、机械化程度、劳动力水平和材料供应等）及单位工程的建筑结构类型、体积和现场地形、地质、施工条件、现场环境等因素确定，也可参考有关的工程定额确定各单位工程的施工期限。

（3）确定各单位工程的开工、竣工时间和相互搭接关系

根据施工部署及单位工程施工期限安排各单位工程的开工、竣工时间和相互搭接关系时应考虑的因素，见表5-4。

表5-4 确定各单位工程的开工、竣工时间和相互搭接关系应考虑的因素

因素	内容
保证重点，兼顾一般	在安排进度时，应分清主次、抓住重点，同期进行的项目不宜过多，以免分散有限的人力和物力

续表

因素	内容
满足连续、均衡的施工要求	应使劳动力、材料和施工机械的消耗在全工地上达到均衡，减少高峰和低谷的出现，以利于劳动力的调度和材料供应
认真考虑施工总平面图的空间关系	在满足有关规范要求的前提下，应使各拟建临时设施布置紧凑，节省占地面积
全面考虑各种条件限制	在确定各建筑物施工顺序时，应考虑各种客观条件限制，如施工企业的施工力量、各种原材料和机械设备的供应情况、设计单位提供图纸的时间、各年度建设投资数量等，对各项建筑物的开工时间和施工顺序进行调整。建筑施工受季节变化、环境影响较大，因此会对某些项目的施工时间提出具体要求，从而对施工的时间和顺序安排产生影响
其他	满足生产工艺要求，合理安排各个建筑物的施工顺序，缩短建设周期，尽快发挥投资效益

(4) 安排施工总进度计划

施工总进度计划可以用横道图和网络图表达。施工总进度计划只起控制性作用，而且施工条件复杂，因此项目划分不必过细。当用横道图表达施工总进度计划时，项目的排列可按施工总体方案所确定的工程展开程序排列。

(5) 施工总进度计划的调整和修正

施工总进度计划表编制完成后，将同一时期各项工程的工作量加在一起，用一定的比例画在施工总进度计划的底部，即可得出建设项目工作量的动态曲线。若曲线上存在较大的高峰和低谷，则说明在该时间段内各种资源需用量变化较大，需要调整一些单位工程的施工速度或开工、竣工时间，以便消除高峰和低谷，使各个时期的工作量尽可能达到均衡。

5.2.3 各项资源需用量及施工准备工作计划

1. 综合劳动力需用量计划

劳动力需用量计划是编制临时设施工程和组织劳动力进场的依据。编制时，应根据工程量汇总表中分别列出的各个建筑物的主要实物工程量，查预算定额或有关资料可得到各个建筑物主要工种的劳动量；根据施工总进度计划表的各单位工程各工种的持续时间可得到某单位工程在某段时间里的平均劳动力数。按同样的方法还可计算出各个建筑物各主要工种在各个时期的平均工人数。将施工总进度计划表纵坐标方向上各单位工程同工种的人叠加在一起并连成一条曲线即为某工种的劳动力动态曲线图。其他工种也可用同样的方法绘成曲线图，根据劳动力曲线图列出主要工种劳动力需用量计划表。

2. 材料、构件及半成品需用量计划

根据工程量汇总表所列各建筑物的工程量，查定额或有关资料，便可得出各建筑物所需的建筑材料、构件和半成品的需用量。根据施工总进度计划表可算出某些建筑材料在某一时间内的需用量，从而可编制出建筑材料、构件和半成品的需用量计划，为材料供应部门和有关加工厂准备所需的建筑材料、构件和半成品并及时供应提供依据。

3. 施工机具需用量计划

主要施工机械的需用量是根据施工总进度计划、主要建筑物施工方案和工程量，并使用机械产量定额求得。辅助机械可根据建筑安装工程每 10 万元的扩大概算指标求得，运输机具的需用量应根据运输量计算。

4. 施工准备工作计划

为落实各项施工准备工作，加强检查和监督，必须根据各项施工准备工作的内容、时间和人员，编制出施工准备工作计划。

5.2.4　施工总平面图

1. 施工总平面图的内容

（1）建筑总平面图上所有地上、地下建（构）筑物以及其他设施的位置和尺寸。

（2）为工程施工服务的所有临时设施的布置，包括以下几点。

① 施工用地范围，施工用的各种道路。

② 加工厂、搅拌站及有关机械的位置。

③ 各种建筑材料、构件、半成品的仓库和堆场的位置，取土、弃土位置。

④ 行政管理用房、宿舍、文化生活和福利设施等。

⑤ 水源、电源、变压器位置，临时给水排水管线和供电、动力设施。

⑥ 机械站、车库位置。

⑦ 安全、消防设施等。

（3）永久性测量放线标志桩位置。规模巨大的建设项目，其建设工期通常很长。随着工程的进展，施工现场将不断改变。在这种情况下，应按不同阶段绘制出若干施工总平面图，或应根据施工现场的实际变化情况，及时对施工总平面图进行调整和修正，以便适应不同时期的需要。

2. 施工总平面图的设计原则

（1）尽量减少施工用地，少占农田，使平面布置紧凑合理。

（2）合理组织运输，减少二次搬运，保证运输方便、通畅。

（3）施工区域的划分和场地的确定应符合施工流程要求，尽量减少专业工种和各工程

间的干扰。

（4）充分利用各种永久性建（构）筑物和原有设施为施工服务，降低临时设施费用。

（5）各种临时设施应便于生产和生活需要。

（6）满足安全防火、劳动保护、环境保护等要求。

3. 施工总平面图的设计依据

（1）设计资料包括建筑总平面图、地形图、区域规划图及既有拟建的各种设施位置。

（2）建设地区的自然、技术、经济条件。

（3）建设项目的概况、施工部署、施工总进度计划。

（4）各种建筑材料、构件、半成品、施工机械需用量一览表。

（5）各构件加工厂、仓库及其他临时设施情况。

4. 施工总平面图的设计方法

（1）场外交通的引入

设计全工地性施工总平面图时，应从大宗材料、成品、半成品、设备等进入工地的运输方式入手。当大批材料用铁路运输时，应解决铁路的引入问题；当大批材料由水路运输时，应考虑原有码头的运输能力和是否需要增设专用码头的问题；当大批材料是由公路运入工地时，因为汽车运输线路可灵活布置，所以应先布置场内仓库和加工厂，再布置场外交通的引入。

（2）仓库与材料堆场的布置

通常考虑将仓库与材料堆场设置在运输方便、位置适中、运距较短及安全防火的地方，并应根据不同材料、设备和运输方式设置。

① 当采用铁路运输时，仓库应沿铁路线布置，且有足够的装卸前线。若没有足够的装卸前线，应在附近设置转运仓库。布置铁路沿线仓库时，应将仓库设置在靠近工地一侧，避免跨越铁路，仓库不宜设置在弯道或坡道上。

② 当采用水路运输时，应在码头附近设置转运仓库，以缩短船只在码头的停留时间。

③ 当采用公路运输时，仓库的布置较灵活。一般中心仓库可以布置在工地中央或靠近使用的地方，也可以布置在靠近外部交通连接处。水泥、砂、石、木材等仓库或堆场应布置在搅拌站、预制厂和加工厂附近；砖、预制构件等应直接布置在施工对象附近，避免二次搬运。工业建筑项目工地还应考虑主要设备的仓库或堆场，一般较重设备应尽量放在车间附近，其他设备可布置在外围空地上。

（3）加工厂和搅拌站的布置

① 预制加工厂应尽量利用建设地区永久性加工厂，只有在运输困难时，方可考虑在建设场地空闲地带设置预制加工厂。

② 钢筋加工厂一般应采用分散或集中布置。对于须进行冷加工、对焊、点焊的钢筋或大片钢筋网，应集中布置在中心加工厂；对于小型加工件，利用简单机具成型的钢筋加

工，应分散在钢筋加工棚中进行。

③ 木材加工厂应根据木材加工的工作量、加工性质和种类决定集中设置或分散设置。

④ 混凝土搅拌站应根据工程具体情况，可采用集中、分散或集中与分散相结合的三种方式。当现浇混凝土量大时，应在工地设置搅拌站；当运输条件较好时，以采用集中搅拌为好；当运输条件较差时，宜采用分散搅拌。

⑤ 砂浆搅拌站，应采用分散就近布置。

⑥ 金属结构、锻工、电焊和机修等车间，由于其在生产上联系密切，宜布置在一起。

（4）场内道路的布置

① 合理规划临时道路与地下管网的施工顺序。应充分利用拟建的永久性道路，提前修建永久性道路或先修路基和简易路面，作为施工所需的临时道路，以达到节约投资的目的。

② 保证运输畅通。应采用环形布置，主要道路宜采用双车道，宽度不小于6 m；次要道路宜采用单车道，宽度不小于3.5 m。

③ 选择合理的路面结构。应根据运输情况和运输工具的类型确定。一般场外与省、市公路相连的干线，宜建成混凝土路面；场区内的干线，宜采用级配碎石路面；场内支线一般为土路或砂石路。

（5）临时设施布置

临时设施包括办公室、汽车库、休息室、开水房、食堂、俱乐部、浴室等。根据工程施工人数，计算临时设施的建筑面积，应尽量利用原有建筑物，不足部分再另行建造。

行政管理用房宜设在工地入口处，以便对外联系，也可设在工地中间，便于工地管理；工人用的福利设施应设置在工人较集中的地方，或工人必经之处；生活区应设在场外，距施工现场500~1 000 m为宜；食堂可布置在工地内部或工地与生活区之间。临时设施的设计，应以经济、适用、拆装方便为原则，并根据当地的气候条件、工期长短确定其结构形式。

（6）临时水电管网及其他动力设施的布置

当有可利用的水源、电源时，可以将水、电直接接入工地。临时总变电站应设置在高压电引入处，不应在工地中心；临时水池应放在地势较高处。

当无法利用现有水、电时，为获得电源，可在工地中心或附近设置临时发电设备；为获得水源，可利用地下水或地面水设置临时供水设备（水塔、水池）。施工现场供水管网有环状、枝状和混合式三种形式。冬期施工时，临时水管应埋在冰冻线以下或采取保温措施。

消火栓应设置在易燃建筑物附近，并有通畅的出口和车道，其宽度不小于6 m，与拟建房屋的距离不得大于25 m，且不得小于5 m，消火栓间距不应大于100 m，到路边的距离不应大于2 m。

临时配电线路布置与供水管网相似。工地电力网，一般3~10 kV的高压线采用环状，沿主干道布置；380/220 V 低压线采用枝状布置，通常采用架空布置，距路面或建筑物不小于 6 m。

5.3 单位工程施工组织设计

单位工程施工组织设计是由施工企业编制，用以指导施工全过程中的技术、组织、经济活动的综合文件。其任务是从编制施工组织设计的基本原则和工程对象的施工全局出发，根据施工组织总设计和有关原始资料，结合工程实际，选择合理的施工方案，确定科学合理的施工进度，规划符合施工现场情况的平面布置图，从而以最少的投入，在规定的工期内，生产出质量好、成本低的建筑产品。

5.3.1 单位工程施工组织设计的编制内容

根据工程的性质、规模、结构特点、技术复杂难易程度和施工条件等的不同，单位工程施工组织设计编制内容的深度和广度也不相同。单位工程组织设计，包括下列内容。

(1) 工程概况及施工特点分析主要包括工程建筑概况、设计概况、施工特点分析和施工条件等内容。

(2) 施工方案包括确定各分部分项工程的施工顺序、施工方法和选择适宜的施工机具，制定主要技术组织措施。

(3) 单位工程施工进度计划表主要包括确定各分部分项工程名称、计算工程量、计算劳动量和机械台班量、计算工作延续时间、确定施工班组人数及安排施工进度，编制施工准备工作计划及劳动力、主要材料、预制构件、施工机具需用量计划等内容。

(4) 单位工程施工平面图主要包括确定起重垂直运输机械、搅拌站、临时设施、材料及预制构件堆场布置、运输道路布置、临时供水、供电管线的布置等内容。

(5) 主要技术经济指标包括工期指标、工程质量指标、安全指标、降低成本指标等内容。

对于建筑结构比较简单、工程规模比较小、技术要求比较低，且采用传统施工方法组织施工的一般工业与民用建筑，其施工组织设计可编制得简单些，可只包括施工方案、施工进度表、施工平面图，辅以扼要的文字说明，简称为“一案一表一图”。

5.3.2 施工进度计划与资源需要量计划

施工进度计划是控制工程施工进度和工程竣工期限等各项施工活动的计划，同时又是编制各种资源需要量计划的依据。单位工程施工进度计划的编制步骤如图 5-2 所示。

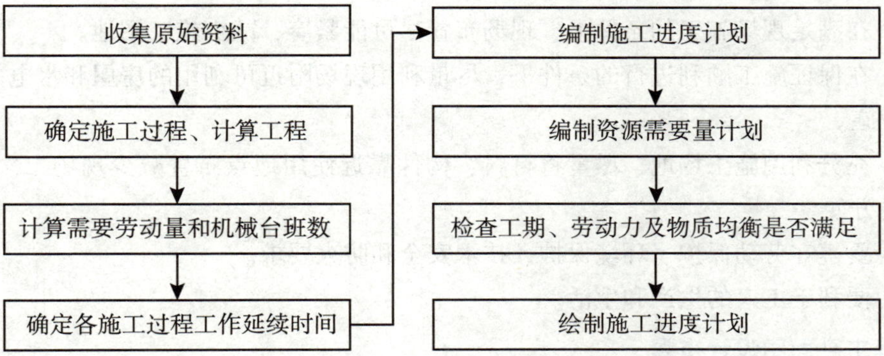

图 5-2　单位工程施工进度计划的编制步骤

5.3.3　施工平面图设计

1. 单位工程施工平面图设计的概念

单位工程施工平面图是对拟建单位工程施工现场所作的平面规划和空间布置图。单位工程施工平面图是进行施工现场布置的依据和实现施工现场有计划、有组织进行文明施工的先决条件，因此它是单位工程施工组织设计的重要组成部分。

2. 施工平面图设计内容

（1）建设工程平面图上已建和拟建的地下一切工程项目和管线。

（2）测量放线标桩、地形等高线、土方取齐场地。

（3）起重机开行路线以及垂直运输设施的位置。

（4）材料、加工办成品、构件和机具堆场。

（5）生产、生活用临时设施并附一览表。一览表中应分别列出名称、规格和数量。

（6）安全、防火设施。图中尚应注明图例、比例尺、方向及风向标记等。

3. 设计依据

（1）建设地区的工程勘察和技术经济资料。

（2）计划文件如国家批准的基本建设计划、工程项目一览表、分期分批投资的期限、投资指标、管理部门的批件及施工任务书等。

（3）本工程的全部施工图，所需的标准图以及详细的分部、分项工程量。

（4）工期要求包括本工程开竣工时间的规定和工期要求，以及与其他项目穿插施工的要求等。

（5）国家及建设地区现行的有关规范、规程、规定及定额。

（6）有关技术新成果和类似工程的经验资料等。

4. 设计原则

（1）在满足现场施工的条件下，现场布置尽可能紧凑，减少施工用地。

（2）在保证施工顺利进行的条件下，尽量利用现场附近可利用的房屋和水电关线，减少临时设施。

（3）充分利用施工场地，尽量将材料、构件靠近使用地点布置减少现场二次搬运量，且使运输方便。

（4）要遵守劳动保护、环境保护、技术安全和防火要求。

（5）便利于工人的生产和生活。

5. 施工平面图设计步骤

单位工程施工平面图设计的步骤有以下几点。

（1）确定起重机的数量及其布置位置。

（2）布置搅拌站、仓库、材料和构件堆场、加工厂的位置。

（3）布置运输道路。

（4）布置行政管理、文化、生活福利临时房屋。

（5）布置水电管线。

（6）计算技术经济指标。

6. 单位工程施工平面图的绘图

（1）标明主要位置尺寸，要按图例或编号注明布置的内容、名称，线条粗细分明，字迹工整清晰，图面清楚美观。

（2）绘图比例常用 1∶200—1∶500，视工程规模大小而定。

（3）将拟建单位工程置于平面图的中心位置，各项设施围绕拟建工程设置。

7. 单位工程施工平面图的技术经济评价指标

（1）施工用地面积及施工占地系数

$$\text{施工占用系数}=\frac{\text{施工用地面积（m}^2\text{）}}{\text{场地面积（m}^2\text{）}}\times 100\%$$

（2）施工场地利用率

$$\text{施工场地利用率}=\frac{\text{施工设施占用面积（m}^2\text{）}}{\text{施工用地面积（m}^2\text{）}}\times 100\%$$

（3）施工用临时房屋面积、道路面积、临时供水管线长度及临时供电线路长度。

（4）临时设施投资率

$$\text{临时设施投资率}=\frac{\text{临时设施费用总和（元）}}{\text{工程总造价（元）}}\times 100\%$$

项目小结

本项目重点介绍了施工组织总设计、施工总进度计划和单位工程施工总设计。通过对施工组织设计各方面内容的深入学习，能够掌握制定和实施施工组织设计的关键方法和技术，为有效管理和实施施工项目提供了坚实的基础。这些知识将帮助读者在实际工作中提高施工效率，确保项目按计划顺利完成。

课后习题

1. 施工组织总设计一般由谁编制及其主要作用是什么?
2. 确定各单位工程的开工、竣工时间和相互搭接关系应考虑的因素有哪些?
3. 施工平面图设计步骤有哪些?

项目6

施工项目管理组织

项目导读

施工项目管理组织作为整个工程项目的核心，承载着从规划到实施，再到后期收尾的所有任务。它不仅要确保工程的顺利进行，还需保障工程质量、安全和成本控制在合理范围内。因此，一个高效、专业、协同的施工项目管理组织至关重要。施工项目管理组织是工程项目的灵魂，贯穿整个项目的始终。它需要在各个阶段都发挥出强大的组织和协调能力，确保项目的顺利进行和圆满完成。

学习目标

知识目标

1. 了解施工项目管理组织的基本概念、内容、机构设置及组织形式。
2. 掌握项目经理部的组建与运行原则，熟悉项目管理参与人的责任和权力。
3. 了解施工项目组织协调的重要性，掌握其协调方法。

能力目标

1. 能制定项目经理部的组建与运行计划。
2. 能够运用有效的协调方法，解决施工项目组织中的各种问题。

素质目标

1. 培养学生具备优秀的沟通和协调能力，能够促进项目各方之间的有效合作和信息交流。

2. 培养学生应变能力和决策能力，能够在复杂情况下迅速做出正确的决策并调整管理组织。

思政目标

1. 引导学生认识到项目经理部在施工项目中的核心作用，培养其责任感和领导力。
2. 培养学生在施工项目管理过程中树立服务意识，提高服务质量和满意度。

6.1　施工项目管理组织机构

6.1.1　施工项目管理组织概述

组织有两种含义。第一种含义是指组织机构，即按一定领导体制、部门协调、层次划分、职责分工、规章制度和信息系统等构成的有机整体，是社会的结合体，它可以完成一定的任务，并可处理人和人、人和事、人和物的关系。第二种含义是指组织行为（活动），即通过一定权力和影响力，为达到一定目的，对所需资源进行合理配置，处理人和人、人和事、人和物的行为（活动）。

施工项目管理组织是指为实施施工项目管理而建立的组织机构，以及该机构为实现施工项目目标所进行的各项组织工作的简称。

6.1.2　施工项目管理组织的内容

施工项目管理组织的内容包括组织设计、组织运行、组织调整三个环节，具体见表6-1。

表6-1　施工项目管理组织的内容

基本环节	依据	内容
组织设计	管理目标及任务 管理幅度、层次 责权对等原则 分工协作原则 信息管理原则	设计、选定合理的组织系统； 科学确定管理跨度、管理层次，合理设置部门、岗位； 明确各层次、各单位、各部门、各岗位的职责和权限； 规定组织机构中各部门之间的相互联系、协调原则和方法； 建立必要的规章制度； 建立各种信息流通、反馈的渠道，形成信息网络
组织运行	激励原理 业务性质 分工协作	做好人员配置、业务衔接，职责、权力、利益明确； 各部门、各层次、各岗位人员各司其职、各负其责、协同工作； 保证信息沟通的准确性、及时性，达到信息共享； 经常对在岗人员进行培训、考核和激励，以提高其素质和士气

续表

基本环节	依据	内容
组织调整	动态管理原理 工作需要 环境条件变化	分析组织体系的适应性、运行效率，及时发现不足与缺陷； 对原组织设计进行改革、调整或重新组合； 对原组织运行进行调整或重新安排

6.1.3　施工项目管理组织机构设置

1. 施工项目管理组织机构设置的原则

项目经理在启动项目管理之前，首先应设置一个完善的施工项目管理组织机构——项目经理部。设置时，应遵循以下原则。

（1）目的性原则

施工项目管理组织机构设置的根本目的是为了产生组织功能，实现施工项目管理的总目标。从这一根本目标出发，因目标设事，因事设机构、定责任，按机构设岗位、定人员，以责任定制度、授权力。

（2）精简高效原则

施工项目组织机构的人员设置，应以能实现施工项目所要求的工作任务为原则，尽量简化机构，做到精简高效。要从严控制二、三级人员数量，力求一专多能，一人多职。同时还应增加项目管理人员的知识含量，以提高人员素质。

（3）管理跨度和分层统一原则

管理跨度也称管理幅度，是指一个主管人员直接管理下属人员的数量。跨度大，管理人员的接触关系增多，所要处理的人与人之间关系的数量也随之增大。跨度的大小还与分层多少有关，层次多，跨度就小；层次少，跨度就大。跨度（N）与工作接触关系（C）的关系可用邱格纳斯公式表示，即

$$C=N\left(2^{N-1}+N-1\right) \tag{6-1}$$

（4）业务系统化管理原则

在设置组织机构时，要求以业务系统化原则作指导，周密考虑层间关系、分层与跨度的关系、部门划分、授权范围、人员配备及信息沟通等，使组织机构成为一个严密、封闭的组织系统，能够为完成项目管理总目标而实行合理分工与协作。

（5）弹性和流动性原则

施工项目具有单一性、阶段性、露天性和流动性等特点，相应地，施工项目管理组织机构应具有弹性和流动性，以适应这些特点。在施工的不同阶段，当生产对象数量、要求、地点等条件发生改变时，资源配置的品种、数量发生变化时，施工项目管理组织机构

都能及时作出相应调整和变动。施工项目管理组织机构还应根据工程任务的变化及时调整人员及部门设置，始终保持精干、高效、合理的水平。

2. 施工项目管理组织结构设置的程序

施工项目管理组织机构设置的程序如图 6-1 所示。

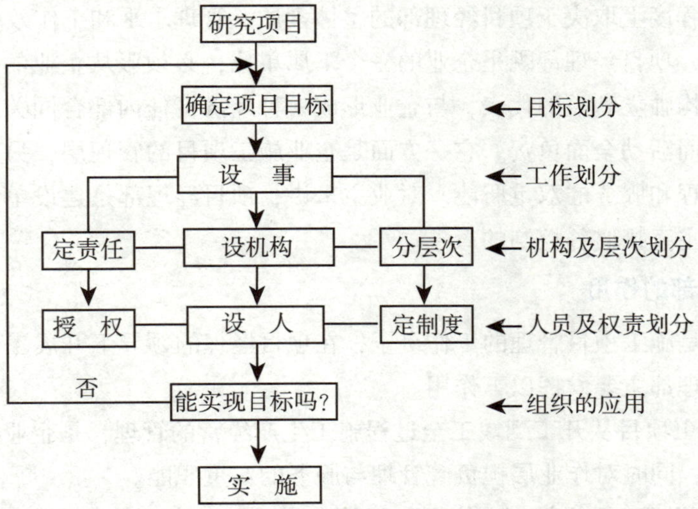

图 6-1　组织机构设置程序

6.2　项目经理部

6.2.1　项目经理部概述

项目经理部是施工项目管理的核心，设置项目经理部有利于各项管理工作顺利进行。因此，大中型施工项目，施工方必须在施工现场设立项目经理部，并根据目标控制和管理的需要设立专业职能部门。小型施工项目，一般也应设立项目经理部，但可简化。

1. 项目经理部的组成

项目经理部是由项目经理在企业的支持下组建并领导的进行项目管理的组织机构。项目经理部由项目经理领导，接受企业职能部门的指导、监督、检查、服务和考核，并负责对项目资源进行合理使用和动态管理。

项目经理部由项目经理及各种专业技术人员和相关管理人员组成。项目经理部成员的选聘，应根据各企业的规定，在企业的领导、监督下，以项目经理为主，以实现项目目标为宗旨，由项目经理在企业内部或面向社会，根据一定的劳动人事管理程序，进行择优聘用，并报企业领导批准。

2. 项目经理部的职能

项目经理部的职能是对施工项目从开工到竣工实行全过程的综合管理。施工项目完成的好坏，在很大程度上取决于项目经理部的整体素质、管理水平和工作效率的高低。

对企业来讲，项目经理部既是企业的一个下属单位，必须服从企业的全面领导，又是一个施工项目机构独立利益的代表，与企业形成一种经济责任内部合同关系，代表企业对施工项目的各方面活动全面负责。它一方面是企业施工项目的管理层，另一方面又对劳务作业层担负着管理和服务的双重职能。对业主来讲，项目经理部是建设单位成果目标的直接责任者，是业主直接监督控制的对象。

3. 项目经理部的作用

项目经理部是施工项目管理的工作班子，在项目经理的领导下开展工作，在施工项目管理中，项目经理部主要发挥以下作用。

（1）负责施工项目从开工到竣工全过程施工生产经营的管理，是企业在某一建设工程项目上的管理层，同时对作业层担负着管理与服务的双重职能。

（2）为项目经理决策提供信息依据，当好参谋，同时又要执行项目经理的决策意图，向项目经理全面负责。

（3）项目经理部作为组织主体，应完成企业所赋予的基本任务——项目管理任务；凝聚管理人员的力量，调动其积极性，促进管理人员的合作；协调部门之间、管理人员之间的关系，发挥每个人的岗位作用；影响和改变管理人员的观念和行为，使个人的思想、行为变为组织文化的积极因素；实行目标责任制，搞好管理；沟通项目经理部与企业部门之间，与建设单位、分包单位等之间的关系。

（4）项目经理部是代表企业履行工程承包合同的主体，对项目产品和建设单位全面、全过程负责。

6.2.2 项目经理部的组织形式

项目经理部的组织形式是指施工项目管理组织中处理管理层次、管理跨度、部门设置和上下级关系的组织结构的类型。

1. 直线式

（1）特征。直线式组织形式是一种线性组织机构，其本质就是使命令线性化，即每一个工作部门、每一个工作人员都只有一个上级。

（2）优点。直线式组织形式具有结构简单、职责分明、指挥灵活等优点。

（3）缺点。项目经理的责任重大，往往要求其是全能式人物。

（4）适用范围。这种组织形式比较适合于中小型项目。

直线式组织形式如图 6-2 所示。

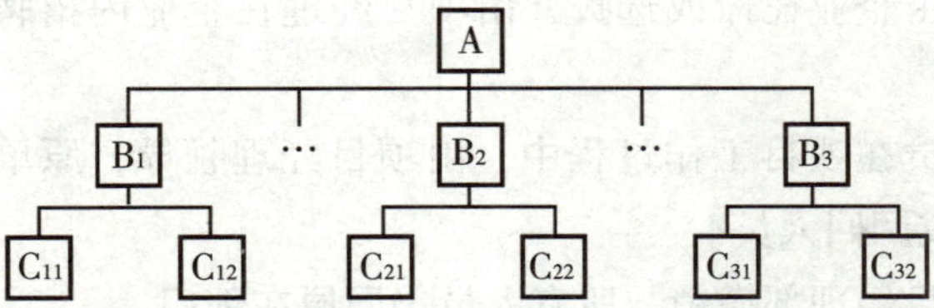

图 6-2　直线式组织形式示意

为了加快命令传递的过程，直线式组织形式要求组织结构的层次不要过多，否则会妨碍信息的有效沟通。图 6-3 所示为某直线式项目经理部组织结构。

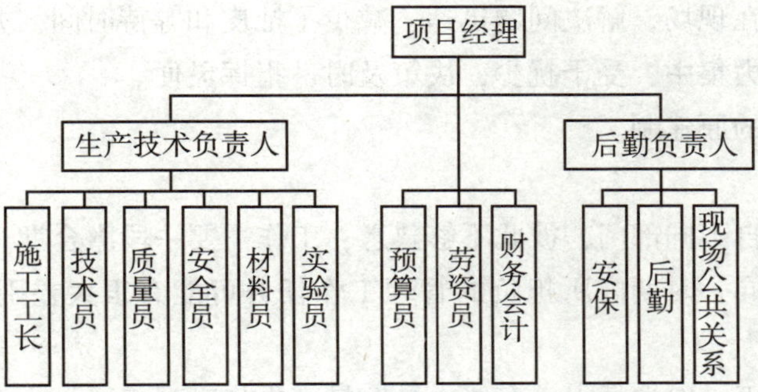

图 6-3　某直线式项目经理部组织结构

2. 工作队式

工作队式组织形式如图 6-4 所示。

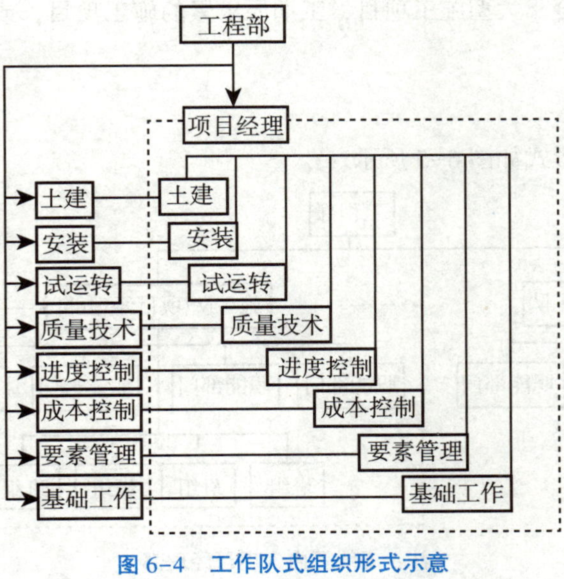

图 6-4　工作队式组织形式示意

（1）特征

① 项目经理一般由企业任命或选拔，由项目经理在企业内招聘或抽调职能部门的人员组成项目经理部。

② 项目经理部成员在项目工作过程中，由项目经理领导，原单位领导只负责业务指导，不能干预其工作或调回人员。

③ 项目结束后项目经理部撤销，所有人员仍回原在部门。

（2）优点

① 项目经理部成员来自企业各职能部门，熟悉业务、各有专长、协同工作，能充分发挥其作用。

② 各种人才都在现场，解决问题迅速，减少了扯皮和等待时间，办事效率高。

③ 项目经理权力集中，受干扰少，决策及时，指挥灵便。

④ 不打乱企业的原建制。

（3）缺点

① 各类人员来自不同部门，彼此不够熟悉，工作需要一段磨合期。

② 各类人员在同一时期内所担负的管理工作任务可能有很大差别，很容易产生忙闲不均，导致人员浪费。

③ 由于项目施工一次性特点，有些人员容易产生临时观点。

④ 由于同一专业人员分配于不同项目，相互交流困难，专业职能部门的优势难以发挥。

（4）适用范围

这种组织形式适合于大型施工项目，工期要求紧的施工项目，或要求多工种、多部门密切配合的施工项目。

3. 部门控制式

部门控制式组织形式如图 6-5 所示。

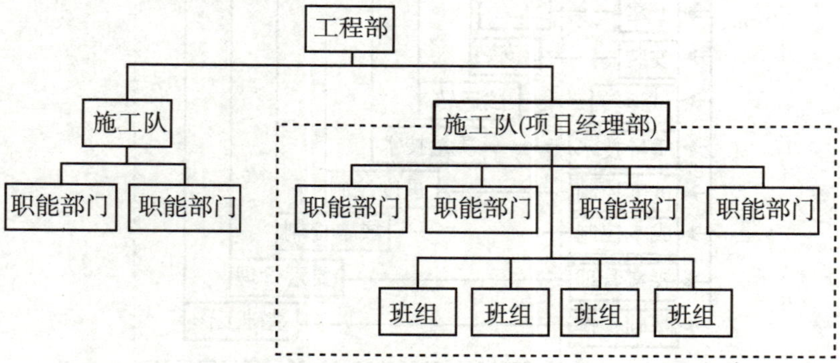

注：虚线框内为项目经理部

图 6-5　部门控制式组织形式示意

（1）特征

按职能原则建立施工项目经理部，在不打乱企业现行建制的条件下，企业将施工项目委托给某一专业部门或施工队，由专业部门或施工队领导在本单位组织人员组成项目经理部，并负责实施施工项目管理。

（2）优点

① 从接受任务到组织运转，机构启动快。

② 人员熟悉，业务熟悉，职责明确，关系容易协调，工作效率高。

（3）缺点

① 人员固定，不利于精简机构。

② 不能适应大型复杂项目或者涉及各个部门的项目，局限性较大。

（4）适用范围

适用于小型的、专业性较强、不需涉及众多部门的项目。例如，煤气管道施工、电缆铺设等项目。

4. 矩阵式

矩阵式组织形式如图6-6所示。该组织形式是现代大型项目管理中应用最为广泛的组织形式。

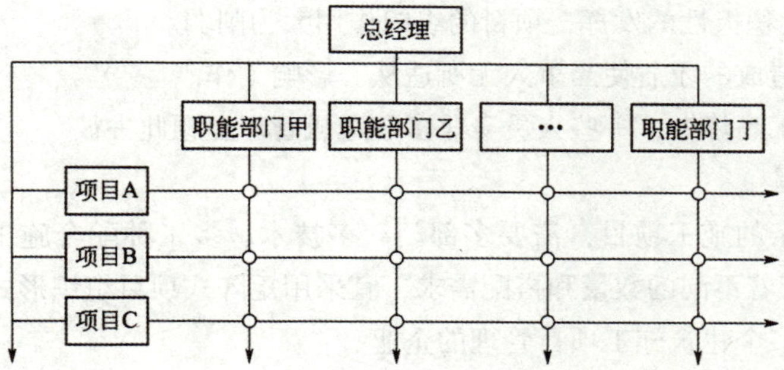

图6-6　矩阵式组织形式示意

（1）特征

① 按照职能原则和项目原则结合起来建立的项目管理组织，既能发挥职能部门的纵向优势，又能发挥项目组织的横向优势，多个项目组织的横向系统与职能部门的纵向系统形成了矩阵结构。

② 企业专业职能部门是相对长期稳定的，项目管理组织是临时性的。职能部门负责人对项目组织中本单位人员负有组织调配、业务指导、业绩考察责任。项目经理在各职能部门的支持下，将参与本项目组织的人员在横向上有效地组织在一起，为实现项目目标协同工作，项目经理对其有权控制和使用，在必要时可对其进行辞退或要求调换。

③ 矩阵中的成员接受原单位负责人和项目经理的双重领导。

（2）优点

① 职能原则和项目原则相融。兼有部门控制式和工作队式两种项目组织形式的优点，解决了传统模式中企业组织和项目组织相互矛盾的状况，将职能原则和项目原则融为一体，实现了企业长期例行性管理和项目一次性管理的一致。

② 管理高效。以尽可能少的人力，实现多个项目的高效管理。通过职能部门的协调，可根据项目的需求配置人才，防止人才短缺或浪费，项目组织因此具有较好的弹性和应变能力。

③ 加强了部门之间的协调。打破了一个职工只接受一个部门领导的原则，大大加强了部门之间的协调，便于集中各种专业知识、技能和人才，迅速完成某个建设工程项目，提高了管理组织的灵活性。

④ 有利于人才的全面培养。可使不同知识背景的人在相互合作中取长补短；可发挥纵向专业优势。

（3）缺点

① 易引起沟通渠道不畅。矩阵式项目组织的结合部多，组织内部的人际关系、业务关系、沟通渠道等都较复杂，容易造成信息量膨胀，引起信息流不畅或失真，需要依靠有力的组织措施和规章制度规范管理。

② 易影响人员的积极性。由于人员来自职能部门，且仍受职能部门控制，这样就影响了他们在项目上积极性的发挥，项目的组织作用大为削弱。

③ 双重领导造成的矛盾使当事人无所适从，影响工作。

④ 在项目施工高峰期，一些人员身兼多职造成管理上顾此失彼。

（4）适用范围

① 大型、复杂的施工项目，需要多部门、多技术、多工种配合施工，在不同施工阶段，对不同人员有着不同的数量和搭配需求，宜采用矩阵式项目组织形式。

② 同时承担多个建筑施工项目管理的企业。

5. 事业部式

事业部式组织形式如图 6-7 所示。

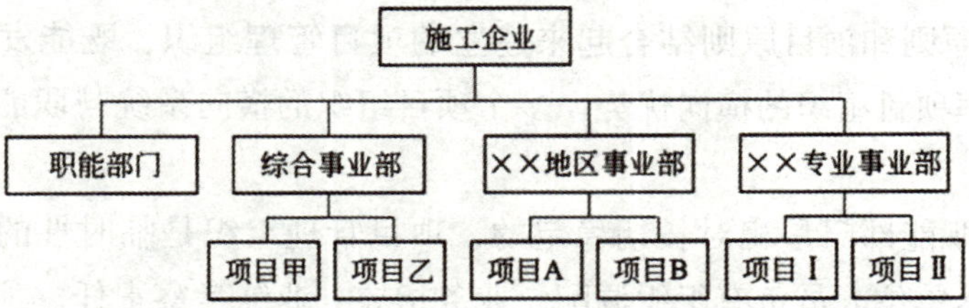

图 6-7　事业部式组织形式示意

（1）特征

① 在企业内部按地区、工程类型或经营内容设立事业部，事业部对内是一个职能部

门，对外则享有相对独立的经营权，可以是一个独立单位。如图 6-7 中的地区事业部，可以是公司的驻外办事处，也可以是公司在外地设立的具有独立法人资格的分公司。专业事业部是公司根据其经营范围成立的事业部，如桩基础公司、装饰公司、钢结构公司等。

② 事业部中的工程部或开发部下设项目经理部。项目经理由事业部委派，一般对事业部负责，经特殊授权时，也可直接对业主负责。

（2）优点

① 事业部式项目经理部能充分调动并发挥事业部的积极性及独立经营作用，便于延伸企业的经营职能，有利于开拓企业的经营业务领域。

② 事业部式项目经理部能迅速适应环境变化，提高公司的应变能力，既可以加强公司的经营战略管理，又可以加强项目管理。

（3）缺点

① 企业对项目经理部的约束力减弱，协调指导机会减少，以致有时会造成企业结构松散。

② 事业部的独立性强，企业的综合协调难度大，必须加强制度约束和规范化管理。

（4）适用范围

事业部式项目组织适合大型经营性企业承包的施工项目，特别适用于远离企业本部的施工项目、海外建设工程项目。需要注意的是，一个地区只有一个项目，没有后续工程时，不宜设立地区事业部，即它适用于在一个地区有长期市场或有多种专业化施工力量的企业采用。地区没有项目时，该事业部应予以撤销。在这种情况下，事业部与地区市场同命运。

6.2.3　项目经理部组织形式的选择

施工企业在选择项目经理部的组织形式时，应考虑项目的规模、业务范围、复杂性等因素，分析业主对项目的要求、标准规范、合同条件等情况，结合企业的类型、员工素质、管理水平、环境条件、工作基础等，选择适宜的项目管理组织形式。

1. 选择项目经理部组织形式的思路

（1）项目自身的情况，如规模、难度、复杂程度、项目结构状况、子项目数量和特征。

（2）上层系统组织状况，同时进行的项目数量及其在本项目中承担的任务范围。同时进行的项目很多时，可以考虑采用矩阵式的组织形式。

（3）应采用高效率、低成本的项目组织形式，能使各方面有效地沟通，各方面责权利关系明确，能进行有效的项目管理。

（4）决策简便、快速。由于项目与企业部门之间存在复杂的关系，不同的组织形式有不同的指令权的分配，而这一点是最重要的。对此，企业和项目管理者都应有清醒的认识，并在组织设置及管理系统设计时贯彻这个精神。

（5）不同的组织结构可用于项目生命周期的不同阶段，即项目组织在项目期间不断改变。项目早期仅为一个小型的研究组织，可能为工作队式组织形式；进入设计阶段可能采用部门控制式组织形式，或由一个职能经理领导项目规划和设计、合同谈判；在施工阶段，为一个生产管理为主的组织；对一个大项目可能是矩阵式组织形式；在交工阶段，需要各层次参与，有再次产生集中的必要时，通常仍回到部门控制式组织形式。

2. 项目经理部组织形式的确定

（1）大型综合企业的人员素质好，管理基础强，业务综合性强，可以承担大型任务，宜采用矩阵式、工作队式、事业部式组织形式。

（2）简单项目、小型项目、承包内容专一的项目，应采用部门控制式组织形式。

（3）同一企业内可以根据项目情况采用几种组织形式，如将事业部式与矩阵式组织形式结合使用，将工作队式与事业部式组织形式结合使用等，但不能同时采用矩阵式与工作队式组织形式，以免造成管理渠道和管理秩序的混乱。表 6-2 可供选择项目组织形式时参考。

表 6-2　选择项目组织形式参考因素

项目组织形式	项目性质	企业类型	企业人员素质	企业管理水平
工作队式	大型、复杂、工期紧的项目	大型综合建筑企业	项目经理能力较强，人员素质与技术水平较高，专业人员多	管理水平较高，基础工作较强，管理经验丰富
部门控制式	小型、简单，只涉及个别少数部门的项目	小型且任务单一的建筑企业，大中型基本保持部门控制式的企业	人员构成单一，素质和力量薄弱	管理水平较低，基础工作较差，缺乏有经验的项目经理
矩阵式	多工种、多部门、多技术配合的项目，管理效率要求很高的项目	大型综合建筑企业，经营范围很宽、实力很强的建筑企业	文化素质、技术素质、管理素质很高，但人才紧缺，管理人员多，人员一专多能	管理水平很高，管理渠道畅通，信息沟通灵敏，管理经验丰富
事业部式	大型项目，远离企业基地项目，事业部企业承揽的项目	大型综合建筑企业，经营能力很强的企业，海外承包企业，跨地区承包企业	人员素质高，项目经理能力强，专业人才多	经营能力强，信息手段强，管理经验丰富，资金实力雄厚

6.2.4　项目经理部的运行

1. 项目经理部的设置

(1) 项目经理部的设置原则

① 要根据所设计的项目组织形式设置项目经理部。项目组织形式与企业对施工项目的管理方式有关，与企业对项目经理部的授权有关。不同的组织形式对项目经理部的管理力量和管理职责提出了不同要求，也提供了不同的管理环境。

② 要根据施工项目的规模、复杂程度和专业特点设置项目经理部。例如，大型项目经理部可以设职能部、处；中型项目经理部可以设处、科；小型项目经理部一般只需设职能人员即可。

③ 项目经理部是为特定建设工程项目组建的，必须是一个具有弹性且一次性全过程的管理组织，随着建设工程项目的开工而组建，随着建设工程项目的竣工而解体，在其存在期间还应按工程管理需要的变化而调整。

④ 项目经理部的人员配置应面向施工项目现场，满足现场的计划与调度、技术与质量、成本与核算、劳务与物资、安全与文明施工的需要，而不应设置专管经营与咨询、研究与发展、政工与人事等与项目施工关系较少的非生产性管理部门。

(2) 项目经理部的设置程序

① 根据项目管理规划大纲确定项目经理部的管理任务和组织形式。

② 根据项目管理目标责任书进行目标分解与责任划分。

③ 确定项目经理部的层次，设立职能部门与工作岗位。

④ 确定人员的职责、分工和权限。

⑤ 制定工作制度、考核制度与奖惩制度。

(3) 项目经理部的职能部门

① 经营核算部门，主要负责预算、合同、索赔、资金收支、成本核算、劳动力的配置与分配等工作。

② 工程技术部门，主要负责生产调度、文明施工、技术管理、施工组织设计、计划统计等工作。

③ 物资设备部门，主要负责材料的询价、采购、计划供应、管理、运输、工具管理、机械设备的租赁配套使用等工作。

④ 监控管理部门，主要负责工程质量、职业健康安全管理、环境保护等工作。

⑤ 测试计量部门，主要负责计量、测量、试验等工作。

项目经理部职能部门及管理岗位的设置，必须贯彻因事设岗、有岗有责和目标管理的原则，明确各岗位的责、权、利和考核指标，并对管理人员的责任目标进行检查、考核与奖惩。

2. 项目经理部的规章制度

项目经理部组建以后，应根据企业和项目的实际情况，制定项目经理部规章制度。项目经理部规章制度是建筑企业或项目经理部制定的针对施工项目实施所必需的工作规定和条例的总称，是项目经理部进行项目管理工作的标准和依据，是在企业管理制度的前提下，针对施工项目的具体要求而制定的，是规范项目管理行为、约束项目实施活动、保证项目目标实现的前提和基础。

项目经理部规章制度的作用主要有两方面：一是贯彻国家和企业与施工项目有关的法律、法规、方针、政策、标准、规程等，指导施工项目的管理；二是规范施工项目经理部及职工的行为，使之按规定的方法、程序、要求、标准进行施工和管理活动，从而保证施工项目经理部按正常秩序运转，避免发生混乱，保证各项工程的质量和效率，防止出现事故和纰漏，从而确保施工项目目标顺利实现。

项目经理部规章制度的内容包括：项目管理人员岗位责任制度，项目技术管理制度，项目质量管理制度，项目职业健康安全管理制度，项目计划、统计与进度管理制度，项目成本核算制度，项目材料、机械设备管理制度，项目环境管理制度，项目分配与奖励制度，项目例会及施工日志制度，项目分包及劳务管理制度，项目沟通管理制度，项目信息管理制度。

3. 项目经理部的工作内容

（1）在项目经理领导下制定“项目管理实施规划”及项目管理的各项规章制度。

（2）对进入项目的资源进行优化配置和动态管理。

（3）有效控制项目工期、质量、成本和安全等目标。

（4）协调企业内部、项目内部以及项目与外部各系统之间的关系，增进项目有关各部门之间的沟通，提高工作效率。

（5）对施工项目目标和管理行为进行分析、考核和评价，并对各类责任制度执行结果实施奖罚。

4. 项目经理部的解体

项目经理部作为一次性的组织，在对建设工程项目目标实现后应及时解体。项目经理部解体应具备下列条件。

（1）工程已经竣工验收。

（2）与各分包单位已经结算完毕。

（3）已协助企业管理层与发包人签订了“工程质量保修书”。

（4）“项目管理目标责任书”已经履行完成，经企业管理层审核合格。

（5）已与企业管理层办理了有关手续。主要是向相关职能部门交接清楚项目管理文件资料、核算账册、现场办公设备、公章保管、领借的工器具及劳防用品、项目管理人员的业绩考核评价材料等。

（6）现场清理完毕。

6.2.5　项目经理概述

项目经理是指受企业法定代表人委托和授权，在建设工程项目施工中担任项目经理岗位职务，直接负责建设工程项目施工的组织实施者；是对建设工程项目实施全过程、全面负责的项目管理者；是建设工程项目的责任主体；是企业法人代表在建设工程项目上的委托代理人。项目经理在项目管理中处于中心地位。

提　示

项目经理不应同时承担两个或两个以上未完建设工程项目领导岗位的工作。企业不应随意撤换项目经理。但在建设工程项目发生重大安全、质量事故或项目经理违法、违纪时，企业可撤换项目经理，而且必须进行绩效审计，并按合同规定报告有关合作单位。

项目经理的所需素质如下。

（1）符合项目管理要求的能力，善于领导、组织协调与沟通。

（2）相应的项目管理经验和业绩。

（3）项目管理需要的专业技术、管理、经济、法律和法规知识。

（4）良好的职业道德和团结协作精神，遵纪守法、爱岗敬业、诚信尽责。

拓展阅读

项目经理的选拔

目前，我国选择项目经理一般有以下三种方式。

1. 竞争招聘制

招聘的范围可面向社会，但要本着先内后外的原则，其程序是：个人自荐，组织审查，答辩讲演，择优选聘。这种方式既可选优，又可增强项目经理的竞争意识和责任心。

2. 经理委任制

委任的范围一般限于企业内部在聘干部，其程序是经过经理提名，组织人事部门考察，党政联席办公会议决定。这种方式要求人事部门严格考核，公司经理知人善任。

3. 内部协调、基层推荐制

这种方式一般是建设单位、企业各基层施工队或劳务作业队向公司推荐若干人选，然后由人事部门集中各方面意见，进行严格考核，提出拟聘用人选，报企业党政联席会议研究决定。

6.2.6 项目经理责任制

项目经理责任制是指以项目经理为责任主体的施工项目管理目标责任制度，它是以施工项目为对象，以项目经理全面负责为前提，以“项目管理目标责任书”为依据，以创优质工程为目标，以求得项目产品的最佳经济效益为目的，实行从施工项目开工到竣工验收的一次性全过程的管理。

1. 项目经理责任制的作用

项目经理责任制是项目管理目标实现的具体保障和基本条件。它有利于明确项目经理与企业、职工三者之间责、权、利、效的关系；有利于运用经济手段强化对施工项目的法制管理；有利于项目规范化、科学化管理和提高工程质量；有利于促进和提高企业项目管理的经济效益和社会效益。

2. 项目经理责任制的主体

项目经理责任制的主体是项目经理个人全面负责，项目经理部集体全面管理。其中个人全面负责是指施工项目管理活动中，由项目经理代表项目经理部统一指挥，并承担主要的责任；集体全面管理是指项目经理部成员根据工作分工，承担相应的责任并享受相应的利益。

3. 项目经理责任制的重点

项目经理责任制的重点在于管理。即要遵循科学规律，注重现代化管理的内涵和运用，通过强化项目管理，全面实现项目管理目标责任书的内容与要求。

4. 项目管理目标责任书

项目经理责任制作为项目管理的基本制度，是评价项目经理绩效的依据，其核心是项目管理目标责任书确定的责任。

建设工程项目在实施之前，法定代表人或其授权人要与项目经理就建设工程项目全过程管理签订项目管理目标责任书，明确规定项目经理部应达到的成本、质量、进度和安全等管理目标，它是具有企业法规性的文件，也是项目经理的任职目标，具有很强的约束性。

项目管理目标责任书包括下列内容。

（1）项目管理实施目标。

（2）企业各部门与项目经理部之间的责任、权限和利益分配。

（3）项目施工、试运行等管理的内容和要求。

（4）项目需要资源的提供方式和核算办法。

（5）法定代表人向项目经理委托的特殊事项。

（6）项目经理部应承担的风险。

（7）项目管理目标评价的原则、内容和方法。

（8）对项目经理部进行奖惩的依据、标准和办法。

（9）项目经理解职和项目经理部解体的条件和办法。

项目管理目标责任书的重点是明确项目经理工作内容，其核心是为了完成项目管理目标，是组织考核项目经理和项目经理部成员业绩的标准和依据。

6.2.7 项目经理的责、权、利

1. 项目经理应履行的职责

（1）代表企业实施施工项目管理。贯彻执行国家法律、法规、方针、政策和强制性标准，执行企业的管理制度，维护企业的合法权益。

（2）履升“项目管理目标责任书”规定的职责。

（3）主持编制项目管理实施规划，并对项目目标进行系统管理。

（4）对进入现场的资源进行优化配置和动态管理。

（5）建立质量管理体系和职业健康安全管理体系并组织实施。

（6）在授权范围内负责与企业管理层、劳务作业层、各协作单位、发包人、分包人和监理工程师等的协调，解决项目中出现的问题。

（7）在授权范围内处理项目经理部与国家、企业、分包单位以及职工之间的利益分配。

（8）收集工程资料，准备结算资料，参与工程竣工验收。

（9）接受审计，处理项目经理部解体的善后工作。

（10）协助企业进行项目的检查、鉴定和评奖申报。

2. 项目经理应具有的权限

（1）参与企业进行的施工项目投标和签订施工合同。

（2）参与组建项目经理部，确定项目经理部的组织形式，选择、聘任管理人员，确定管理人员的职责，并定期进行考核、评价和奖惩。

（3）主持项目经理部工作，组织制定施工项目的各项管理制度。

（4）在企业财务制度规定的范围内，根据企业法定代表人授权和施工项目管理的需要，决定资金的投入和使用。

（5）制定项目经理部的计酬办法。

（6）参与选择并使用具有相应资质的分包人。

（7）在授权范围内，按物资采购程序性文件的规定行使采购权。

（8）在授权范围内，协调和处理与施工项目管理有关的内部与外部事项。

（9）法定代表人授予的其他权力。

3. 项目经理应享有的利益

（1）获得相应的工资和奖励。

（2）完成“项目管理目标责任书”确定的各项责任目标、交工验收并结算后，经审计后给予奖励或处罚。

（3）除按“项目管理目标责任书”可获得物质奖励外，还可获得表彰、记功等奖励。

6.3 施工项目组织协调

6.3.1 施工项目组织协调概述

项目组织协调是以一定的组织形式、手段和方法，对项目管理中产生的关系进行疏通，对产生的干扰和障碍予以排除的活动。

施工项目组织协调

1. 施工项目组织协调的范围

施工项目组织协调的范围包括内部关系的协调、近外层关系的协调和远外层关系的协调，如图 6-8 所示。

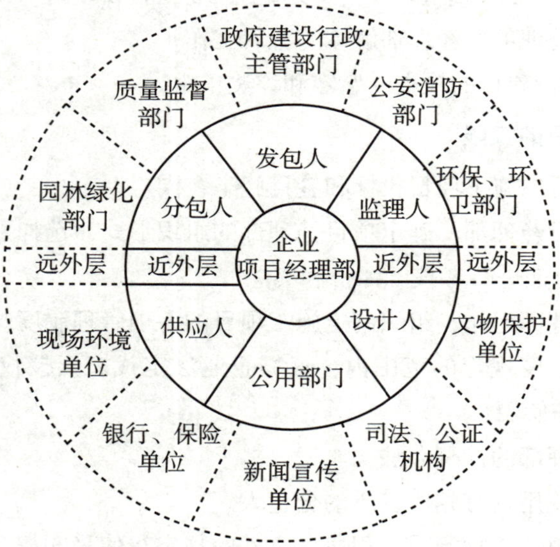

图 6-8　项目协调管理的范围

（1）内部关系

内部关系包括项目经理部内部关系、项目经理部与企业的关系、项目经理部与作业层的关系。

（2）近外层关系

近外层关系是与承包人有直接和间接合同的关系，包括与发包人（业主）、监理工程师、设计人、供应人、分包人、保险人等的关系。近外层关系的协调应作为项目管理组织协调的重点。

（3）远外层关系

是与承包人虽无直接或间接合同关系，但却有着法律、法规和社会公德等约束的关系，包括承包人与政府、环保、交通、环卫、绿化、文物、消防、公安等单位的关系。

2. 施工项目组织协调的方法

项目经理及其他管理人员实施组织协调的常用方法有会议协调法、交谈协调法、书面协调法、访问协调法、情况介绍法等。

6.3.2　施工项目内部关系的协调

施工项目内部关系的组织协调主要包括施工项目内部人际关系的协调、组织关系的协调、需求关系的协调三部分，其协调内容及方法见表6-3。

表6-3　施工项目内部关系的协调

协调关系及协调对象		协调内容与方法
人际关系	项目经理与其下属之间、职能人员之间、职能人员与作业人员之间、作业人员之间	依据各项制度，通过做好思想工作，加强教育培训，提高人员素质； 运用激励机制，调动人的积极性，用人所长，奖罚分明；发生矛盾，重在调节、疏导，缓和利益冲突
组织关系	纵向层次之间、横向部门之间的分工协作和信息沟通关系	按职能划分，合理设置机构； 以制度形式明确各机构在工作中的相互关系； 建立信息沟通制度，制定工作流程图； 以协调方法解决问题，缓冲、化解矛盾
需求关系	劳动力、材料、机械设备、动力等的需求关系	要抓计划环节，满足人、财、物的需求； 抓住瓶颈环节，对需求进行平衡； 加强调度工作，排除障碍

6.3.3 施工项目经理部与近外层关系的协调

施工项目经理部与近外层关系的协调内容与方法见表 6-4。

表 6-4 施工项目经理部与近外层关系的协调

协调关系及协调对象		协调内容与方法
业主	甲乙双方合同关系	双方洽谈、签订施工项目承包合同； 双方履行施工承包合同约定的责任； 依据合同及有关法律解决争议纠纷
监理工程师	监理与被监理关系（监理工程师是项目施工监理人，与业主有监理合同关系）	按照《建设工程监理规范》的规定，接受监督和相关管理； 通过监理工程师与业主、银行以及其他相关单位经常协调沟通； 与监理工程师建立融洽的关系
设计人	平等的业务合作配合关系（设计人是工程项目设计承包人，与业主有设计合同关系）	项目经理部按设计图纸及文件制订项目管理实施规划，按图施工； 与设计单位搞好协作关系，处理好设计交底、图纸会审、设计洽商变更、地基处理、隐蔽工程验收和竣工验收等工作
供应人	有供应合同者为合同关系	双方履行合同，利用合同进行调节
	无供应合同者为市场买卖、需求关系	充分利用市场竞争机制、价格调节和制约机制、供求机制的作用进行调节
分包人	总包与分包的合同关系	选择具备相应资质等级及施工能力的分包单位； 根据合同落实总、分包之间的责任，处理好总、分包之间的经济利益，解决纠纷
公用单位	相互配合、协作关系-相应法律、法规约束关系	项目经理部在业主取得有关公用部门批准文件及许可证后，方可进行相应的施工活动； 遵守各公用部门的有关规定，合理、合法施工； 项目经理部应到交通管理部门办理通行路线图和通行证；到市政管理部门办理街道临建审批手续； 到自来水管理部门办理施工用水设计审批手续； 到供电管理部门办理施工用电设计审批手续； 与道路、市政管理、自来水、煤气、热力、供电、电讯等单位密切联系，加强质量保证、施工协作、进度衔接等方面的协调

6.3.4　施工项目经理部与远外层关系的协调

施工项目经理部与远外层关系的协调内容与方法见表6-5。

表6-5　施工项目经理部与远外层关系的协调

关系单位或部门	协调内容与方法
政府建设行政主管部门	接受政府建设行政主管部门领导、审查，按规定办理好项目施工的一切手续；在施工活动中，主动向政府建设行政主管部门请示汇报；发生合同纠纷时，政府建设行政主管部门应给予调解或仲裁
质量监督部门	办理建设工程质量监督通知单等手续；接受质量监督部门对施工全过程的质量监督、检查，对其提出的问题及时改正；按规定向质量监督部门提供有关工程质量文件和资料
金融机构	遵守金融法规； 以建筑工程为标的向保险公司投保
消防部门	施工现场有消防平面布置图，符合消防规范，在施工现场消防安全资格认可证审批后方可施工；随时接受消防部门对施工现场的检查，对存在的问题及时改正；竣工验收后还须将有关文件报消防部门，进行消防验收，若存在问题，立即返修
公安部门	进场后应向当地派出所如实汇报工地性质、人员状况，为外来劳务人员办理暂住手续
安全监察部门	办理企业安全资格认可证、安全施工许可证、项目经理安全生产资格证等手续；施工中接受安全监察部门的检查、指导，发现安全隐患，及时整改、消除
公证鉴证机构	委托合同公证、鉴证机构进行合同的真实性、可靠性法律审查和鉴定
司法机构	在合同纠纷处理中，若调解无效或对仲裁不服，可向法院起诉
现场环境单位	遵守公共关系准则，注意文明施工，减少环境污染、噪声污染，搞好环卫、环保、场容场貌、安全等工作；尊重社区居民、环卫环保单位意见，改进工作，取得谅解、配合与支持
园林绿化部门	因建设需要砍伐树木时，必须提出申请，报市园林主管部门审批；因建设需要临时占用城市绿地和绿化带时，须办理临建审批手续，经城市园林部门、城市规划管理部门及公安部门同意，并报当地政府批准
文物保护部门	大型项目施工或在文物较密集地区进行施工前，项目经理部应事先与省市文物部门联系，进行文物调查或勘探工作，若发现文物，应共同商定处理办法； 在施工中，如发现古墓葬、古遗址和其他文物，应立即停止作业，保护好现场，并立即报告当地政府文物管理机关

项目小结

本项目深入探讨了施工项目管理组织的关键组成部分，包括施工项目管理组织机构、项目经理部以及施工项目组织协调。通过对施工项目管理组织有了全面的理解，帮助读者掌握构建高效管理架构、优化项目执行流程及提高协调能力的方法。这些知识将帮助读者在实际施工项目中更好地组织和管理工作，确保项目顺利完成并达到预期目标。

课后习题

1. 什么是施工项目管理组织？施工项目管理组织包括哪些内容？
2. 施工项目管理组织机构的设置原则有哪些？
3. 项目经理应具备哪些基本素质？如何选拔项目经理？
4. 施工项目组织协调的方法有哪些？

项目7

施工项目进度管理

项目导读

在施工项目中，进度管理是一个至关重要的环节。它涉及如何安排和调整项目中的各个工序，以确保施工能够按计划顺利进行。本项目将探讨施工项目进度管理的目标、进度计划的编制、实施、检查与调整，以及进度管理的分析与总结。通过本项目的学习，管理者将学会如何制定合理的工作计划，如何监控施工进度，以及如何应对进度延误的情况。同时，也将了解到如何结合实际情况对进度计划进行合理调整，以及如何从进度管理中吸取经验教训，以提高未来项目的管理水平。

学习目标

知识目标

1. 理解施工项目进度管理的基本概念和目标。
2. 掌握施工进度计划的编制方法。
3. 了解施工进度计划实施的关键步骤。
4. 掌握施工进度检查的方法。
5. 理解施工进度计划调整的方法。
6. 掌握进度管理分析与总结的方法。

能力目标

1. 能够根据项目需求和实际情况，制定详细且可行的施工进度计划。
2. 具备有效实施进度计划的能力，并能够在施工过程中实时监控进度。
3. 能够运用适当的工具和方法进行进度检查，发现潜在问题并采取适当的措施。
4. 具备在施工过程中根据实际情况对进度计划进行合理调整的能力。
5. 能够对施工进度管理过程进行全面分析，提炼成功经验和教训。

素质目标

1. 培养学生具备高效的计划和组织能力，能够合理安排施工任务，确保资源的合理配置和使用。

2. 培养学生能够灵活应对施工过程中出现的变化和不确定性，及时调整进度计划以保持项目正常推进。

3. 培养学生具备分析和总结施工进度管理经验的能力，能够从项目中吸取经验教训，持续改进进度管理方法。

思政目标

1. 强化学生时间管理意识，确保工程项目按计划进度进行，提高项目管理效率。

2. 培养学生遵循规范的进度计划编制和调整流程，提升进度管理的科学性和合理性。

3. 鼓励学生在进度管理实践中不断探索和创新，以适应行业的发展和变化。

7.1 施工项目进度管理目标和施工进度计划

7.1.1 施工项目进度管理目标

根据全面质量管理理论，PDCA 循环是全面质量管理所应遵循的科学程序。全面质量管理活动的全部过程，就是质量计划的制定和组织实现的过程，这个过程就是按照 PDCA 循环，周而复始地运转的。一个循环周期包含 P、D、C 和 A 四个阶段，即改善某件事件时制定计划（Plan）→按计划实施（Do）→检查实施情况是否顺利（Check）→根据检查结果采取措施（Action）。

施工进度计划

项目进度管理目标的确定是施工进度管理的首要任务。项目进度管理应以实现合同约定的竣工日期为最终目标。这个目标，首先是由企业管理层承担的。企业管理层根据经营方针在“项目管理目标责任书”中确定项目经理部的进度管理目标。项目经理部根据这个目标在“施工项目管理实施规划”中编制施工进度计划，确定计划进度管理目标，并进行进度目标分解。总进度目标分解可按单位工程分解为交工分目标，可按承包的专业分解为完工分目标，亦可按年、季、月计划期分解为时间目标。

项目进度管理的程序如图 7-1 所示。

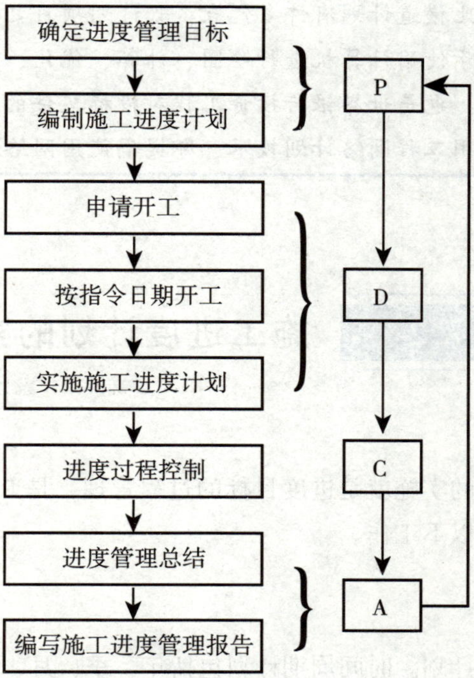

图 7-1　项目进度管理的程序

7.1.2　施工进度计划

施工进度计划是进度管理的依据。制定施工进度计划的过程是 PDCA 循环中的计划（P）阶段，因此，如何编制施工进度计划以提高进度管理的质量便成为进度管理的关键问题。由于工程的规模和特点的不同，施工进度计划分为施工总进度计划和单位工程施工进度计划两类，故其编制应分别对待。

1. 施工总进度计划

施工总进度计划是对建设项目施工或对群体工程施工时编制的施工进度计划。由于施工的内容较多，施工期较长，故其计划项目综合性大，较多控制性，很少作业性。

2. 单位工程施工进度计划

单位工程施工进度计划是对单位工程、单体工程或单项工程编制的施工进度计划的总称。由于它所包含的施工内容比较具体明确，施工期较短，故其作业性较强，是进度管理的直接依据，应具有可操作性。

提 示

因为工程网络计划比横道计划有许多优点，如计划项目之间的关系清晰，一目了然，关键线路明确，便于使用计算机进行绘图、计算、优化、调整和统计等；还因为它是国际上通行的惯例，也是世界银行投资工程对投标文件的要求。所以，编制单位工程施工进度计划应采用工程网络计划技术，即提倡使用网络计划。

7.2 施工进度计划的实施

实际上施工进度计划的实施就是进度目标的过程管理，是 PDCA 循环的实施（D）阶段。在此阶段中主要做好以下工作。

7.2.1 编制计划

编制并执行时间周期计划。时间周期计划包括年、季、月、旬、周施工进度计划。该计划落实施工进度计划，并以短期计划落实、调整并实施长期计划，做到短期保长期、周期保进度（计划）、进度（计划）保目标。

7.2.2 任务落实

任务落实采用施工任务书，将计划任务落实到班组。施工任务书的内容包括施工任务单、考勤表和限额领料单。施工任务书是几十年来我国坚持使用的有效班组管理工具，是管理层向作业人员下达任务的好形式，可用来进行作业控制和核算，特别有利于进度管理。

7.2.3 过程管理

过程管理主要是指坚持进度过程管理，包括跟踪监督并加强调度，记录实际进度，执行施工合同对进度管理的承诺；跟踪进行统计与分析，落实进度管理措施；处理进度索赔，确保资源供应进度计划实现等。

7.2.4 分包管理

分包管理由分包人根据施工进度计划编制分包工程施工进度计划并组织实施；项目经理部将分包工程施工进度计划纳入项目进度管理范畴；项目经理部协助分包人解决进度管理中的相关问题。

7.3 施工进度检查

施工进度检查是伴随进度计划执行的过程中。计划检查是计划执行信息的主要来源，是施工进度调整和分析的依据，是进度管理的关键步骤。

进度计划的检查是 PDCA 循环的检查（C）阶段，其方法主要是对比法，即实际进度与计划进度进行对比，从而发现偏差，以便调整或修改计划。一般采用图示对比方法，因计划图形的不同可分为以下几种检查方法。

7.3.1 利用横道图检查进度

在图 7-2 中，细线表示计划进度，在计划图上记录的粗线表示实际进度。图 7-2 中显示，A、B、D 工作正常；C 工作拖延了 0.5 天，但不影响工期；由于工作 E 拖延了 1 天，使整个计划拖延了 1 天。

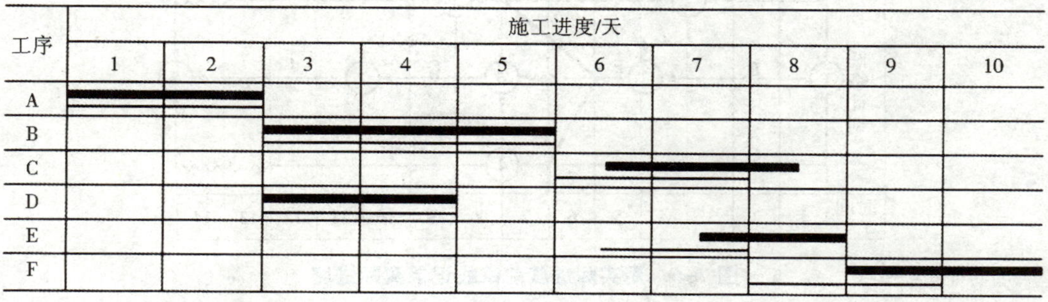

图 7-2　利用横道图记录施工进度

7.3.2 利用网络计划检查进度

1. 记录实际作业时间

例如，某项工作计划为 9 天，实际进度为 8 天，如图 7-3 所示。将实际进度记录于括弧中，显示进度提前 1 天。

2. 记录工作的开始日期和结束日期进行检查

如图 7-4 所示，某项工作计划为 9 天，实际进度为 8 天（6 月 9 日晚至 6 月 17 日晚），如图 7-4 中标法记录，表示实际进度提前 1 天。

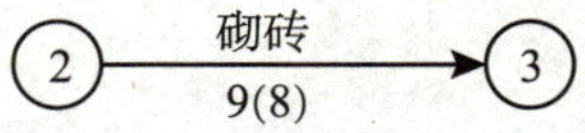

图 7-3　实际进度记录方法

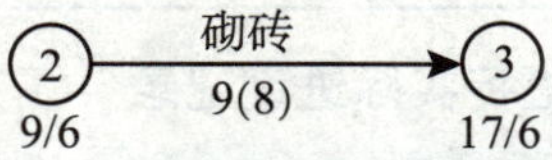

图 7-4　工作实际开始与结束日期记录方法

3. 标注已完工作

可以在网络图上用特殊的符号或颜色记录其已完成部分，阴影部分为已完成部分如图7-5所示。

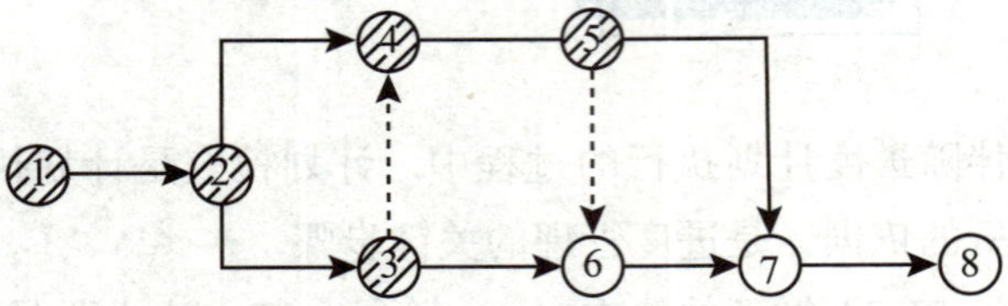

图7-5　已完工作记录

4. 利用“实际进度前锋线”记录实际进度

当采用时标网络计划时，可以采用这种方法，如图7-6所示折线是实际进度前锋的连线，在记录日期左方的点，表明进度拖后，在记录日期右边的点，表示提前完成进度计划。图7-6中表明第6天末进行检查时，工作A、B已经全部完成，工作D、E分别完成80%和50%，工作C尚需1天完成。这种方法形象、直观、便于采取相应调整措施。

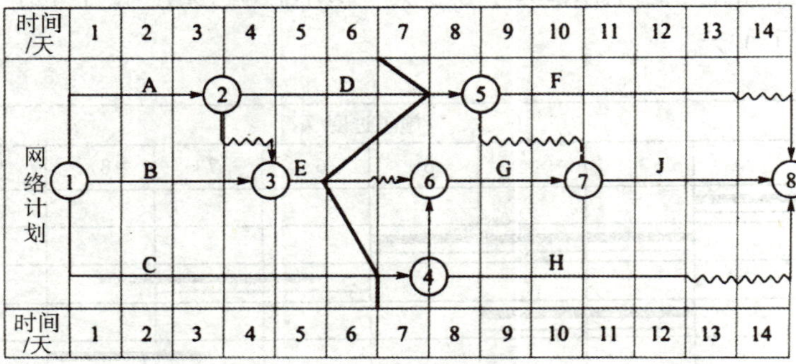

图7-6　用实际进度前锋线记录实际进度

5. 列表法

列表法实际是在利用实际进度前锋线法记录实际进度的前提下，进行列表对实际进度情况的一种分析方法。图7-6的检查结果见表7-1。

表7-1　网络计划进行到第6天时检查结果分析

工作编号	工作代号	检查时尚需时间	到计划最迟完成尚有时间	原有总时差	尚有总时差	进度情况判断
2-3	D	1	2	1	2	进度超前
3-6	E	1	1	1	0	进度拖延1天，但不影响总工期
1-4	C	1	1	0	0	进度正常

6. 用切割线进行实际进度记录

用切割线记录实际进度，如图7-7所示，点画线称为“切割线”。在第10天进行记录时，D 工作尚需 1 天（方括号内的数值）才能完成，G 工作尚需 8 天才能完成，L 工作尚需 2 天才能完成。这种检查方法可利用表 7-1 进行分析。经过计算，判断进度进行情况是 D、L 工作正常，G 工作拖期 1 天。由于 G 工作是关键工作，所以它的拖期很有可能影响整个计划导致工期拖延，故应调整计划，追回损失的时间。

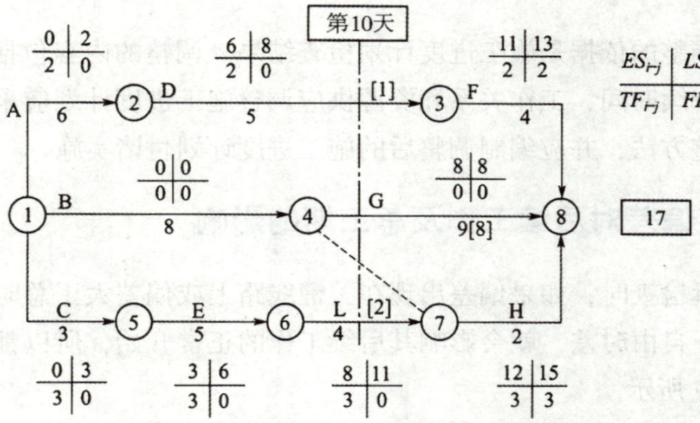

图 7-7　用切割线记录实际进度（单位：天）

7.3.3　利用“香蕉”曲线进行检查

图 7-8 是根据计划绘制的累计完成数量与时间对应关系的轨迹。*A* 线是按最早开始时间绘制的计划曲线。*B* 线是按最迟完成时间绘制的计划曲线，*P* 线是实际进度记录线。由于一项工程开始、中间和结束时曲线的斜率不相同，总的呈 S 形，故称 S 形曲线。又由于 *A* 线与 *B* 线所围面积构成香蕉状，故有的称为“香蕉”曲线。

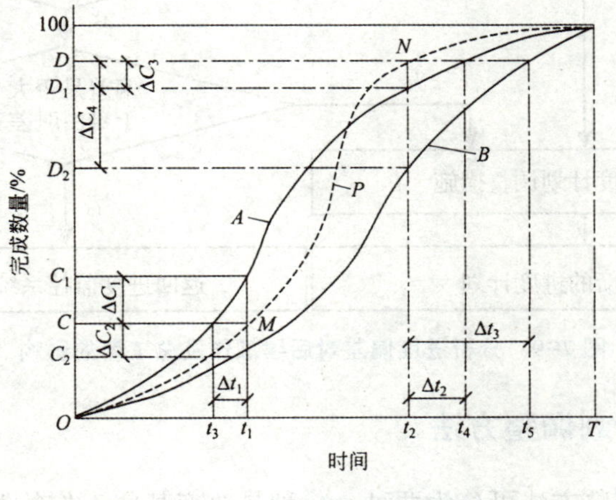

图 7-8　“香蕉”曲线图

检查方法是：当计划进行到时间 t_1 时，实际完成数量记录在 *M* 点。这个进度比最早开始时间计划曲线 *A* 的要求少，完成 $\Delta C_1=OC_1-OC$；比最迟完成时间计划曲线 *B* 的要求多，完成 $\Delta C_2=OC-OC_2$。由于它的进度比最迟时间要求提前，故不会影响总工期，只要控制得好，有可能提前 $\Delta t_1=t_1-t_3$ 完成全部计划。同理可分析时间 t_2 的进度状况。

7.4 施工进度计划调整

施工进度计划调整的依据是施工进度计划检查结果。调整的内容包括：施工内容、工程量、起止时间、持续时间，工作关系和资源供应调整施工进度计划应采用科学方法，如网络计划计算机调整方法，并应编制调整后的施工进度计划付诸实施。

7.4.1 分析进度偏差对后续工作及总工期的影响

对进度计划进行检查时，如果偏差出现在关键线路上或偏差大于总时差，都会对工期有影响。若偏差大于自由时差，就会影响其后续工作的正常开始，所以都要采取进度计划调整措施，如图 7-9 所示。

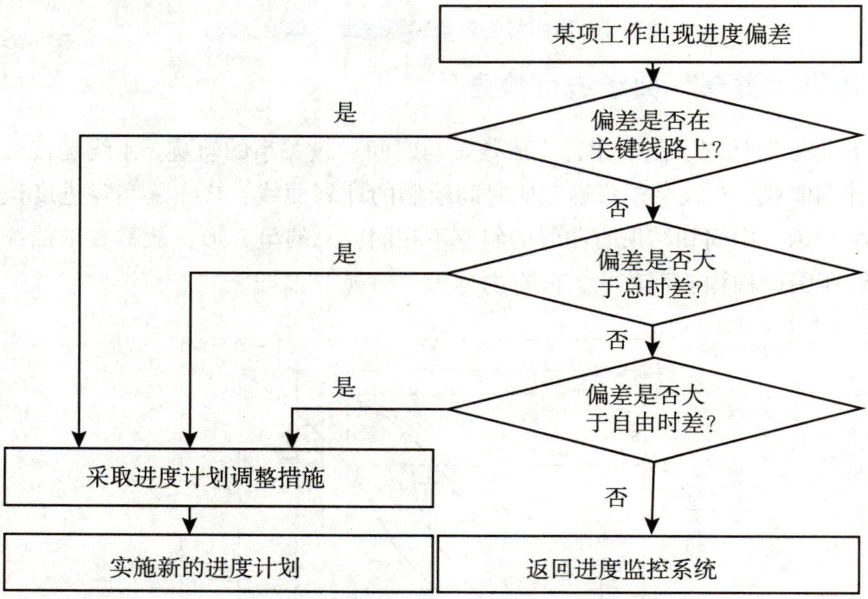

图 7-9　分析进度偏差对后续工作及总工期的影响

7.4.2 施工进度计划调整方法

施工进度计划的调整方法可分为两种，一种是改变某些工作的逻辑关系，另一种是缩短某些工作的持续时间。

1. 改变某些工作的逻辑关系

当偏差影响总工期时，可以改变有关工作的逻辑关系，如依次作业改为平行作业、搭接作业、流水作业等。

2. 缩短某些工作的持续时间

当工作的逻辑关系不能改变时，可以采用增加资源投入、提高劳动效率等措施。压缩关键线路上和超过计划工期的非关键线路上的工作，并且持续时间可被压缩。

缩短某些工作的持续时间可分三种情况。

（1）超过其自由时差未超过其总时差。后续工作拖延的时间无限制；后续工作拖延的时间有限制。

（2）超过其总时差。项目总工期允许拖延；项目总工期不允许拖延；项目总工期允许拖延的时间有限。

（3）某些工作进度超前。

【例 7-1】某项目计划执行 35 天时进行检查，记录如图 7-10 所示。

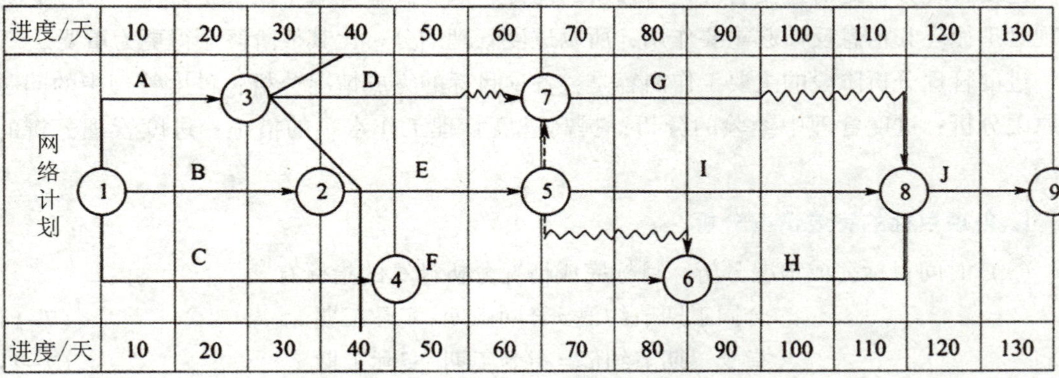

图 7-10　计划进行 35 天时检查记录

工作 D 的开始时间拖后 15 天，而影响其后期工作 G 的最早开始时间，其他工作的实际进度正常。由于工作 G 的总时差为 20 天，故此时工作 D 的实际进度不影响总工期。试问该进度计划是否需要调整？

【解】若后续工作拖延的时间无限制，将拖延后的时间参数带入原计划，并化简网络图，如图 7-11 所示。

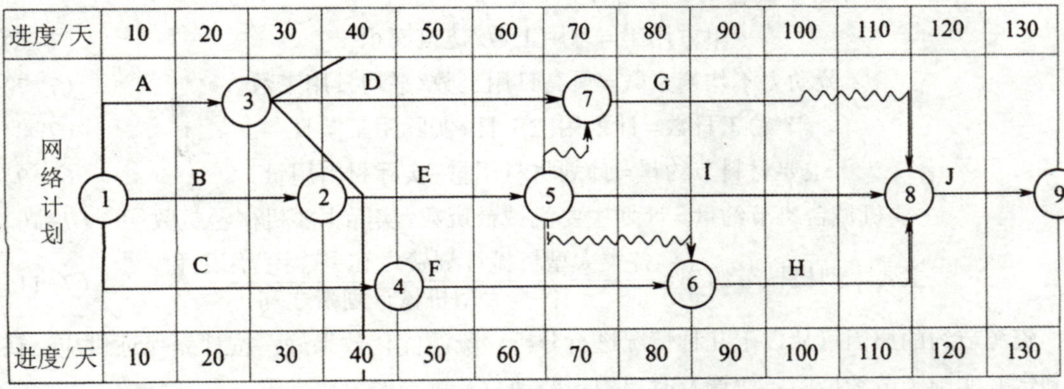

图 7-11　调整后的网络计划

若后续工作拖延的时间有限制，需要根据限制条件对网络计划进行调整，寻求最优方案。

7.5 进度管理的分析与总结

7.5.1 进度管理分析

进度管理分析是对进度管理进行评价的前提，是提高管理水平的关键环节。因为它对实现管理循环和信息反馈起重要作用，所以进度管理的分析比其他阶段显得更为重要。

进度管理分析阶段的主要工作内容是：各项目标的完成情况分析；进度管理中的问题及原因分析；进度管理中经验的分析；提高进度管理工作水平的措施；进度管理分析的方法。

1. 各项目标的完成情况分析

（1）时间目标完成情况分析。目标完成情况分析计算的指标有

$$合同工期节约值=合同工期-实际工期 \tag{7-1}$$

$$指令工期节约值=指令工期-实际工期 \tag{7-2}$$

$$定额工期节约值=定额工期-实际工期 \tag{7-3}$$

$$计划工期提前率=\frac{计划工期-实际工期}{计划工期} \tag{7-4}$$

$$缩短工期的经济效益=缩短一天产生的经济效益\times缩短工期天数 \tag{7-5}$$

除了分析指标外，还要分析缩短工期的原因，有以下几种：计划积极可靠；执行认真；控制得力；协调及时有效；劳动效率高等。

（2）资源情况分析。资源情况分析计算的指标如下

$$单方用工=总用工数/建筑面积 \tag{7-6}$$

$$劳动力不均衡系数=最高日用工数/平均日用工数 \tag{7-7}$$

$$节约工日数=计划用工工日-实际用工工日 \tag{7-8}$$

$$主要材料节约量=计划材料用量-实际材料用量 \tag{7-9}$$

$$主要机械台班节约量=计划主要机械台班数-实际主要机械台班数 \tag{7-10}$$

$$主要大型机械节约率=\frac{各类大型机械计划费之和-实际费用之和}{各类大型机械计划费之和} \tag{7-11}$$

资源节约的原因可从以下几种情况进行分析：资源优化效果好；按计划保证供应；认真制定并实施了节约措施；协调及时得力；劳动力及机械的效率高等。

（3）成本目标分析。成本分析的主要指标如下

$$降低成本额=计划成本-实际成本 \tag{7-12}$$

$$降低成本率=\frac{降低成本额}{计划成本额} \tag{7-13}$$

节约成本的原因主要是：计划积极可靠；成本优化效果好；认真制定并执行了节约成本措施，工期缩短；核算及成本分析工作效果好。

2. 进度管理中的问题及原因分析

进度管理中的问题主要是指某些进度管理目标没有实现，或在计划执行中存在缺陷。在总结分析时可以定量计算（指标与前项分析相同），也可以定性地分析。要对产生问题的原因进行分析，从编制计划和执行计划过程中去查找。

进度管理中常存在以下问题：工期拖后；资源浪费；成本浪费；计划变化太大、太频繁等。管理中出现上述问题的原因为：计划本身的原因；资源供应和使用中的原因；协调方面的原因；环境方面的原因等。

3. 进度管理中经验的分析

进度管理中的经验是指对成绩及其取得的原因进行分析以后，归纳出来的本质的、规律性的东西，可以为以后进度管理借鉴之用。分析进度管理的经验可以从以下几方面入手。

（1）计划的编制

编制什么样的计划才能取得更大效益，包括准备、绘图、计算等。

（2）计划的优化

如何优化计划更有实际意义，包括优化目标的确定、优化方法的选择、优化计算、优化结果的评审、计算机应用等。

（3）计划的实施

如何实施、调整与管理计划，包括组织保证、宣传、培训、建立责任制、信息反馈、调度、统计、记录、检查、调整、修改、成本控制方法、资源节约措施等。

（4）管理的创新

如何利用现代管理手段，高效、高质量地进行进度管理等。

总结有应用价值的经验，通过企业和有关领导部门的审查与批准，形成规程、标准及制度，作为指导以后工作的参照执行文件。

4. 提高进度管理水平的措施

（1）科学合理编制计划的措施。

（2）顺利执行计划的措施。

（3）有效的控制措施。

5. 进度管理分析的方法

（1）在计划编制执行中，应注意积累资料，作为执行的基础。

（2）在分析之前必须实际调查，取得原始记录中缺失的情况和信息。

（3）召开总结分析会议，集中集体智慧。

（4）用定量的对比分析法，提高其科学性。

（5）尽量用计算机，以提高分析的速度和准确性。

（6）分析资料要分类归档，进行规范化管理。

7.5.2 进度管理总结

1. 中间过程总结

施工进度计划实施检查后，应向企业提供月度施工进度报告，即进度管理的中间过程总结。总结的主要内容有：进度执行情况的综合描述，实际施工进度图，工程变更，价格调整，索赔及工程款收支情况。进度偏差的状况及导致偏差的原因分析，解决问题的措施，计划调整意见。

2. 管理最终总结

在施工进度计划完成后，进行进度管理的最终总结。总结的依据是：施工进度计划，实际记录，检查结果，调整资料。总结的内容有：合同工期目标及计划工期目标完成情况，施工进度管理经验，施工进度管理中存在的问题及分析，科学的施工进度计划方法的应用情况，施工进度管理的改进意见。

项 目 小 结

在本项目中，首先明确了施工项目进度管理的目标和施工进度计划的重要性。其次，又学习了施工进度检查的必要性和方法。当施工进度出现问题时，还需要能够对进度计划进行调整，以适应新的情况。而分析和总结则是进步的重要环节，通过对进度管理中的成功经验和失败教训的总结，帮助读者不断提升项目管理水平。

课 后 习 题

1. 什么是单位工程施工进度计划？
2. 如何施工进度计划？
3. 施工进度计划调整的内容有哪些？
4. 进度管理中的问题及原因有哪些？

项目8

施工项目质量管理

项目导读

在施工项目中，质量管理是确保工程符合设计要求和标准的关键环节。施工项目的质量管理贯穿于项目的整个生命周期，从设计阶段、施工阶段到验收阶段，各阶段的质量控制措施至关重要。施工项目质量管理是一个系统工程，需要项目团队全体成员的共同努力和持续改进。只有这样，才能确保项目质量达到预期目标，赢得客户的信任和社会的认可。

学习目标

知识目标

1. 理解施工项目各阶段质量控制的要求和方法。
2. 掌握质量管理的数理统计方法。

能力目标

1. 能够根据项目特点制定适合的质量控制措施，并在不同阶段有效实施。
2. 能够根据质量管理的数据分析结果，提出并实施改进措施，解决实际施工过程中出现的质量问题。

素质目标

1. 培养学生具备科学、系统的方法进行质量管理和问题解决的能力。
2. 培养学生具备使用统计工具分析质量数据、识别质量问题、预测质量趋势的能力。

思政目标

1. 培养学生认识工程质量对于社会发展的重要性，树立为人民群众提供高质量工程的责任感。
2. 培养学生学习和践行精益求精的工匠精神，注重细节，追求卓越，提升工程建设行业的整体水平。

8.1 施工项目各阶段质量控制

质量控制贯穿于施工的各个阶段，具体包括施工准备阶段、施工阶段和竣工验收阶段。通过对这三个阶段的质量控制，能够有效地保证施工项目的整体质量，减少缺陷和返工，提升工程的最终质量和使用寿命。

8.1.1 施工准备阶段的质量控制

1. 技术资料及文件准备环节中的质量控制

在技术资料及文件准备中的质量控制主要考虑以下几点。

（1）自然条件和技术经济条件。施工项目所在地的自然条件和技术经济条件调查资料应做到周密、详细，科学、妥善保存，为施工准备提供依据。

（2）施工组织设计文件的质量控制。一要施工方法的质量控制，包括施工技术方案、施工工艺、施工技术措施等质量控制；二要进行技术经济比较，对主要的施工项目应制定几套可行的方案，找出主要矛盾，明确各方案的优缺点，通过反复论证和比较，选出最佳方案。

（3）要认真收集并学习有关质量管理方面的法律、法规和质量验收标准、质量管理体系标准等。

（4）工程测量控制资料应按规定收集、整理和保管。

2. 设计交底和图纸审核的质量控制

技术交底是保证施工质量的重要环节，应通过设计交底、图纸审核（或会审），使施工者了解设计意图，工程特点、工艺要求和质量要求，发现、纠正和减少设计差错，消灭图纸中的质量隐患，做好记录，以保证工程质量。

3. 采购和分包过程中的质量控制

（1）供货方的选择。项目经理应按质量计划中的物资采购和分包的规定选择和评价供应人，并保存评价记录。

（2）采购的要求和形式。产品质量要求或外包服务要求；有关产品提供的程序要求；对供方人员资格的要求；对供方质量管理体系的要求。采购要求的形式可以是合同、订单、技术协议、询价单及采购计划等。

（3）物资采购过程要规范。物资采购应符合设计文件、标准、规范、相关法规及承包合同的要求。

（4）采购产品的验证。对采购的产品应根据验证要求规定验证部门及验证方式，当拟在供方现场实施验证时，应在采购要求中事先做出规定。

（5）对各种分包服务选用的控制应根据其规模和控制的复杂程度区别对待，一般通过分包合同对分包服务进行动态控制。

4. 质量教育与培训

通过质量教育培训，增强质量意识和顾客意识，使员工具有所从事的质量工作要求的能力。可以通过考试或实际操作等方式检查培训的有效性，并保存教育、培训及技能认可的记录。

8.1.2　施工阶段的质量控制

1. 施工阶段质量控制的内容

施工阶段质量控制的内容涉及范围包括：技术交底，工程测量，材料质量，机械设备，施工环境，计量工作，工序质量，特殊过程，工程变更，成品保护等。

2. 施工阶段质量控制的要求

（1）技术交底

技术交底的质量控制应注意交底时间分工、内容、方式（书面）和交底资料保存。

（2）工程测量

工程测量的质量控制应注意编制控制方案；由技术负责人管理；保存测量记录；保护测量点线；还应注意对原有基准点、基准线、参考标高、控制网的复测和测量结果的复核。

（3）材料质量

材料的质量控制应注意在合格材料供应人名录中选择供应人；按计划采购；按规定进行搬运和储存；进行标识；不合格的材料不准投入使用；发包人供应的材料应按规定检验和验收；监理工程师对承包人供应的材料进行验证等。

（4）机械设备

机械设备的质量控制应注意按计划进行调配；满足施工需要；配套合理使用；操作人员应进行确认并持证上岗；搞好维修与保养等。

（5）施工环境

为保证项目质量，对环境的要求是建立环境控制体系；实施环境监控；对影响环境的因素进行监控，包括工程技术环境、工程管理环境和劳动环境。

（6）计量工作

计量工作的主要任务是统一计量单位，组织量值传递，保证量值的统一。对计量质量控制的要求是：建立计量管理部门、配备计量人员；建立计量规章制度；开展计量意识教育；按规定控制计量器具的使用、保管、维修和检验。

（7）工序质量

工序质量控制应注意作业人员按规定经考核后持证上岗；按操作规程、作业指导书和技术交底文件进行施工；工序的检验和试验应符合过程检验和试验的规定；对查出的质量缺陷按不合格控制程序及时处理；记录工序施工情况，把质量的波动限制在要求的界限内，以通过对因素的控制保证工序的质量。

（8）特殊过程

特殊过程是指在质量计划中规定的特殊过程，其质量控制要求设置其工序质量控制点；由专业技术人员编制专门的作业指导书，经技术负责人审批后执行。

（9）工程变更

工程变更质量控制要求严格按程序变更并办理批准手续；管理和控制那些能引起工程变更的因素和条件；要分析提出工程变更的合理性和可行性；当变更发生时，应进行管理；注意分析工程变更引起的风险。

（10）成品保护

成品保护首先要求要加强教育，提高成品保护意识；其次要合理安排施工顺序，采取有效的成品保护措施。成品保护措施包括护、包、盖、封，可根据需要选择。

拓展阅读

施工作业质量自控的要求

1. 预防为主

按照施工质量计划的要求，进行各分部分项施工作业的部署。同时，根据施工作业的内容、范围和特点，制定施工作业计划，明确作业质量目标和作业技术要领，进行作业技术交底，落实各项作业技术组织措施。

2. 坚持标准

工序作业人员在工序作业过程中应进行质量自检，通过自检不断改善作业，并创造条件开展作业质量互检，通过互检加强技术与经验的交流。对已完的工序作业产品，即检验批或分部分项工程，应坚持质量标准。对不合格的施工作业质量，不得进行验收签证，并按规定的程序进行处理。

3. 记录完整

施工图纸、质量计划、作业指导书、材料质保书、检验试验及检测报告、质量验收记录等等是形成可追溯性的质量保证依据，也是工程竣工验收不可缺少的质量控制资料。因此，对工序作业质量应有计划、有步骤地按施工管理规范的要求进行填写记录，做到及时、准地面确、完整、有效，并具有可追溯性。

8.1.3 竣工验收阶段的质量控制

竣工验收阶段的质量控制包括最终质量检验和试验，技术资料的整理，施工质量缺陷的处理，工程竣工验收文件的编制和移交准备，产品防护，撤场计划。竣工验收阶段的质量控制要求主要有以下几点。

（1）最终质量检验和试验指单位工程竣工验收前的质量检验和试验，必须按施工质量验收规范的要求进行检验和试验。

（2）对查出的质量缺陷应按不合格控制程序进行处理，处理方案包括修补处理、返工处理、限制使用和不做处理。

（3）应按整理竣工资料的规定要求整理技术资料、竣工资料和档案，做好移交准备。

（4）在最终检验和试验合格后，对产品采取防护措施，防止丢失或损坏。

（5）工程交工后应编制符合文明施工要求和环境保护要求的撤场计划，拆除、运走多余物资，达到场清、地平乃至树活、草青的目的。

8.2 质量管理的数理统计方法

质量管理的数理统计方法包括调查表法、分层法、排列图法、因果分析图等，具体说明如下。

8.2.1 调查表法（调查分析法）

在质量控制过程中，利用统计调查表收集数据，简便灵活，便于整理，实用有效。统计调查表分为分项工程作业质量分布调查表、不合格项目调查表、不合格原因调查表、施工质量检查评定用调查表等。混凝土空心板外观质量问题调查表见表 8-1。

表 8-1　混凝土空心板外观质量问题调查表

产品名称	混凝土空心板		生产班组		
日生产总数	200 块	生产时间	年月日	检查时间	
检查方式	全数检查	检察员			
项目名称	检查记录	合计			
露筋	正正正	15			
蜂窝	正正	10			
孔洞	正	5			
裂缝	一	1			
其他	正	5			
总计		36			

8.2.2 分层法（分类法、分组法）

分层法又称分类法，是将调查收集的原始数据，根据不同目的和要求，按某一性质进行分组和整理的分析方法。常用的分层标志有：按操作班组或操作者分层；按使用机械型号分层；按操作方法分层；按原材料供应单位、供应时间或等级分层；按施工时间分层；按检查手段、工作环境分层等。

例如一个焊接班组有 A、B、C 三位工人实施焊接作业，共抽查 60 个焊接点，发现有 18 个点不合格，占 30%，采用分层调查的统计数据见表 8-2，焊接点不合格的主要原因是作业工人 C 的焊接质量影响了总体质量水平。

表 8-2　焊接质量分层调查的统计数据

作业工人	抽查点数	不合格点数	个体不合格率	占不合格点总数百分率
A	20	2	10%	11%
B	20	4	20%	22%
C	20	12	60%	67%
合计	60	18	–	100%

8.2.3　排列图法（帕累托图法/主次因素分析法）

排列图法也称为帕累托图法/主次因素分析法。它是根据意大利经济学家帕累托（Pareto）提出的“关键的少数和次要的多数”的原理，由美国质量管理专家朱兰（J. M. Juran）运用于质量管理中而发明的一种质量管理图形。其作用是寻找主要质量问题或影响质量的主要原因，以便抓住提高质量的关键问题和主要矛盾，取得好的质量管理效果。例如对混凝土构件尺寸质量进行检查，其结果见表 8-3。

表 8-3　混凝土构件尺寸各项目不合格点的数据资料（共 150 个点）

序号	检查项目	不合格点数	序号	检查项目	不合格点数
1	轴线位置	1	5	平面水平度	15
2	垂直度	12	6	表面平整度	75
3	标高	5	7	预埋设施中心位置	1
4	截面尺寸	40	8	预埋空洞中心位置	1

不合格点进行频率和累计频率统计，整理后列入表 8-4。

表 8-4　混凝土构件尺寸不合格点频数频率统计

序号	检查项目	频数	频率/%	累计频率/%
1	表面平整度	75	50.0	50.0
2	截面尺寸	40	26.7	76.7
3	平面水平度	15	10.0	86.7
4	垂直度	12	8.0	94.7
5	标高	5	3.3	98.0
6	其他	3	2.0	100.0
合计		150	100.0	

图 8-1 是根据表 8-4 绘制的排列图。在 A 区的 1、2 项问题是主要问题，在 B 区的 3 项问题是次要问题，在 C 区的其他问题是一般问题。

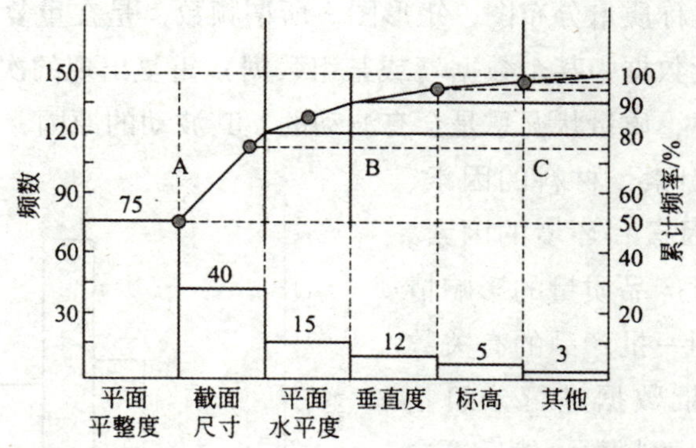

图 8-1　排列图

8.2.4　因果分析图

因果分析图是一种用来逐步深入地研究和讨论质量问题，寻找其影响因素，以便从重要的因素着手进行解决的一种工具，其形状如图 8-2 所示。按形状，因果分析图又可称为鱼刺图或树枝图，也叫特性要因图。其特性，就是施工中出现的质量问题。其要因，也就是对质量问题有影响的因素或原因。

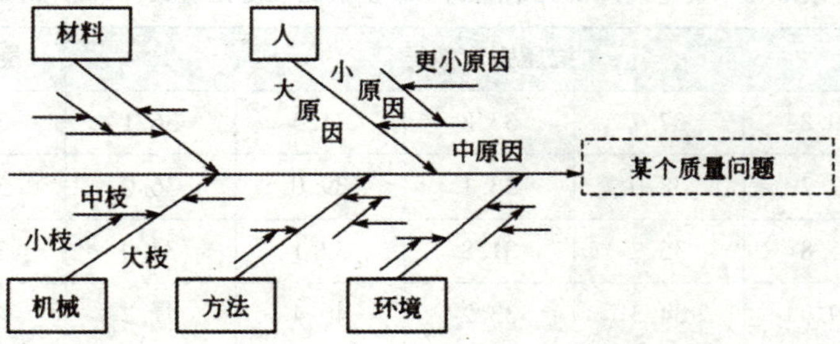

图 8-2　因果分析图

因果分析图可以像顺藤摸瓜一样地寻找影响质量特性的大原因、中原因和小原因，找出原因后便可以有针对性地制定相应的对策来加以改进，见表 8-5。

表 8-5　对策表

序号	项目	现状	目标	措施	地点	负责人	完成期	备注

8.2.5 频数分布直方图

频数分布直方图也称质量分布图、矩形图。所谓频数，是在重复试验中，随机事件重复出现的次数，或一批数据中某个数据（或某组数据）重复出现的次数。

产品在生产过程中，质量状况总是会有波动的。其波动的原因，正如因果分析图中所提到的，包括人为的因素、材料的因素、工艺的因素、设备的因素和环境的因素。为了解上述各种因素对产品质量的影响情况，在现场随机地实测一批产品的有关数据，将实测得来的这批数据进行分组整理，统计每组数据出现的频数。然后，在直角坐标的横坐标轴上自小至大标出各分组点，在纵坐标轴上标出对应的频数。画出其高度值为其频数值的一系列长方形，即成为频数分布直方图。表 8-6 是某建筑施工工地浇筑混凝土抗压强度试验数据，图 8-3 是根据表 8-6 绘制的频数分布直方图。

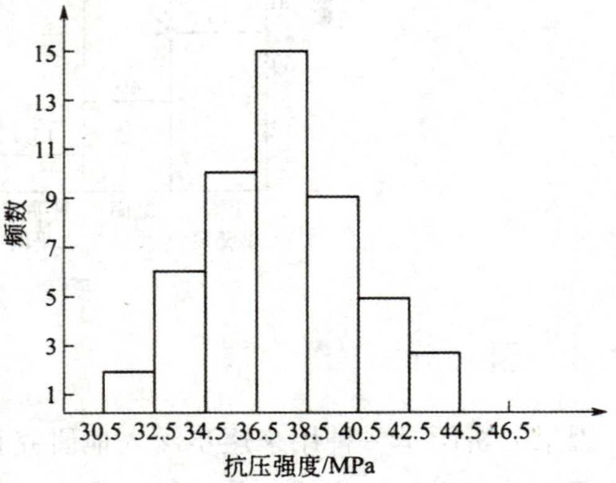

图 8-3 频数分布直方图

表 8-6 某建筑施工工地浇筑混凝土抗压强度试验数 单位 MPa

序号	抗压强度数据					最大值	最小值
1	39. 8	37. 7	33. 8	31. 5	36. 1	39. 8	31. 5
2	37. 2	38. 0	33. 1	39. 0	36. 0	39. 0	33. 1
3	35. 8	35. 2	31. 8	37. 1	34. 0	37. 1	31. 8
4	39. 9	34. 3	33. 2	40. 4	41. 2	41. 2	33. 2
5	39. 2	35. 4	34. 4	38. 1	40. 3	40. 3	34. 4
6	42. 3	37. 5	35. 5	39. 3	37. 3	42. 3	35. 5
7	35. 9	42. 4	41. 8	36. 3	36. 2	42. 4	35. 9
8	42. 6	37. 6	38. 3	39. 7	38. 0	42. 6	37. 6
9	36. 4	38. 3	43. 4	38. 2	38. 0	43. 4	36. 4
10	44. 4	42. 0	37. 9	38. 4	39. 5	44. 4	37. 9

频数分布直方图的作用是，通过对数据的加工、整理、绘图，掌握数据的分布状况，从而判断加工能力、加工质量，以及估计产品的不合格品率。

根据实际生产情况检查得到的数据绘制的直方图的图形有图 8-4 的几种形状，对其进行观察和图形分析，可以判断生产是否正常，也可以将实际直方图与标准直方图（图 8-5）进行对照分析，来判断实际生产情况。

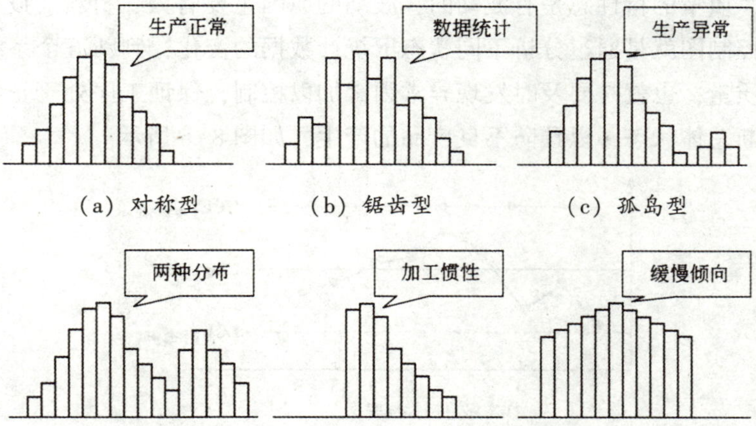

(a) 对称型　(b) 锯齿型　(c) 孤岛型

(d) 双峰型　(e) 偏向型　(f) 平顶型

图 8-4　直方图图形分析

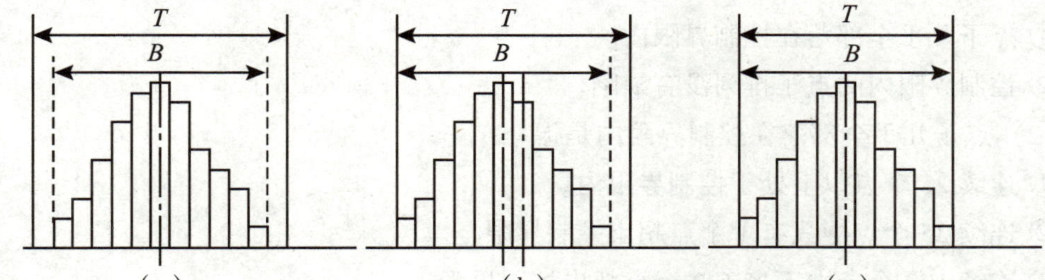

(a)　(b)　(c)

(d)　(e)　(f)

B-质量特性数据分部的亮度；*T*-质量控制标准的上、下限区间。

图 8-5　对照标准直方图分析

8.2.6　控制图

控制图

控制图又称管理图，是能够表达施工过程中质量波动状态的一种图形。1924 年美国工程师沃特·阿曼德·休哈特发明了这种图形，此后在质量管理中得到了日益广泛的应用。使用控制图，使工序质量的控制由事后检查转变为以预防为主，使质量管理产生了一个飞跃。控制图能够及时地提供施工中质量状态偏离控制目标的信息，提醒人们不失时机地采取措施，使质量始终处于控制状态。

如前所述，质量的特性总是有波动的，波动的原因主要有人、材料、设备、工艺、环境五个方面。控制图就是通过分析不同状态下统计数据的变化，判断五个系统因素是否有异常而影响着质量，也就是要及时发现异常因素加以控制，保证工序处于正常状态。它通过子样数据判断总体状态，以预防不良产品的产生，如图 8-6 所示。

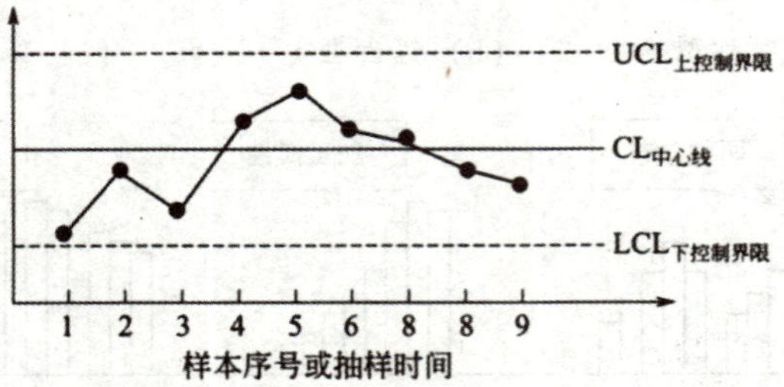

图 8-6　控制图

（1）当控制图同时满足以下两点时，可以认为工序质量处于正常稳定状态。

① 点子几乎全部落在控制界限内。

② 控制界限内的点子排列没有缺陷。

（2）点子几乎全部落在控制界限内是指。

① 连续 25 个点以上处于控制界限内。

② 连续 35 个点中只有 1 个点超出控制界限。

③ 连续 100 个点中不多于 2 个点超出控制界限。

（3）缺陷是指点子出现“链”“多次同侧”“趋势或倾向”“周期性变动”状态。

8.2.7　相关图

相关图又叫散布图，也是一种动态的分析方法。不同于前述各种方法之处是，不是对一种数据进行处理和分析，而是对两种测定数据之间的相关关系进行处理、分析和判断。在工程施工中，工程质量的相关关系有三种类型：第一种是质量特性和影响因素之间的关系，如混凝土强度与温度的关系；第二种是质量特性与质量特性之间的关系，如混凝土强度与水泥标号之间的关系，钢筋强度与钢筋混凝土强度之间的关系等；第三种是影响因素与影响因素之间的关系，如混凝土容重与抗渗能力之间的关系，沥青的黏结力与沥青的延伸率之间的关系等。

通过对相关关系的分析、判断，可以给人们提供对质量目标进行控制的信息。分析质量结果与产生原因之间的相关关系，有时从数据上比较容易看清，但有时从数据上很难看清，这就必须借助于相关图为进行相关分析提供方便。

使用相关图，就是通过绘图、计算与观察，判断两种数据之间究竟是什么关系，建立相关方程，从而通过控制一种数据达到控制另一种数据的目的。正如我们掌握了在弹性极限内钢材的应力和应变的正相关关系（直线关系）可以通过控制拉伸长度（应变）而达到提高钢材强度的目的一样（冷拉的原理）。图 8-7 为不同类型的相关图。

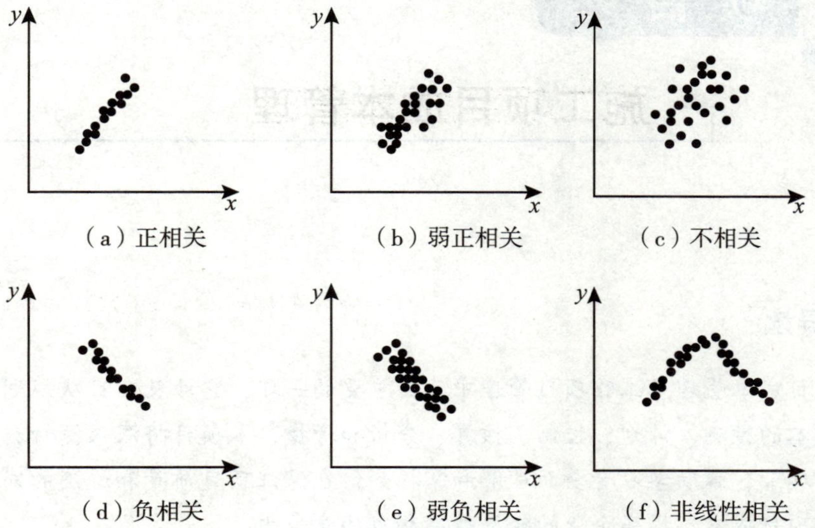

图 8-7 不同类型的相关图

项 目 小 结

在本项目中，主要介绍了施工项目质量管理的核心内容，包括各阶段的质量控制和质量管理的数理统计方法。通过对施工项目质量管理全面而深入的理解，帮助读者掌握各阶段的质量控制措施以及利用数理统计方法进行质量管理的技巧，为读者在实际工作中提升工程质量水平、确保项目成功提供了宝贵的知识和工具。

课 后 习 题

1. 在施工准备阶段，设计交底和图纸审核的质量控制要求有哪些？
2. 施工阶段质量控制的内容有哪些？
3. 竣工验收阶段的质量控制要求有哪些？
4. 质量管理的数理统计方法有哪些？

项目9

施工项目成本管理

项目导读

施工项目成本管理是工程项目管理中至关重要的一环，它涉及项目从规划到完成的整个过程中成本的预测、计划、控制、核算、分析和考核。本项目将深入探讨施工项目成本管理的各个环节，帮助学习者全面理解和掌握如何在保证项目质量和进度的同时，有效地控制和优化项目成本，提高企业的经济效益和市场竞争力。

学习目标

知识目标

1. 了解施工项目成本管理的基本概念、成本环节。
2. 熟悉成本预测的依据和流程。
3. 熟悉成本计划的编制方法和步骤。
4. 理解成本计划执行情况检查与协调的重要性。
5. 掌握成本核算的方法和技巧，
6. 学会进行成本分析与考核。

能力目标

1. 能够独立进行项目成本的预测、计划、核算、分析与考核。
2. 能够根据项目实际情况制定合理的成本计划。
3. 能够运用相关工具和技术进行成本管理。

素质目标

1. 培养学生严谨细致的工作态度，确保成本管理的准确性和有效性。
2. 增强学生团队合作意识，能够与团队成员共同协作完成成本管理任务。
3. 培养学生提高分析问题和解决问题的能力，能够应对成本管理过程中遇到的各种挑战。

思政目标

1. 培养学生的社会责任感，意识到成本管理对于企业和社会经济发展的重要性。
2. 引导学生树立诚信意识，在成本管理过程中坚守职业道德和诚信原则。
3. 鼓励学生关注国家经济发展大局，将个人职业发展与企业发展、国家建设相结合。

9.1 施工项目成本管理概述

施工项目成本是指在施工项目上发生的全部费用总和。制造成本包括直接成本和间接成本。其中直接成本包括人工费、材料费、机械费和措施费；间接成本指施工项目经理部发生的现场管理费。

施工项目成本管理包括成本预测和决策、成本计划编制、成本计划实施、成本核算、成本检查、成本分析与考核等环节。其中成本计划编制与成本计划实施是关键环节。因此，进行施工项目成本管理，必须具体研究每个环节的有效工作方式和关键管理措施，从而取得施工项目整体的成本控制效果。施工项目成本管理的环节见表 9-1。

表 9-1　施工项目成本管理的环节

成本管理环节	说明	PDCA 循环阶段
成本预测	施工项目成本预测是其成本管理的首要环节，是施工前控制的环节之一。成本预测的目的是预见成本的发展趋势，为成本管理决策和编制成本计划提供依据	P
成本决策	根据成本预测情况，经过认真分析做出决定，确定成本管理目标。成本决策是先提出几个成本目标方案，然后从中选择理想的成本目标做出决定	
成本计划编制	成本计划是实现成本目标的具体安排，是成本管理工作的行动纲领。是根据成本预测、决策结果，并考虑企业经营需要和经营水平编制的，它也是事先成本控制的环节之一。成本控制必须以成本计划为依据	
成本计划实施	根据成本计划所做的具体安排，对施工项目的各项费用实施有效控制，不断检查，收集实施信息，并与计划比较，发现偏差，分析原因，采取措施纠正偏差，从而实现成本目标	D
成本核算	施工项目成本核算是对施工中各种费用支出和成本的形成进行核算，为成本控制各环节提供必要的资料。成本核算应贯穿于成本管理的全过程	

续表

成本管理环节	说明	PDCA循环阶段
成本检查	成本检查是根据核算资料及成本计划实施情况，检查成本计划完成的情况，以评价成本控制水平，并为企业调整与修正成本计划提供依据	C
成本分析与考核	成本考核的目的在于通过考察责任成本的完成情况，调动责任者成本管理的积极性	A

9.2 施工项目成本预测

成本预测是依据成本的历史资料和有关信息，在认真分析当前各种技术经济条件、外界环境变化及可能采取的管理措施的基础上，对未来的成本与费用及其发展趋势所做的定量描述和逻辑推断。

项目成本预测是通过成本信息和建设工程项目的具体情况，对未来的成本水平及其发展趋势做出科学的估计，其实质就是建设工程项目在施工前对成本进行核算。通过成本预测，使项目经理部在满足业主和企业要求的前提下，确定建设工程项目降低成本的目标，克服盲目性，提高预见性，为建设工程项目降低成本提供决策与计划的依据。

成本预测是投标决策的依据，是编制成本计划的基础，是成本管理的重要环节。

9.2.1 项目成本预测的依据

1. 依据施工企业的利润目标对企业降低工程成本的要求

各施工项目的降低成本率水平应等于或高于企业的总降低成本率水平，以保证项目成本总目标的实现。

2. 依据施工项目成本估算（概算或预算）

成本估算（概算或预算）是根据市场价格或定额价格（计划价格）对成本发生的社会水平做出估计，它既是合同价格的基础，又是成本决策的依据。

3. 依据施工项目的合同价格

施工项目的合同价格是其销售价格，是所能取得的收入总额。施工项目的成本目标就是合同价格与利润目标之差。这个利润目标是企业分配到该项目的降低成本要求。根据目标成本降低额，求出目标成本降低率，再与企业的目标成本降低率进行比较，如果前者等于或大于后者，则目标成本降低额可行，否则，应予以调整。

4. 依据施工企业同类施工项目的降低成本水平

同类施工项目的降低成本水平代表了企业的成本管理水平，是该施工项目可能达到的成本水平，可用来与成本管理目标进行比较，从而做出成本目标决策。

9.2.2　成本预测程序

（1）进行施工项目成本估算，根据概算定额或工程量清单进行计算，确定可以得到补偿的社会平均水平的成本。

（2）根据合同承包价格计算施工项目的承包成本，并与估算成本进行比较。一般承包成本应低于估算成本。如高于估算成本，应对工程索赔和降低成本做出可行性分析。

（3）根据企业利润目标提出的施工项目降低成本要求，并根据企业同类工程的降低成本水平以及合同承包成本，做出降低成本决策；计算出降低成本率，对降低成本率水平进行评估，在评估的基础上做出决策。

（4）根据降低成本率决策计算出决策降低成本额和决策施工项目成本额，在此基础上定出项目经理部责任成本额。

9.2.3　成本预测方法

1. 定性预测法

定性预测法是根据经验和专业知识进行判断的一种预测方法。常用的定性预测法有管理人员判断法、专业人员意见法、专家意见法及市场调查法等。定性预测侧重于对市场行情的发展方向和施工中各种影响项目成本因素的分析，发挥专家经验和主观能动性，比较灵活，可以较快地提出预测结果。但进行定性预测时，也要尽可能地搜集数据，运用数学方法，其结果通常也是从数量上测算。这种方法简便易行，在资料不多、难以进行定量预测时最为适用。

成本预测

2. 定量预测法

定量预测法是利用历史成本费用资料以及成本与影响因素之间的数量关系，通过一定的数学模型来推测、计算未来成本的可能结果的方法。

定量预测方法也称统计预测方法，是根据已掌握的比较完备的历史统计数据，运用一定数学方法进行科学的加工整理，借以揭示有关变量之间的规律性联系，从而推断未来发展变化情况。

定量预测偏重于数量方面的分析，重视预测对象的变化程度，能将变化程度在数量上准确地描述；它需要积累和掌握历史统计数据，客观实际资料，作为预测的依据，运用数学方法进行处理分析，受主观因素影响较少。

9.3 施工项目成本计划

成本计划是在多种成本预测的基础上，经过分析、比较、论证、判断之后，以货币形式预先规定计划期内项目施工的耗费和成本所要达到的水平，并且确定各个成本项目比预计要达到的降低额和降低率，提出保证成本计划实施所需要的主要措施方案。

项目成本计划是对生产耗费进行控制、分析和考核的重要依据；是编制核算单位其他有关生产经营计划的基础；是国家编制国民经济计划的一项重要依据；是建立企业成本管理责任制、开展经济核算和控制生产费用的基础；是实现降低项目成本任务的指导性文件，也是项目成本预测的继续。

9.3.1 目标成本

目标成本即项目（或企业）对未来产品成本所规定的奋斗目标。它比已经达到的实际成本要低，但又是经过努力可以达到的。目标成本管理是衡量企业实际成本节约或开支，考核企业在一定时期内成本管理水平高低的依据。

项目管理的最终目标是低成本、高质量、短工期，而低成本是这三大目标的核心和基础。施工项目的成本管理实质就是成本目标管理。目标成本有很多形式，在制定目标成本作为编制施工项目成本计划和预算的依据时，可能以计划成本、定额成本或标准成本作为目标成本，还将随成本计划编制方法的变化而变化。

目标成本的计算公式如下

$$\text{项目目标成本}=\text{预计结算收入}-\text{税金}-\text{项目目标利润} \tag{9-1}$$

$$\text{目标成本降低额}=\text{项目的预算成本}-\text{项目的目标成本} \tag{9-2}$$

$$\text{目标成本降低额}=\text{目标成本降低额}/\text{项目的预算成本} \tag{9-3}$$

9.3.2 项目成本计划的编制依据

项目成本计划的编制依据如下。

（1）承包合同。合同文件除了包括合同文本外，还包括招标文件、投标文件、设计文件等，合同中的工程内容、数量、规格、质量、工期和支付条款都将对工程的成本计划产生重要的影响。

（2）项目管理实施规划。项目实施技术方案与管理方案以施工组织设计文件为核心。不同实施条件下的技术方案和管理方案，将导致工程成本的不同。

（3）可行性研究报告和相关设计文件。

（4）已签订的分包合同（或估价书）。

（5）生产要素价格。包括人工、材料、机械台班的市场价；企业的材料指导价、企业内部机械台班价格、劳动力内部挂牌价格；周转设备内部租赁价格、摊销损耗标准；结构件外加工计划和合同等。

（6）反映企业管理水平的消耗定额（企业施工定额），以及类似工程的成本资料。

9.3.3　项目成本计划编制的程序

项目成本计划编制程序如图9-1所示。编制成本计划的程序，因项目的规模大小、管理要求不同而不同。大中型项目一般采用分级编制的方式，即先由各部门提出部门成本计划，再由项目经理部汇总编制全项目工程的成本计划；小型项目一般采用集中编制方式，即由项目经理部先编制各部门成本计划，再汇总编制全项目的成本计划。

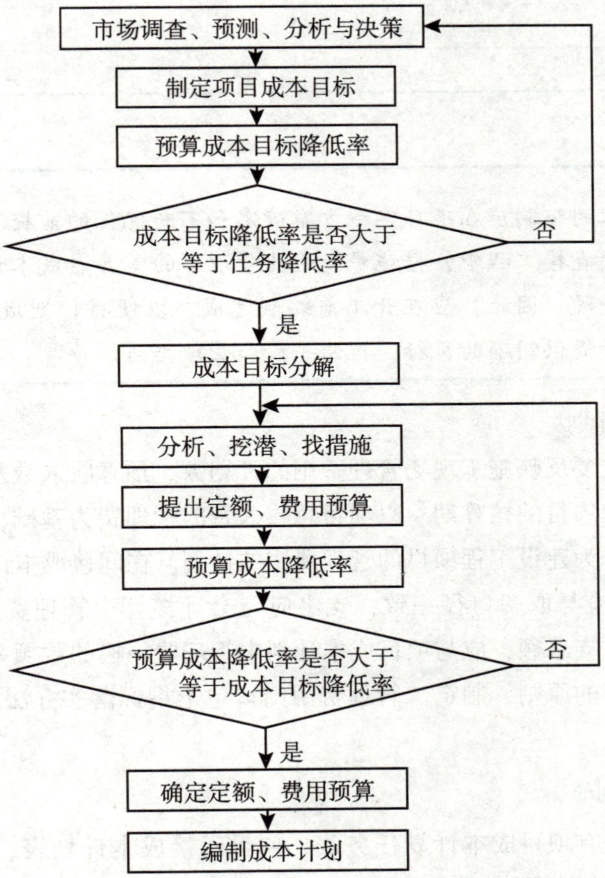

图9-1　项目成本计划编制程序

9.3.4 项目成本计划的内容

1. 项目成本计划组成

施工项目的成本计划主要由施工项目直接成本计划和间接成本计划组成。如果项目设有附属生产单位，成本计划还包括产品成本计划和作业成本计划。

（1）直接成本计划

直接成本计划主要反映工程成本的预算价值、计划成本降低额和计划成本降低率。其具体内容主要包括编制说明、项目成本计划的指标、按工程量清单列出的单位工程计划成本汇总表见表9-2，按成本性质划分的单位工程成本汇总表等。

表9-2 单位工程计划成本汇总表

序号	清单项目编码	清单项目名称	合同价格	计划成本
1				
2				
……				

提 示

项目计划成本的编制应在项目实施方案确定和不断优化的前提下进行，因为不同的实施方案将导致直接工程费、措施费和企业管理费的差异。成本计划的编制是项目成本预控的重要手段。因此，应在开工前编制完成，以便将计划成本目标分解落实，为各项成本的执行提供明确的目标、控制手段和管理措施。

（2）间接成本计划

间接成本计划主要反映施工现场管理费用的计划数、预算收入数及降低额。间接成本计划应根据建设工程项目的核算期，以项目总收入费的管理费为基础，制定各部门费用的收支计划，汇总后作为建设工程项目的管理费用的计划。在间接成本计划中，应注意“三个一致”，即：收入应与取费口径一致；支出应与会计核算中管理费用的二级科目一致；间接成本的计划的收支总额，应与项目成本计划中管理费一栏的数额一致。各部门应按照节约开支、压缩费用的原则，制定“管理费用归口包干指标落实办法”，以保证该计划的实施。

2. 项目成本计划表

项目成本计划表有项目成本计划任务表、项目间接成本计划表、项目技术组织措施表、项目降低成本计划表等。

（1）项目成本计划任务表

项目成本计划任务表主要由项目预算成本、计划成本、计划成本降低额、计划成本降低率项目组成，可作为落实成本降低任务的依据，见表 9-3。

表 9-3　项目成本计划任务表

工程名称：　　　建设工程项目：　　　项目经理：　　　日期：　　　单位：

项目	预算成本	计划成本	计划成本降低额	计划成本降低率
直接费用				
人工费				
材料费				
机械使用费				
措施费				
间接费用				
施工管理费				
合计				

（2）项目间接成本计划表

项目间接成本计划表主要指施工现场管理费计划表。反映发生在项目经理部的各项施工管理费的预算收入、计划数和降低额，见表 9-4。

表 9-4　施工现场管理费计划表

项目	预算收入	计划数	降低额
工作人员工资			
生产人员辅助工资			
工资附加费			
办公费			
差旅交通费			
固定资产使用费			
工具用具使用费			
劳动保护费			
检验试验费			
工程保养费			
财产保险费			
取暖、水电费			
排污费			
其他			
合计			

（3）项目技术组织措施表

项目技术组织措施表由项目经理部有关人员分别就应采取的技术组织措施预测它的经济效益，最后汇总编制而成。编制技术组织措施表的目的，是为了在不断采用新工艺、新技术的基础上提高施工技术水平，改善施工工艺过程，推广工业化和机械化施工方法，以及通过采纳合理化建议达到降低成本的目的，见表 9–5。

表 9–5　技术组织措施表

措施项目	措施内容	涉及对象			降低成本来源		成本降低额				
		实物名称	单价	数量	预算收入	计划开支	合计	人工费	材料费	机械费	措施费

（4）项目降低成本计划表

项目降低成本计划表由项目经理部有关业务和技术人员根据项目的总包和分包的分工、项目中各有关部门提供的降低成本资料及技术组织措施计划，参照企业内外以往同类项目成本计划的实际执行情况编制的。它是编制成本计划任务表的重要依据，见表 9–6。

表 9–6　降低成本计划表

工程名称：　　　　　　　　　　　　　　　　　　　　　　日期：

项目经理：　　　　　　　　　　　　　　　　　　　　　　单位：

分项工程名称	成本降低额					
	总计	直接成本				间接成本
		人工费	材料费	机械费	措施费	

9.3.5　项目成本计划编制的方法

1. 施工预算法

施工预算法是指以施工图中的工程实物量，套以施工工料消耗定额，计算工料消耗量，并进行工料汇总，然后统一以货币形式反映其施工生产耗费水平。

以施工工料消耗定额所计算施工生产耗费水平，基本是一个不变的常数。一个施工项目要实现较高的经济效益（即提高降低成本水平），就必须在这个常数基础上采取技术节约措施，以降低消耗定额的单位消耗量和降低价格等措施，来达到成本计划的目标成本水平。因此，采用施工预算法编制成本计划时，必须考虑结合技术节约措施计划，以进一步降低施工生产耗费水平。用公式来表示为

施工预算法的计划成本（目标成本）= 施工预算施工生产耗费水平（工料消耗费用）
－技术节约措施计划节约额 (9-4)

【例9-1】某建设工程项目按照施工预算的工程量，套用施工工料消耗定额所计算消耗费用为1 164.70万元，技术节约措施计划节约额为41.23万元。试计算计划成本。

【解】建设工程项目计划成本=1 164.70-41.23=1 123.47（万元）

施工图预算和施工预算的区别如下。施工图预算是以施工图为依据，按照预算定额和规定的取费标准以及图纸工程量计算出项目成本，反映为完成施工项目建筑安装任务所需的直接成本和间接成本。它是招标投标中计算标底的依据。评标的尺度是控制项目成本支出、衡量成本节约或超支的标准，也是施工项目考核经营成果的基础。施工预算是施工单位（各项目经理部）根据施工定额编制的，作为施工单位内部经济核算的依据。两算对比差额的实质是反映两种定额——施工定额和预算定额产生的差额，因此又称定额差。

2. 技术节约措施法

技术节约措施法是指以建设工程项目计划采取的技术组织措施和节约措施所能取得的经济效果为项目成本降低额，然后求建设工程项目的计划成本的方法。用公式表示为

建设工程项目计划成本=建设工程项目预算成本
－技术节约措施计划节约额（成本降低额） (9-5)

$$\text{计划成本降低率}=\frac{\text{计划成本降低额}}{\text{工程项目预算成本}}\times 100\% \quad (9\text{-}6)$$

采用这种方法首先确定的是降低成本指标和降低成本技术节约措施，其次编制成本计划。

【例9-2】某建设工程项目造价819.25万元，扣除计划利润和税金及企业管理费，经计算该项目的预算成本为663.46万元，该项目的技术节约措施节约额为42.13万元。计算计划成本和计划成本降低率。

【解】建设工程项目计划成本=663.46-42.13=621.33（万元）

建设工程项目计划成本降低率=（42.13÷663.46）×100%=6.35%

【例9-3】某建设工程项目造价为2 330.26万元，扣除计划利润和税金及企业管理费，经计算，该项目预算成本总额为1 853.5万元，其中人工费为196.7万元，材料费为1 413.2万元，机械使用费124.2万元，措施费为30.8万元，施工管理费88.6万元。项目部综合各部门做出该项目技术节约措施，各项成本降低指标分别为人工费0.28%，材料费1.54%，机械使用费3.52%，措施费1.50%，施工管理费13.91%。计算节约额和计划成本，并编制项目成本计划表。

【解】计划成本、计划成本降低额、计划成本降低率的计算过程见表 9-7。

表 9-7　项目成本计划表

项目	预算成本/万元	计划成本/万元	计划成本降低额/万元	计划成本降低率/%
1. 直接费用	1 764. 9	1 737. 8	27. 3	1. 55
人工费	196. 7	196. 1	0. 6	0. 28
材料费	1 413. 2	1 391. 4	21. 8	1. 54
机械使用费	124. 2	119. 8	4. 4	3. 52
措施费	30. 8	30. 3	0. 5	1. 50
2. 间接费用	88. 6	76. 3	12. 3	13. 91
施工管理费	88. 6	76. 3	12. 3	13. 91
合计	1 853. 5	1 813. 9	39. 6	2. 14

建设工程项目计划成本 = 1 853. 5 − 39. 6 = 1 813. 9（万元）

计划成本降低率 = （39. 6÷1 853. 5）×100% = 2. 14%

3. 成本习性法

成本习性是指成本总额与业务量之间在数量上的依存关系。成本习性法是固定成本和变动成本在编制成本计划中的应用，主要按照成本习性，将成本分成固定成本和变动成本两类，以此计算计划成本。具体划分可采用按费用分解的方法。

（1）材料费

材料费与产量有直接联系，属于变动成本。

（2）人工费

在采用计件超额工资形式下，其计件工资部分属于变动成本，奖金、效益工资和浮动工资部分，亦应计入变动成本。在计时工资形式下，生产工人工资属于固定成本，因为不管生产任务完成与否，工资照发，与产量增减无直接联系。

（3）机械使用费

机械使用费中有些费用随产量增减而变动，如燃料费、动力费等，属变动成本；有些费用不随产量变动，如机械折旧费、大修理费、机修工和操作工的工资等，属于固定成本。此外，还有机械的场外运输费和机械组装拆卸、替换配件、润滑擦拭等经常修理费，由于不直接用于生产，也不随产量增减成正比例变动，而是在生产能力得到充分利用，产量增长时，所分摊的费用就少些，在产量下降时，所分摊的费用就要大一些，所以这部分费用为介于固定成本和变动成本之间的半变动成本，可按一定比例划为固定成本和变动成本。

（4）措施费

措施费包括水、电、风、气等费用以及现场发生的其他费用，多数与产量发生联系，属于变动成本。

（5）施工管理费

施工管理费中大部分在一定产量范围内与产量的增减没有直接联系，如工作人员工资、生产工人辅助工资、工资附加费、办公费、差旅交通费、固定资产使用费、职工教育经费、上级管理费等，基本上属于固定成本；其中的检验试验费、外单位管理费等与产量增减有直接联系，则属于变动成本范围。此外，劳动保护费中的劳保服装费、防暑降温费、防寒用品费，劳动部门都有规定的领用标准和使用年限，基本上属于固定成本范围。技术安全措施费、保健费，大部分与产量有关，属于变动成本。工具用具使用费中，行政使用的家具费属固定成本；工人领用工具，随管理制度不同而不同，有些企业对机修工、电工、钢筋工、车工、刨工的工具按定额配备，规定使用年限，定期以旧换新，属于固定成本；而对民工、木工、抹灰工、油漆工的工具采取定额人工数、定价包干，则又属于变动成本。

在成本按习性划分为固定成本和变动成本后，可用下式计算

$$建设工程项目计划成本=项目变动成本总额+项目固定成本总额 \tag{9-7}$$

【例 9-4】某建设工程项目，经过分部分项测算，测得其变动成本总额为 1 950.71 万元，固定成本总额 234.11 万元。计算计划成本。

【解】建设工程项目计划成本 = 1 950.71 + 234.11 = 2 184.82（万元）

4. 按实计算法

按实计算法就是建设工程项目经理部有关职能部门（人员）以该项目施工图预算的工料分析资料作为控制计划成本的依据，根据项目经理部执行施工定额的实际水平和要求，由各职能部门归口计算各项计划成本。

（1）人工费的计划成本，由项目管理班子的劳资部门（人员）计算

$$人工费的计划成本=计划用工量\times实际水平的工资率 \tag{9-8}$$

$$计划用工量=\sum（分项工程量\times工日定额）$$

式中，工日定额根据实际水平，考虑先进性，适当提高定额。

（2）材料费的计划成本，由项目管理班子的材料部门（人员）计算

$$材料费的计划成本=各种材料的计划用量\times实际价格+工程用水的水费 \tag{9-9}$$

（3）机械使用费的计划成本，由项目管理班子的机管部门（人员）计算

$$机械使用费的计划成本=机械计划台班数\times规定单价+机械用电的电费 \tag{9-10}$$

（4）措施费的计划成本，由项目管理班子的施工生产部门和材料部门（人员）共同计算。计算的内容包括现场二次搬运费、临时设施摊销费、生产工具用具使用费、工程定位复测费、工程交点费以及场地清理费等项费用的测算。

（5）间接费用的计划成本，由建设工程项目经理部的财务部门（人员）计算。一般根据建设工程项目管理部内的计划职工平均人数，按历史成本的间接费用以及压缩费用的人均支出数进行测算。

拓展阅读

施工预算与施工图预算的区别

1. 编制的依据不同

施工预算的编制以施工定额为主要依据，施工图预算的编制以预算定额为主要依据。

2. 适用的范围不同

施工预算是施工企业内部管理用的一种文件，与建设单位无直接关系；施工图预算既适用于建设单位，又适用于施工单位。

3. 发挥的作用不同

施工预算是施工企业组织生产、编制施工计划、准备现场材料、签发任务书、考核工效、进行经济核算的依据，也是施工企业改善经营管理、降低生产成本和推行内部经营承包责任制的重要手段；施工图预算是投标报价的主要依据。

9.4 施工项目成本计划执行情况检查与协调

项目经理部应定期检查成本计划的执行情况，并在检查后及时分析，采取措施，控制成本支出，保证成本计划的实现。

9.4.1 绘制成本折线图

项目经理部应根据承包成本和计划成本，绘制月度成本折线图。在成本计划实施过程中，按月在同一图上点，形成实际成本折线，如图 9-2 所示。

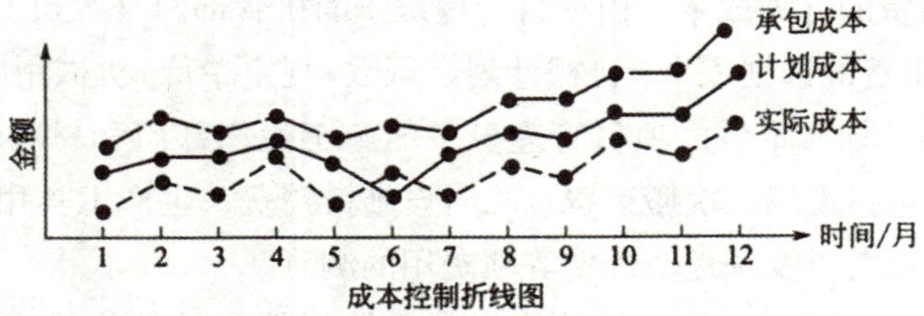

图 9-2　成本控制折线图注

图 9-2 不但可以看出成本发展动态，还可用以分析成本偏差。成本偏差有三种

$$实际偏差=实际成本-承包成本 \quad (9-11)$$

$$计划偏差=承包成本-计划成本 \tag{9-12}$$

$$目标偏差=实际成本-计划成本 \tag{9-13}$$

应尽量减少目标偏差，目标偏差越小，说明控制效果越好。目标偏差为计划偏差与实际偏差之和。

9.4.2　协调成本计划

根据成本偏差，用因果分析图分析产生的原因，再设计纠偏措施，制定对策，协调成本计划。对策要列成对策表，落实执行责任。最后，应对责任的执行情况进行考核。

9.5　施工项目成本核算

9.5.1　施工项目成本核算制

施工项目成本核算制是施工项目管理的基本制度之一，成本核算是实施成本核算制的关键环节，是做好成本控制的首要条件。项目经理部应建立成本核算制，明确成本核算的原则、范围、程序、方法、内容、责任及要求。这项制度与项目经理责任制同等重要。

9.5.2　成本核算的基础工作

由于成本核算是一项很复杂的工作，故应当具备一定的基础，除了成本核算制以外，主要有以下几项。

（1）建立健全原始记录制度。

（2）制定先进合理的企业成本核算标准（定额）。

（3）建立企业内部结算体制。

（4）对成本核算人员进行培训，使其具备熟练的必要核算技能。

9.5.3　对施工项目成本核算的要求

（1）以月为核算期，在每月末进行。

（2）核算对象按单位工程划分，并与责任目标成本的界定范围相一致。

（3）坚持形象进度、施工产值统计、实际成本归集“三同步”。

（4）采取会计核算、统计核算和业务核算“三算结合”的方法。

（5）在核算中做好实际成本与责任目标成本的对比分析、实际成本与计划目标成本的对比分析。

（6）编制月度项目成本报告上报企业，以接受指导、检查和考核。

（7）每月末预测后期成本的变化趋势和状况，制定改善成本管理的措施。

（8）做好施工产值和实际成本的归集

9.5.4 施工项目成本核算信息关系

施工项目成本核算信息关系如图 9-3 所示。

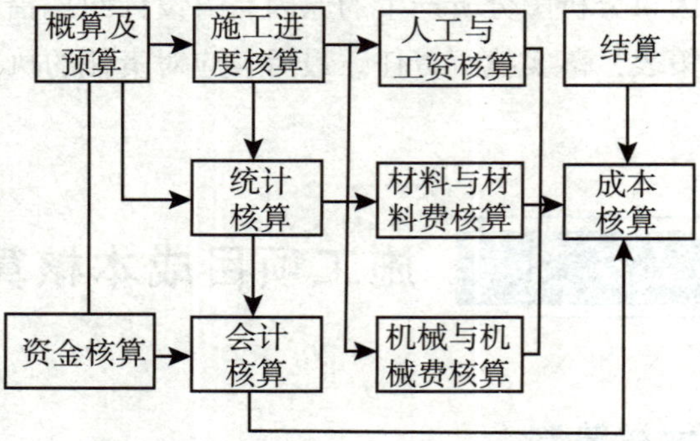

图 9-3 施工项目成本核算信息关系

9.6 施工项目成本分析与考核

施工项目的成本分析与考核是确保项目经济效益和预算控制的重要环节。通过系统的成本分析和考核，能够提高施工项目的财务管理水平，优化资源配置，控制成本超支，最终实现项目的经济效益最大化。

9.6.1 施工项目成本分析

成本分析的方法主要有对比分析法、因素分析法、差额计算法、比率法和挣值法。根据会计核算、统计核算和业务核算提供的资料，对项目成本的形成过程和影响成本升降的因素进行分析，寻求进一步降低成本的途径，增强项目成本的透明度和可控性，为实现成本目标创造条件。

1. 对比分析法

对比分析法是通过实际完成成本与计划成本或承包成本进行对比，找出差异，分析其原因，以便改进。这种方法简便易行，但应注意使比较的指标所含的内容一致。

2. 因素分析法

因素分析法又可称为连环替代法，可用来分析各种因素对成本形成的影响。例如某工程的材料成本资料见表 9-8，用因素分析法分析各因素的影响时，见表 9-9。分析的顺序是：先实物量指标，后货币量指标；先绝对量指标，后相对量指标。

表 9-8　材料成本资料

项目	单位	计划	实际	差异	差异率/%
工程量	m^3	100	110	+10	+10.0
单位材料消耗	kg/m^3	320	310	−10	- 3.1
材料单价	元/kg	40	42	+2.0	+5.0
材料成本	元	1 280 000	1 432 200	+152 200	+12.0

表 9-9　材料成本影响因素分析法

计算顺序	替换因素	影响成本的变动因素			成本/元	与前一次之差异/元	差异原因
		工程量/m^3	单位材料消耗/kg	单价/元			
① 替换基数		100	320	40.0	1 280 000		
② 一次替换	工程量	110	320	40.0	1 408 000	128 000	工程量增加
③ 二次替换	单耗量	110	310	40.0	1 364 000	−44 000	单位消耗节约
④ 三次替换	单价	110	310	42.0	1 432 200	68 200	单价提高
合计						15 200	

3. 差额计算法

差额计算法是因素分析法的一种简化形式，仍按上例计算，结果如下。

由于工程量增加使成本增加

$$(110-100)\times320\times40=128\ 000\text{（元）}$$

由于单位消耗量节约使成本降低

$$(310-320)\times110\times40=-44\ 000\text{（元）}$$

由于单价提高使成本增加

$$(42-40)\times110\times310=68\ 200\text{（元）}$$

4. 比率法

比率法指用两个以上指标的比例进行分析的方法。该法的基本特点是先把对比分析的数值变为相对数，再观察其相互之间的关系。该法所用的比率有三种。

（1）相关比率

该比率用两个性质不同而又相关的指标加以对比，得出比率，用来考查成本的状况，如成本利润率就是相关比率。

（2）构成比率

某项费用占项目总成本的比重就是构成比率，可用来考查成本的构成情况，分析量、本、利的关系，为降低成本指明方向。

（3）动态比率

将同类指标不同时期的成本数值进行对比，就可求得动态比率，包括定比比率和环比比率两类，可用来分析成本的变化方向和变化速度。

5. 挣值法

挣值法主要用来分析成本目标实施与期望之间的差异，是一种偏差分析方法。其分析过程如下。

（1）明确三个关键中间变量

项目计划完成工作的预算成本（budgeted cost of work scheduled，BCWS）。它是在成本估算阶段就确定的与项目活动时间相关的成本累积值。在项目的进度时间预算成本坐标中，随着项目的进展，BCWS 呈 S 状曲线不断增加，直到项目结束，达到最大值。其计算公式为

$$\text{BCWS}=\text{计划工作量}\times\text{预算单价} \tag{9-14}$$

项目已完工作的实际成本（actual cost of work performed，ACWP）。项目在计划时间内，实际完工投入的成本累积总额。它同样也随着项目的推进而不断增加。

项目已完工作的预算成本（budgeted cost for work performed，BCWP），即“挣值”。它是项目在计划时间内，实际完成工作量的预算成本总额，也就是说，以项目预算成本为依据，计算出的项目已创造的实际已完工作的计划支付成本。其计算公式为

$$\text{BCWP}=\text{已完成工作量}\times\text{该工作量的预算单价} \tag{9-15}$$

（2）明确两种偏差的计算

项目成本偏差（cost variance，CV），其计算公式为

$$\text{CV}=\text{BCWP}-\text{ACWP} \tag{9-16}$$

这个指标的含义为已完成工作量的预算成本与实际成本之间的绝对差异。当 CV>0 时，表明项目实施处于节支状态，完成同样工作所花费的实际成本少于预算成本；当 CV<0 时，表明项目处于超支状态，完成同样工作所花费的实际成本多于预算成本。

项目进度偏差（schedule variance，SV），其计算公式为

$$\text{SV}=\text{BCWP}-\text{BCWS} \tag{9-17}$$

这个指标的含义是截止到某一时点，实际已完成工作的预算成本同截止到该时点计划完成工作的预算成本之间的绝对差异。当 SV>0 时，表明项目实施超过计划进度；当 SV<0 时，表明项目实施落后于计划进度。

（3）明确两个指数变量

进度绩效指数（schedule performance index，SPI），其计算公式为

$$\text{SPI}=\text{BCWP}/\text{BCWS} \tag{9-18}$$

这个指标的含义为以截止到某一时点的预算成本的完成量为衡量标准，计算在该时点之前项目已完工作量占计划应完工作量的比例。当 SPI>1 时，表明项目实际完成的工作量超过计划工作量；当 SPI<1 时，表明项目实际完成的工作量少于计划工作量。

成本绩效指数（cost performance index，CPI），其计算公式为

$$CPI = BCWP / ACWP \tag{9-19}$$

这个指标的含义为已完工作实际所花费的成本是已完工作计划花费的预算成本的多少倍。即用来衡量资金的使用效率。当 CPI<1 时，表明实际成本多于计划成本，资金使用效率较低；当 CPI>1 时，表明实际成本少于计划成本，资金使用效率较高。

【例 9-5】某土方工程总挖方量为 4 000 m^3。预算单价为 45 元/m^3。该挖方工程预算总费用为

180 000 元。计划用 10 天完成，每天 400 m^3。开工后第 7 d 早晨刚上班时业主项目管理人员前去测量，取得了两个数据：已完成挖方 2 000 m^3，支付给承包单位的工程进度款累计已达 120 000 元。请用挣值法对该项目进行成本分析与考核。

【解】先计算已完工作预算费用，得 BCWP = 45×2 000 = 90 000（元）。接着，查看项目计划，计划表明，开工后第 6 天结束时，承包单位应得到的工程进度款累计额 BCWS = 108 000 元。进一步计算得：

费用偏差：BCWP-ACWP = 90 000-120 000 = -30 000（元），表明承包单位已经超支。

进度偏差：BCWP-BCWS = 90 000-108 000 = -18 000（元），表明承包单位进度已经拖延。表示项目进度落后，较预算还有相当于价值 18 000 元的工作量没有做。18 000/（400×45）= 1（d），所以承包单位的进度已经落后 1 天。

另外，还可以通过成本绩效指数 CPI 和进度绩效指数 SPI 测量工作来判断项目是否按照计划进行。

$$CPI = \frac{BCWP}{ACWP} = \frac{90\ 000}{120\ 000} = 0.75$$

$$SPI = \frac{BCWP}{BCWS} = \frac{90\ 000}{108\ 000} = 0.83$$

CPI<1，SPI<1，给该项目亮黄牌。

9.6.2　施工项目成本考核

1. 施工项目成本考核的目的

施工项目成本考核的目的是通过衡量项目成本降低的实际成果，对成本指标完成情况进行总结和评价。

2. 施工项目成本考核应分层进行

企业对项目经理部进行成本管理考核；项目经理部对项目内部各岗位及各作业队进行

成本管理考核。

3. 施工项目成本考核的内容

施工项目成本考核的内容是既要对计划目标成本的完成情况进行考核，又要对成本管理工作业绩进行考核。

4. 施工项目成本考核的要求

（1）企业对项目经理部进行考核时，以责任目标成本为依据。

（2）项目经理部以控制过程为考核重点。

（3）成本考核要与进度、质量、安全指标的完成情况相联系。

（4）应形成考核文件，为对责任人进行奖罚提供依据。

项目小结

本项目首先介绍了如何根据历史数据和市场情况对项目成本进行初步估算；其次，介绍了制定成本计划的方法和技巧，确保项目在预算范围内进行；在实施过程中，学习了如何通过执行情况检查与协调来及时调整成本计划，防止成本超支；最后，通过成本核算、分析与考核，能够对项目成本进行全面评估，从而为今后的项目管理提供宝贵经验。通过本项目的学习，帮助读者系统地了解了施工项目成本管理的全过程。

课后习题

1. 什么是施工项目成本？
2. 施工项目成本管理的环节有哪些？
3. 项目成本预测的依据有哪些？
4. 项目成本计划编制的方法有哪些？

项目10

施工项目现场与安全管理

项目导读

施工项目现场与安全管理是确保施工顺利进行和保障工人生命安全的重要环节。现场安全管理涉及到施工现场的环境控制、文明施工、事故预防及处理等多个方面。通过系统学习本项目内容，将全面了解施工现场的安全管理要求，掌握有效的安全管理措施，提升处理安全事故的能力，确保施工过程中的安全和文明施工。

学习目标

知识目标

1. 了解施工项目现场安全管理的基本概念和重要性。
2. 掌握现场文明施工管理的原则和方法，能够提升施工现场的文明程度。
3. 理解施工项目安全管理的总体框架和主要要求。
4. 学会制定和实施有效的安全管理措施，减少安全隐患。
5. 熟悉安全事故的处理流程和方法，能够迅速应对突发事故。

能力目标

1. 能够对施工现场进行有效的安全管理和文明施工监督。
2. 能够根据实际情况制定和实施安全管理措施。
3. 具备发现并消除安全隐患的能力，确保施工现场安全。
4. 能够在发生安全事故时，快速、准确地进行处理和应急响应。

素质目标

1. 培养学生严谨的安全管理意识，确保施工现场的安全与文明。
2. 提高学生团队协作能力，能够与相关部门共同制定和实施安全管理措施。

3. 增强应急处理能力，在面对突发安全事故时保持冷静和有效应对。

思政目标

1. 强化学生安全第一的理念，树立对工人生命安全的高度责任感。

2. 培养学生的法律意识，了解和遵守相关安全法规和标准。

3. 提升学生社会责任感，将安全管理与社会效益、企业责任紧密结合，推动施工行业的可持续发展。

10.1 施工项目现场管理概述

施工项目现场管理是指项目经理部按照有关施工现场管理的规定和城市建设管理的法规，科学、合理地安排使用施工现场，协调各专业管理和各项施工活动，控制污染，创造文明、安全的施工环境及人流、物流、资金流、信息流畅通的施工秩序所进行的一系列管理工作。

10.1.1 施工项目现场管理的基本任务

建筑产品的施工是一项非常复杂的生产活动，其生产经营管理既包括施工项目目标管理和生产要素管理，也包括为完成施工目标和合理组织施工要素而进行的生产事务管理。其目的是为了充分利用施工条件，发挥各个生产要素的作用，协调各方面的工作，保证施工正常进行，按时提供优质的建筑产品。

施工项目现场管理的基本任务是按生产管理的普遍规律和施工生产的特殊规律，以每一个具体工程和相应的施工现场为对象，妥善处理施工过程中劳动力、劳动对象和劳动手段之间的关系，使其在时间安排和空间布置上达到最佳配合，尽量做到人尽其才、物尽其用，多快好省地完成施工任务。

10.1.2 施工项目现场管理的原则

施工项目现场管理是全部施工管理活动的主体，应遵照下述四项基本原则进行。

1. 讲求经济效益

施工生产活动既是建筑产品实物形态的形成过程，也是工程成本的形成过程。因此，应认真做好施工项目现场管理，合理组织各项资源，以提高工程质量；同时，还应努力降低工程成本，减少劳动消耗和资金占用，从而提高施工企业的经济效益和社会效益。

2. 讲究科学管理

为了实现提高经济效益的目的，必须讲究科学管理，就是在生产过程中运用符合现代化大工业生产规律的管理制度和方法。因为现代施工企业从事的是多工种协作的大工业生产，不能只凭经验管理，而必须形成一套管理制度，用制度控制生产过程，这样才能保证生产出高质量的建筑产品，取得良好的经济效益。

3. 组织均衡施工

均衡施工是指施工过程中在相同的时间内所完成的工作量基本相等或稳定递增，即有节奏、有组织的施工。不论是整个企业，还是某一个具体工程，都要求做到均衡施工。

组织均衡施工符合科学管理的要求。均衡施工有利于保证工程设备和人力资源的均衡负荷，提高设备利用率、周转率和工时利用率；有利于建立正常的施工秩序和管理秩序，保证产品质量和施工安全；有利于节约物资消耗，减少资金占用，降低成本。

4. 组织连续施工

连续施工是指施工过程连续不断进行。建筑施工生产由于自身固有的特点，极容易出现施工间隔情况，造成人力、物力的浪费。这就要求施工管理通过统筹安排，科学地组织生产过程，使其连续进行，尽量减少中断，避免设备闲置、人力窝工，充分发挥企业的生产潜力。

10. 1. 3　施工项目现场管理的内容

1. 规划及报批施工用地

(1) 根据施工项目建筑用地的特点科学规划，充分、合理地使用施工现场场内占地。

(2) 当场地内空间不足时，应会同建设单位按规定向城市规划部门、公安交通部门申请施工用地，经批准后方可使用场外临时用地。

2. 设计施工现场平面图

(1) 根据建筑总平面图、单位工程施工图、拟定的施工方案、现场地理位置和环境及政府部门的管理标准，充分考虑现场布置的科学性、合理性、可行性，设计施工总平面图、单位工程施工平面图。

(2) 单位工程施工平面图应根据施工内容和分包单位的变化，设计出阶段性施工平面图，并在阶段性进度目标开始实施前通过协调会议确认后实施。这样就能按照施工部署、施工方案和施工总进度计划的要求，将施工现场的交通道路、材料仓库、附属生产或加工企业、临时建筑以及临时水、电管线等进行合理规划和部署，用图纸的形式表达施工现场施工期间所需各项设施与永久建筑、拟建工程之间的空间关系，使施工现场进行有组织、有计划的文明施工。

3. 建立施工现场管理组织

(1) 项目经理全面负责施工过程的现场管理，并建立施工项目现场管理组织体系，包括土建、设备安装、质量技术、进度控制、成本管理、要素管理、行政管理在内的各种职能管理部门。

（2）施工项目现场管理组织应由主管生产的副经理，主任工程师，分包人，生产、技术、质量、保卫、消防、材料、环保和卫生等管理人员组成。

（3）建立施工项目现场管理规章制度、管理标准、实施措施、监督办法和奖惩制度。

（4）根据工程规模、技术复杂程度和施工现场的具体情况，遵循“谁生产谁负责”的原则，建立按专业、岗位、区片的施工现场管理责任制，并组织实施。

（5）建立现场管理例会和协调制度，通过调度工作实施动态管理。

4. 建立文明施工现场

一个工地的文明施工水平是该工地乃至所在企业各项管理工作水平的综合体现。文明施工水平的高低从侧面反映了建设者的文化素质和精神风貌。

5. 及时清场转移

（1）施工结束后，应及时组织清场，向新工地转移。

（2）组织剩余物资退场，拆除临时设施，清除建筑垃圾，按市容管理要求，恢复临时占用土地。

10.2 现场文明施工管理

文明施工是指保持施工场地整洁卫生、施工组织科学、施工程序合理的一种施工现象，是现代施工生产管理的一个重要组成部分。通过加强现场文明施工管理，可提高施工生产管理水平和劳动生产率，降低工程成本，促进安全生产，保证各项经济、技术指标的实现。

10.2.1 现场文明施工管理的内容和措施

1. 现场文明施工管理的内容

实现文明施工不仅要着重做好现场的场容管理工作，而且还要做好现场材料、机械、安全、技术、保卫、消防和生活卫生等管理工作。现场文明施工管理的主要内容包括以下几点。

（1）场容管理

场容管理包括现场的平面布置，现场的材料、机械设备和施工用水、用电管理。

（2）安全生产管理

安全生产管理包括工程项目的内外防护、个体劳保用品的使用、施工用电以及施工机械的安全保护。

（3）环境卫生管理

环境卫生管理包括生活区、办公区、现场厕所的管理。

（4）环境保护管理

环境保护管理主要指防止施工现场的水源、大气和噪声污染。

（5）消防保卫管理

消防保卫管理包括现场的治安保卫、防火救火管理。

2. 现场文明施工管理的具体措施

（1）遵循国务院及地方建设行政主管部门颁布的施工现场管理法规和规章，认真管理施工现场，并制定《施工现场创文明安全工地实施细则》《施工现场文明安全工地管理检查办法》等。

（2）按审核批准的施工总平面图布置和管理施工现场，规范场容。

（3）项目经理应对施工现场场容、文明形象管理作出总体策划和部署，分包人应在项目经理部的指导和协调下，按照分区划块原则，做好分包人施工用地场容、文明形象管理的规划。

（4）经常检查施工项目现场管理的落实情况，听取社会公众、近邻单位的意见，发现问题，及时解决，不留隐患，避免事故再度发生，并实施奖惩措施。

（5）接受政府建设行政主管部门的考评机构和企业对建设工程施工现场管理的定期抽查、日常检查、考评和指导。

（6）对施工项目现场的文明施工进行检查和评定。文明施工的检查、评定按其内容性质可分解为场容、材料、技术、机械、安全、保卫消防和生活卫生等管理分项，分别由有关业务部门列出具体项目，作出检查评分表，逐项检查、评分，根据检查评分结果，确定工地文明施工等级，如文明工地、合格工地或不合格工地等，见表 10-1。

表 10-1　现场文明施工检查评分表（场容管理部分）

施工单位		工地名称		
序号	检查项目	应得分	实得分	检查意见
1	工地入口及标牌	6		
2	场容管理责任制	8		
3	现场场地平整、道路坚实通畅	10		
4	临时水电专人管理	6		
5	临时设施搭建	8		
6	工完场清	12		
7	砂浆、混凝土在搅拌、运输、使用过程中不撒、不漏、不剩	12		
8	成品保护措施和设施	8		

续表

施工单位		工地名称		
序号	检查项目	应得分	实得分	检查意见
9	建筑物内垃圾、渣土的清除、下卸	10		
10	建筑垃圾的堆放及外运	8		
11	施工现场的围挡、宣传标语和黑板报	12		
应得分：100　　实得分： 折合标准分为：20%＝				

检查人：　　　　　　　　　　　　检查日期：　　　年　月　日

（7）加强施工现场文明建设，展示和宣传企业文化，塑造企业以及项目经理部的良好形象。

10.2.2　场容管理

场容是指施工现场，特别是主现场的现场面貌，包括人口、围护、场内道路、堆场的整齐清洁、办公室内环境以及现场人员的行为等。施工项目的场容管理实际上是根据施工组织设计的施工总平面图对施工现场的平面管理。它是保持良好的施工现场秩序，保证交通道路和水电畅通，实现文明施工的前提。

施工现场场容管理的基本内容包括：严格按照有关部门的要求进行管理；严格按照施工平面图的规定兴建各项临时设施，堆放大宗材料、成品、半成品及生产设备；审批各单位需用场地的申请，根据不同时间和不同需要，结合实际情况，在平面图设计的基础上进行合理调整；贯彻当地政府关于场容管理的有关条例，实行场容管理责任制度，做到场容整齐、清洁、卫生、安全、防火、交通畅通等。

1. 设置现场标志牌

施工项目现场要有明显的标志，原则上所有施工现场均应设置围墙，凡设出入口的地方均应设门，以利于管理。在施工现场门头应设置企业名称标志，在门口旁边明显的地方应设立标牌，标明工程名称、建设单位、施工单位和现场负责人姓名等。在施工现场主要进出口处醒目位置设置施工现场公示牌和施工总平面图，主要包括以下标志。

（1）工程概况牌，包括工程规模、性质、用途、发包人、设计人、承包人和监理单位的名称，施工起止年月等。

（2）施工总平面图。

（3）安全无重大事故记时牌。

（4）安全生产、文明施工牌。

（5）项目主要管理人员名单及项目经理部组织机构图。

（6）防火须知牌及防火标志（设在施工现场重点防火区域和场所）。

（7）安全纪律牌（设在相应的施工部位、作业点、高空施工区及主要通道口）。

2. 依法管理

遵守有关规划、市政、供电、供水、交通、市容、安全、消防、绿化、环保、环卫等部门的法规和政策，接受其监督和管理，尽量避免和降低施工作业对环境的污染和对社会生活正常秩序的干扰。

3. 按施工总平面图管理

严格按照已批准的施工总平面图或单位工程施工平面图划定的位置，井然有序地布置下列设施：施工项目的主要机械设备、脚手架、模板；各种加工厂、棚，如钢筋加工厂、木材加工厂、混凝土搅拌棚等；施工临时道路及进出口；水、电、气管线；材料制品堆场及仓库；土方及建筑垃圾；变配电间、消防设施；警卫室、现场办公室；生产、生活和办公用房等临时设施、加工场地、周转使用场地等。

4. 实行现场封闭管理

施工现场应实行封闭管理，在现场周边需设置临时维护设施（市区内高度不低于1.8 m），维护材料要符合市容要求；在建工程应采用密闭式安全网全封闭。

5. 实行物料分类管理

施工物料器具除应按照施工总平面图指定的位置布置外，还应根据不同特点和性质，规范布置方式和要求，做到位置合理、码放整齐、限宽限高、上架入箱、规格分类、挂牌标识，便于来料验收、清点、保管和出库使用。

6. 利于现场给水、排水

施工现场用水一般与当地的市政水源连接，保证施工用水，否则要开采地下水进行供应。施工现场的排水工作十分重要，尤其是在雨季，若场地排水不畅，会影响施工和运输的顺利进行。在施工现场应设置排水沟、渠系统；工地地面宜做硬化处理，做到场地不积水、不堆积泥浆，保持道路干燥坚实。

7. 采用流水作业管理

施工过程应采用流水作业管理，尽量避免前后反复；在平面和空间上也要进行合理分块分区，尽量避免各分包或各工种交叉作业、互相干扰，以维持正常的施工秩序。采用流水作业管理有利于提高劳动生产率，缩短施工工期，充分发挥管理水平，降低工程成本。

8. 现场场地管理

工人操作地点和周围必须清洁整齐，做到活完脚下清、工完场地清，杜绝废料残渣遍地、好坏材料混杂的现象。此外，还应做好原材料、成品、半成品、临时设施的保护工作。

10.2.3 环境保护

施工现场的环境保护工作非常重要。随着环境的日益恶化，施工现场的环境保护问题日益突出，故应从大局出发，做好施工现场的环境保护工作。

1. 废弃物处理

（1）施工现场泥浆、污水未经处理不得直接排入城市排水设施和河流、湖泊、池塘等。

（2）除有符合规定的装置外，不得在施工现场熔化沥青和焚烧油毡、油漆等，亦不得焚烧其他可产生有毒有害烟尘和恶臭气味的废弃物，禁止将有毒有害废弃物做土方回填。

（3）建筑垃圾、渣土应在指定地点堆放，及时运到指定地点清理；高空施工的垃圾和废弃物应采用密闭或其他措施清理搬运；装载建筑材料、垃圾、渣土等散碎物料的车辆应有严密遮挡措施，防止飞扬、洒漏或流溢；进出施工现场的车辆应经常冲洗，保持清洁。

2. 施工障碍物处理要求

（1）在居民区和单位密集区进行爆破作业、打桩作业等施工前，项目经理部除按规定申请批准外，还应将作业计划、影响范围和程度、有关措施等情况，向当地居民和有关单位通报说明，取得协作和配合。

（2）经过施工现场的地下管线应由发包人（建设单位）在施工前通知承包人（施工单位），标出位置，加以保护。

（3）施工中若发现文物、古迹、爆炸物、电缆等，应当停止施工，保护好现场并及时向有关部门报告，按照有关规定处理后方可继续施工。

（4）施工中需要停水、停电、封路而影响环境时，必须经有关部门批准，事先告示并设标志。

10.2.4 防火保安要求

（1）做好施工现场的保卫工作，采取必要的防盗措施。现场应设立门卫，根据需要设置警卫；施工现场的主要管理人员应佩戴证明其身份的证卡，应采用现场工人人员标识，有条件时可对进出场人员使用磁卡管理。

（2）承包人必须严格按照《中华人民共和国消防条例》的规定，在施工现场建立和执行防火管理制度，现场必须安排消防车出入口和消防道路，设置符合要求的消防设施，保持完好的备用状态。在容易发生火灾的地区或储存、使用易燃易爆器材时，承包人应当采取特殊的消防安全措施。施工现场严禁吸烟，必要时可设吸烟室。

（3）施工现场的通道、消防入口、紧急疏散楼道等，均应有明显标志或指示牌；有高度限制的地点应有限高标志；临街脚手架、高压电缆、起重把杆回转半径伸至街道的，均应设安全隔离棚；在行人、车辆通行的地方施工，应当设置沟、井、坎、穴覆盖物和标志，夜间设置灯光警示标志；危险品库附近应有明显标识及围挡措施，并设专人管理。

(4) 施工中需要进行爆破作业的必须经上级主管部门审查批准，并持说明爆破器材的品名、数量、用途的文件和相关的安全操作规程，向所在地县、市公安局申领“爆破物使用许可证”，由具备爆破资质的专业人员按有关规定进行施工。

(5) 关键岗位和有危险作业活动的人员必须按有关部门规定，经培训、考核持证上岗。

(6) 承包人应考虑规避施工过程中的一些风险因素，向保险公司投施工保险和第三者责任险。

10.2.5　卫生防疫及其他

施工现场应准备必要的医疗保健设施，在办公室内显著地点张贴急救车和有关医院的电话号码；施工现场不宜设置职工宿舍，如须设置时应尽量和施工现场分开；现场应设置饮水设施，食堂、厕所要符合卫生要求，根据需要制定防暑降温措施，进行消毒、防毒和注意食品卫生等；施工现场应进行节能节水管理，必要时下达使用指标；参加施工的各类人员都要保持个人卫生，仪表整洁，同时还应注意精神文明，遵守公民社会道德规范，不打架、赌博、酗酒等。

10.3　施工项目安全管理概述

10.3.1　安全管理的概念

安全管理

施工项目安全管理是指经营管理者对施工生产过程中的安全生产工作进行的策划、组织、指挥、协调、控制和改进的一系列活动，其目的是保证在生产经营活动中的人身安全、资产安全，促进生产的发展，保持社会的稳定。安全管理的对象是生产中的一切人、物及环境。安全管理是一种动态管理。

安全管理是施工项目的重要控制目标之一，是企业生产管理的重要组成部分，也是衡量施工项目管理水平的重要标志。因此，施工项目必须把实现安全生产当作组织施工活动的重要任务。

10.3.2　安全管理的范围

安全管理的中心问题是保护生产活动中人的安全与健康，保证生产顺利进行。按侧重点不同，安全管理一般可分为劳动保护、安全技术和工业卫生三部分内容。

1. 劳动保护

劳动保护是人们在生产活动中采取的保护性措施，用以保护人体的安全和健康。劳动保护是通过政策、规程、条例、制度等形式，规范操作或管理行为，从而使劳动者的劳动安全与身体健康得到应有的法律保障。

2. 安全技术

安全技术研究生产技术中的安全问题，主要是针对生产劳动中的不安全因素，研究控制措施来预防工伤事故的发生。安全技术侧重对劳动手段和劳动对象的管理，包括预防伤亡事故的工程技术和安全技术规范、技术规定、标准、条例等，以规范物的状态，减轻或消除对人的威胁。

3. 劳动卫生

劳动卫生是研究预防有害健康的劳动引起的职业中毒或职业病问题。劳动卫生的研究内容是物理、化学等不卫生因素促成的慢性职业病的预防。

10.4 安全管理措施

安全管理措施是安全管理的方法与手段，管理的重点是对生产各因素的状态约束与控制。根据施工生产的特点，安全管理措施带有鲜明的行业特色。

10.4.1 成立安全生产管理机构

建筑施工企业应建立起各级安全检查的专门机构，负责施工生产过程中的安全检查工作。专职安全机构应按国家和建设部的有关规定进行设置，并配备适当的专、兼职安全人员。一般在公司设安全技术部，在分公司设安全技术科，在施工项目上设专职安全员，在工人班组设兼职安全员。

10.4.2 落实安全生产责任制，实施责任管理

安全生产责任制是企业责任制度的重要组成部分，是安全管理制度的核心。建立和贯彻安全生产责任制，就是把安全与生产在组织上统一起来，把“管生产必须管安全”的原则在制度上固定下来，做到安全工作层层有分工，事事有人管。

企业安全生产责任制的内容，概括地说就是企业各级领导、各级工程技术人员、各个职能部门以及岗位工人在各自的职责范围内对安全工作应负的责任。安全生产责任制的具体内容一般包括各级领导安全生产责任制、有关部门的安全生产责任制、操作岗位的安全生产责任制、安全专业管理责任制等。

10.4.3　安全教育

1. 安全教育的内容

进行安全教育，不仅要使操作者掌握安全生产知识，而且要使其在作业过程中表现出安全的行为。安全教育培训的主要内容应包括安全法制、安全思想、安全知识、安全技能和事故案例教育。

（1）安全法制教育主要是学习安全生产法律、法规、制度和安全纪律等，通过法制教育可以激发人们自觉地遵纪守法。

（2）安全思想教育从提高全员的安全意识入手，使全体人员能时时讲安全，处处注意安全。

（3）安全知识教育主要从企业的基本生产概况、施工工艺方法、危险区、危险部位及各类不安全因素和有关安全生产防护的基本知识入手。

（4）安全技能教育就是结合各种专业特点，实施安全操作、规范操作的技能培训，使其掌握本工种的安全操作技术。

（5）事故案例教育可以使施工人员从事故教训中吸取有益的东西，预防类似事故的发生，这类教育可以定期或不定期地进行实施。

2. 安全教育的形式

（1）新工人三级安全教育

新工人三级安全教育对新工人或调换工种的工人，必须按规定进行公司（即企业）、项目（或工程处、施工处、工区）和班组的三级安全教育和技术培训，经考核合格，方准上岗。

（2）特种工种的安全教育

特种工种的安全教育对电工、电气焊工、起重吊装工、机械操作工、架子工等从事特殊工种作业的人员，必须经过国家有关部门的安全教育和安全技术培训，经过考核合格并取得操作证者才能独立作业。

（3）安全生产的经常性教育

施工企业在做好新工人入场教育、特种作业人员安全生产教育和各级领导干部、安全管理干部的安全生产培训的同时，还必须把经常性的安全教育贯穿于管理工作的全过程，并根据接受教育对象的不同特点，采取多层次、多渠道和多种方法进行。

10.4.4　安全检查

安全检查是发现不安全行为和不安全状态的重要途径，是对施工中的不安全因素进行预测、预报、预防的重要措施。因此，施工现场应建立安全检查制度，对安全施工规章制度的建立与落实、施工现场安全措施和有关安全规定的执行情况进行检查。

提 示

施工现场的安全检查可以采用定期检查、突击性检查和特殊检查等形式。安全检查的重点是违章指挥和违章作业。

安全检查的主要内容有：查思想、查领导、查制度、查管理、查现场、查隐患、查事故处理。

1. 查思想、查领导

查思想、查领导就是检查企业全体职工对安全生产的思想认识，而各级领导的思想认识是主要的，是检查的重点。“安全工作好不好，关键在领导”的说法，实践证明是很有道理的，所以在安全检查中，首先要从查思想、查领导入手。

2. 查制度、查管理

查制度、查管理就是检查企业安全生产的规章制度是否健全，在生产活动中是否得到了贯彻执行，符合不符合“全、细、严”的要求。

3. 查隐患、查整改

查隐患、查整改就是检查施工生产过程中存在的可能导致事故发生的不安全因素，对各种隐患提出具体整改要求，并及时通知有关单位和部门，制定措施督促整改，保持工作环境处于安全状态。

拓展阅读

危险源与事故

危险源是可能导致人身伤害或疾病、财产损失、工作环境破坏或以上情况组合的危险因素或有害因素。危险源可分为以下两类：第一类危险源是可能发生意外释放的能量的载体或危险物质，如电线和电、硫酸容器和硫酸、爆炸物品等；第二类危险源是造成约束、限制能量措施失效或破坏的各种不安全因素，如工人违反操作规程、不良的操作环境和条件、物的不安全状态等。

一般情况下，事故的发生是两类危险源共同作用的结果。第一类危险源是事故发生的前提，属于隐性因素。第二类危险源的出现是第一类危险源导致事故发生的必要条件，属于显性因素。在事故的发生发展过程中，两类危险源相互依存，相辅相成。第一类危险源是事故发生的主体，决定事故的严重程度；第二类危险源的出现难易，决定事故发生的可能性大小。

10.5 安全事故的处理

10.5.1　事故报告

（1）伤亡事故发生后，负伤者或者事故现场有关人员应当立即直接或者逐级报告企业负责人。

（2）企业负责人接到重伤、死亡、重大死亡事故报告后，应当立即报告企业主管部门和企业所在地劳动部门、公安部门、人民检察院、工会。

（3）企业主管部门和劳动部门接到死亡、重大死亡事故报告后，应当立即按系统逐级上报；死亡事故报至省、自治区、直辖市企业主管部门和劳动部门；重大死亡事故报至国务院有关主管部门、劳动部门。

（4）发生死亡、重大死亡事故的企业应当保护事故现场，并迅速采取必要措施抢救人员和财产，防止事故扩大。

10.5.2　事故处理

（1）事故调查组提出的事故处理意见和防范措施建议，由发生事故的企业及其主管部门负责处理。

（2）因忽视安全生产、违章指挥、违章作业、玩忽职守或者发现事故隐患、危害情况而不采取有效措施以致造成伤亡事故的，由企业主管部门或者企业按照国家有关规定，对企业负责人和直接责任人员给予行政处分；构成犯罪的，由司法机关依法追究刑事责任。

（3）违反规定，在伤亡事故发生后隐瞒不报、谎报、故意迟延不报、故意破坏事故现场，或者无正当理由拒绝接受调查以及拒绝提供有关情况的相关资料的，由有关部门按照国家有关规定，对有关单位负责人给予行政处分；构成犯罪的，由司法机关依法追究刑事责任。

（4）在调查、处理伤亡事故中玩忽职守、徇私舞弊或者打击报复的，由其所在单位按照国家有关规定给予行政处分；构成犯罪的，由司法机关依法追究刑事责任。

（5）伤亡事故处理工作应当在 90 日内结案，特殊情况不得超过 180 日。伤亡事故处理结案后，应当公开宣布处理结果。

项 目 小 结

本项目从施工现场安全管理概述入手，主要介绍了现场安全管理的重要性；通过学习现场文明施工管理，介绍了提升施工现场文明程度的内容及具体措施；施工项目安全管理概述部分阐明了安全管理的总体框架和要求；安全管理措施部分介绍了预防安全事故的具体措施；最后，介绍了如何有效处理和应对突发的安全事故。通过对施工现场与安全管理的深入探讨，帮助读者建立对现场安全管理的全面认识。

课 后 习 题

1. 施工项目现场管理的基本任务是什么？
2. 施工项目现场管理的原则是什么？
3. 现场文明施工管理的主要内容有哪些？
4. 施工现场安全检的内容有哪些？

项目11

施工项目风险管理

项目导读

施工项目风险管理是确保项目顺利完成并达到预期目标的重要过程。施工项目常常面临各种潜在风险，包括技术风险、环境风险、市场风险等。本项目将深入了解施工项目风险的基本概念，识别、分析、评价和控制风险的方法。有效的风险管理不仅可以减少项目的不确定性，还能提高项目成功的概率。

学习目标

知识目标

1. 理解施工项目风险的基本概念和分类。
2. 掌握工程项目风险识别的方法和技巧。
3. 学会进行风险分析与评价，了解如何评估风险的影响和发生概率。
4. 熟悉风险控制的策略和措施，能够制定有效的风险控制方案。

能力目标

1. 能够系统地识别施工项目中的各种潜在风险。
2. 能够运用科学的方法进行风险分析和评价。
3. 具备制定和实施风险控制计划的能力，减少或消除风险的负面影响。
4. 能够根据项目实际情况调整风险管理策略，确保项目目标的实现。

素质目标

1. 培养学生细致周到的工作态度，准确识别和分析风险。
2. 增强学生解决复杂问题的能力，在面对风险时能够保持冷静并做出合理决策。
3. 提高学生风险应对和管理能力，能够灵活调整策略以适应变化的环境和条件。

思政目标

1. 引导学生理解风险管理在保障社会资源有效利用和维护公共利益中的重要作用。
2. 强调职业道德，鼓励学生在风险管理过程中保持诚信和透明，确保决策的公正性。

11.1 施工项目风险概述

风险（risk）在项目管理中是一个重要的概念，但到目前为止还没有完全统一的定义。较为普遍的定义有以下两种。

（1）风险是在给定情况下和特定时间内可能发生的结果之间的差异。

（2）风险是不期望发生事件的客观不确定性。

施工项目风险

11.1.1 风险的特性

1. 风险的不确定性

风险事件的发生及其后果都具有不确定性，表现在：风险事件是否发生，何时发生，发生之后会造成什么样的后果等均是不确定的。

2. 风险的相对性

风险总是相对于事件的主体而言的。同样的不确定事件对不同的主体有不同的影响。人们对于风险事件都有一定的承受能力，但是这种能力因活动、人、时间而异。

3. 风险的可变性

任何事物都会发展变化。风险事件也不例外，当引起风险的因素发生变化时，必然会导致风险发生变化。

11.1.2 风险的分类

1. 按风险后果划分

按所造成的后果不同，风险可分为纯粹风险和投机风险。

（1）纯粹风险

纯粹风险只会造成损失，而不会带来机会或收益。例如，自然灾害，它一旦发生，将会导致重大损失，甚至人员伤亡；如果不发生，只是不造成损失而已，不会带来额外的收益。

（2）投机风险

投机风险可能带来机会，获得利益；但也可能隐含威胁，造成损失。

2. 按风险来源划分

按来源不同，风险可分为自然风险和人为风险。

（1）自然风险

自然风险是由于自然力的作用，造成财产毁损或人员伤亡的风险。例如，水利工程施工过程中，因发生超标准洪水或地震，造成工程破坏、材料及器材损失。

（2）人为风险

人为风险是由于人的活动而带来的风险。人为风险又可分为行为风险、经济风险、技术风险、政治风险和组织风险等。

3. 按风险的对象划分

按对象不同，风险可分为财产风险、人身风险和责任风险。

（1）财产风险

财产风险是指财产所遭受损害、破坏或贬值的风险，如设备、正在建设中的工程因自然灾害而遭受损失等。

（2）人身风险

人身风险是指由于疾病、伤残、死亡所引起的风险。

（3）责任风险

责任风险是指由于法人或自然人的行为违背了法律、合同或道义上的规定，给他人造成财产损失或人身伤害的风险。

4. 按风险产生的原因划分

按产生原因不同，风险可分为政治风险、社会风险、经济风险、自然风险和技术风险。

（1）政治风险

政治风险主要是指项目所处宏观环境的局势稳定性，项目建设和运营所受到的法律法规约束和政策性调控影响，以及项目的审核批准过程中存在的各种不确定性问题。

（2）社会风险

社会风险主要是指项目所在地区的技术经济发展水平，对项目的支持配合力度和协作化程度，以及地区的社会治安状况等。

（3）经济风险

经济风险在项目的全寿命周期内长期存在，影响频率高，交叉作用多，原因较为复杂，主要有合同风险、建设成本风险、项目的竣工风险、税收政策风险等。

（4）自然风险

自然风险包括自然界气候的变化、灾害的发生和项目厂址选择经常遇到的不良地质条件等不确定性因素，是每个项目都无法避免的。

（5）技术风险

技术风险大多属于人为的风险，是人们在进行预测、决策、评估和各种技术方案的选择制定时，受知识水平限制而产生的不确定性。

拓展阅读

什么是风险因素

风险因素是指能够引起或增加风险事件发生的机会或影响损失的严重程度的因素，是造成损失的内在或间接原因。根据其性质的不同，可将风险因素分为实质性风险因素、道德风险因素和心理风险因素。实质性风险因素是指能直接引起或增加损失发生机会或损失严重程度的因素，如环境污染就是影响人身体健康的实质性因素；道德风险因素是指由于人的品德、素质不良，促使风险事件发生的因素，如诈骗、偷工减料等行为；心理风险因素是指由于人主观上的疏忽或过失而导致风险事件发生的因素，如遗忘、侥幸导致损失的发生等。

11.1.3 工程项目风险管理概述

工程项目风险管理是指项目主体通过风险识别、风险估计和风险评价等来分析工程项目的风险，并以此为基础，使用多种方法和手段对项目活动涉及的风险实行有效控制，尽量扩大风险事件的有利结果，妥善处理风险事件造成的不利后果的全过程的总称。

在项目管理中，风险管理属于一种高层次的综合性管理工作，它是分析和处理由不确定性产生的各种问题的一整套方法，包括风险识别、风险分析与评价、风险控制、风险处理。

工程项目风险管理的特点如下。

（1）工程项目风险管理的主体是工程项目的当事人。

（2）工程项目风险管理由工程项目风险识别、风险估测、风险控制和风险效果评价等环节构成，其核心是优化组合各种工程项目风险管理技术。

（3）工程项目风险管理的目标是以最低的成本获得最大的安全保障。

（4）工程项目风险管理是一个动态化的过程，必须根据风险状态的变化及时调整风险管理的方案，以获得好的风险管理效果。

11.2　工程项目风险识别

风险识别是指对所有可能的风险事件来源和结果进行实事求是地调查分析。它是工程项目风险管理的第一步，也是风险管理的基础。

11.2.1　工程项目风险识别过程

工程项目风险识别的过程包括五个环节，如图 11-1 所示。

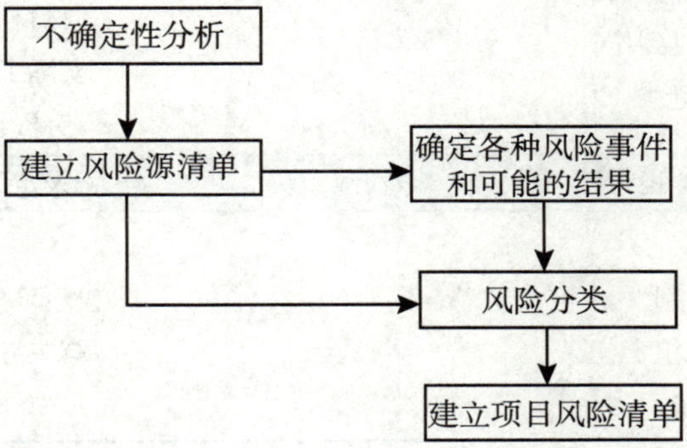

图 11-1　工程项目风险识别过程图

1. 工程项目不确定性分析

影响工程项目的因素很多，且许多是不确定的。风险管理首先要对这些不确定因素进行分析，识别其中有哪些会使工程项目发生风险，并分析潜在损失或危险的类型。

2. 建立初步风险源清单

在项目不确定性分析的基础上，将不确定因素及其可能引发的损失或危险类型列入清单，作为进一步分析的基础。对每一种风险来源均要作文字说明，说明中应包括以下内容。

（1）风险事件的可能后果。

（2）风险发生时间的估计。

（3）风险事件预期发生次数的估计。

3. 确定各种风险事件和潜在结果

根据风险源清单中的各风险源，推测可能发生的风险事件，以及相应风险事件可能出现的损失。

4. 进行风险分类或分组

根据工程项目的特点，按风险的性质、可能的结果及彼此间可能发生的关系对风险进行分类。在工程项目的实施阶段，其风险可见表 11-1。

表 11-1　施工实施阶段风险分类表

业主风险	承包商风险
征地 现场条件 及时提供完整的设计文件 现场出入道路 建设许可证和其他有关条例 政府法律规章的变化 建设资金及时到位 工程变更	工人和施工设备的生产率 施工质量 人力、材料和施工设备的及时供应 施工安全 材料质量 技术和管理水平 材料涨价 实际工程量 劳资纠纷
业主和承包商共担风险	**未定风险**
财务收支 变更令谈判 保障对方不承担责任 合同延误	不可抗力 第三方延误

对风险进行分类的目的：一方面是加深对风险的认识和理解；另一方面是为了进一步识别风险的性质，从而有助于制定风险管理的目标和措施。

5. 建立工程项目风险清单

按工程项目风险的大小或轻重缓急，将风险事件列成清单，给人们展示出工程项目面临总体风险的情况，并把全体项目管理人员统一起来，使他们不仅考虑到自己管理范围内所面临的风险，而且也了解到其他管理人员所面临的风险以及风险之间的联系和可能的连锁反应。工程项目风险清单的编制一般应在风险分类分组的基础上进行，编制时需对风险事件的来源、发生时间、发生的后果和预期发生的次数作出说明。

11.2.2　风险识别方法

原则上，风险识别可以从原因查结果，也可以从结果反过来找原因。从原因查结果，就是先找出本项目会有哪些事件发生，发生后会引起什么样的结果。例如，项目进行过程中，关税会不会变化，关税税率的提高和降低各会引起什么样的后果。从结果找原因，则是从某一结果出发，查找引发这一结果的原因。例如，建筑材料涨价引起项目超支，哪些因素引起建筑材料涨价；项目进度拖延了，造成进度拖延的因素有哪些等。

风险的识别是一项复杂的工作，在工程项目风险管理实践中，通常可采用调查询问、财务报表分析、流程图绘制、现场考察、统计分析、外部咨询等方法来发现并具体描述各项风险。

1. 分析问询法

这种方法是通过向有关专家、当事人提出一系列有关财产和经营的问题，以了解相关风险因素，并获得各种信息。值得注意的是，所提出的问题应具有指导性和代表性，所问询的人士应能提供准确的信息，凭主观想象或推测的信息不能作为决策依据；问询面应尽可能广泛，所提问题应有不定期深度，还应尽可能具体。

2. 分析财务报表法

财务报表有助于确定一个特定工程项目可能遭受的损失以及在何种情况下会遭受这些损失。通过分析资产负债表、营业报表及有关补充材料，可以识别企业当前的所有资产、负债及人身损失风险。将这些报表和财务预测、预算结合起来，可以发现未来风险。

3. 绘制流程图法

将一个工程项目的经营活动按步骤或阶段顺序以模块形式组成一个流程图，每个模块中都标出各种潜在的风险或利弊因素，从而给决策者一个清晰具体的印象。

4. 现场考察法

现场考察对于识别风险非常重要。通过直接考察现场可以发现许多客观存在的静态因素，也有助于预测、判断某些动态因素。例如，工程投标报价前的现场勘探，可以使承包商对投标的工程基本做到心中有数，特别是对于工程实施的基本条件、现场及周围环境取得第一手材料。

现场考察是风险不可缺少的手段。现场考察除可获取直接资料外，还可设法获取间接资料，而且要对所掌握的资料认真研究，以便去伪存真。

5. 统计分析法

参考以前的统计记录对判断未来有可能出现的风险事件极为有益，特别是在工程项目的投标报价阶段，查询竞争对手在历次投标中的报价记录及得标概率，对于提高自己投标的命中率尤为重要。

6. 向外部咨询法

从客观上识别主要风险，但针对各种细节就有必要向有关行业或专家进一步咨询。例如，业主或投资者需要委托咨询公司完成可行性研究报告；承包商在投标报价前必须向保险公司、材料设备供应商咨询价格；风险管理人员或企业决策人也需要向外部咨询等。

向外部咨询应建立在以自己识别为主的前提下。因为外部咨询人员所提供的情况往往具有共性，而带有共性的风险对于不同的人不一定都是风险。向外部咨询只是为了进一步完善或核实自己的风险识别工作。

11.3 风险分析与评价

风险分析和评价是风险识别和管理之间的纽带，是风险决策的基础。风险分析是应用各种分析技术，用定量、定性或两者相结合的方式处理不确定的过程，其目的是评价风险的可能影响。

在项目生命周期的全过程中，会出现各种不确定性，这些不确定性将对项目目标的实现产生积极或消极的影响。项目风险分析就是对将出现的各种不确定性及其可能造成的各种影响和影响程度进行分析和评估。

11.3.1 定性风险评价

1. 主观风险评价法

传统的主观风险评价方法主要包括经验观察法、资产负债表透视法、企业股票跟踪法、事件推测法等。现代的主观风险评价方法则致力于将传统主观方法涉及的因素综合在一起，并且设法将传统主观方法的定性分析特征转向定量分析上，由此将主观分析扩展到能够同时完成综合评价风险因素与测量风险临界值的双重任务。

最具代表性的现代主观风险评价法是“A 记分”方法。“A 记分”方法首先试图将与风险企业的风险有关系的各种现象或标志性因素列出，其次根据对企业经营成败的影响大小进行赋值，最后将这个企业的所得数值或记分加起来，即得该企业的确切风险程度。

该方法的思路是企业的经营失败并不是一下子突然发生的，而是有一个逐步滑坡的过程，在这个过程中，企业首先会发生一些经营上的错误；如果错误得不到纠正，企业就会出现明显的破产前兆，而这时若企业还不能悬崖勒马，则下一步必然破产。这一思路不仅给人们分析和判定风险企业的风险提供了很好的基础，而且也为以后考虑如何治理风险指出了一条道路。

2. 客观风险评价法

传统的客观风险评价法又称为财务比率分析法，因为其所依赖的所有数据都来自风险企业的财务账目。该方法利用的分析比率也是财务报表中常用的比率，主要包括资本结构比率、利润边际率、债务比率等。

而在现代客观风险评价中，最具代表性的是“Z 记分”方法。作为一种综合评价风险企业的方法，“Z 记分”方法首先挑选一组决定企业风险大小的最重要的财务和非财务数据比率，其次根据这些比率在预先显示或预测风险企业经营失败方面的能力大小给予不同的加权，最后将这些权数值进行加总，就得到一个风险企业的综合风险分数值，将其与临界值对比，就可知企业风险的危害程度。

11.3.2　定量风险评价

工程项目定量风险评价就是通过分析工程项目风险发生的频率和经济损失程度，并结合工程项目风险面临者的经济状况，分析为处理工程项目风险所付出的代价是否合理，从而为选择工程风险管理方法提供可靠的依据。常用的定量风险评价法主要有等风险图法、决策树法和网络模型法（包括关键线路法 CPM、计划评审技术 PERT、图形评审技术 GERT）。

11.4　风险控制

11.4.1　风险分配

项目风险是时刻存在的，这些风险必须在项目参加者（包括投资者、业主、项目管理者、承包商、供应商等）之间进行合理分配。只有每个参加者都有一定的风险责任，才能激发他们对项目管理和控制的积极性和创造性。只有合理地分配风险，才能调动各方面的积极性，才能实现项目的高效益。合理分配风险要依据以下原则进行。

1. 从工程项目整体效益的角度出发，最大限度发挥各方面的积极性

如果项目参加者都不承担风险，则他们就没有任何责任，当然也就没有积极性，就不可能搞好工作。如果采用成本加酬金合同，则承包商就没有任何风险责任，此时，承包商就会千方百计地提高成本以争取工程利润，最后将损害工程项目的整体效益。如果承包商承担全部的风险也不行，此时，为防备风险，承包商会提高要价，加大预算，而业主也因不承担风险将决策随便，盲目干预，最终同样会损害工程项目的整体效益。因此，只有让各方都承担相应的风险责任，通过风险的分配，加强责任心和积极性，以便更好地计划与控制。

2. 公平合理，责、权、利平衡

（1）风险的责任和权力是平衡的，有承担风险的责任，也要给予相应的权力，如果已有某些权力，同样也要承担相应的风险责任。

（2）风险与机会尽可能对等，对于风险的承担者应该同时享受风险控制获得的收益和机会受益。只有这样，才能使参与者勇于承担风险。

（3）承担的可能性和合理性。承担者应该有预测、计划、控制的条件和可能性，有迅

速采取控制风险措施的时间、信息等条件，只有这样，参与者才能理性地承担风险。

3. 符合工程项目的管理和通常的处理方法

国际惯用的国际咨询工程师联合会（international federation of consulting engineers, FIDIC）合同条款中，就明确规定了承包商和业主之间的风险分配，比较公平合理。

工程风险的分类主要基于风险防范和风险处理，是定性的、相对的。从性质上分析，可计量风险属于技术性风险，是常规性的、不可避免的风险，包括地质地基条件、材料供应、工程变更、技术、规范、设计等对施工造成的风险；非计量风险属于非技术性风险，发生的概率较小，是非常规性风险，包括经济、政治、不可抗力、组织协调等对施工造成的风险。

工程合同包含多种难以界定的变量因素，这些因素都能构成工程项目的风险。从性质上分析，合同风险属于非技术性风险，但工程合同中包含了大量的技术性条款，因此，对工程合同的风险分析既有定量分析又有定性分析。

11.4.2 风险处理对策

工程项目风险管理中有三种风险的处理对策，即风险控制、风险自留和风险转移。风险对策也可分为两类：风险控制对策和风险财务对策。本节按后者进行阐述。

1. 风险控制对策

采用风险控制可降低预期损失或使这种损失更具有可测性，从而改变风险。这种方法包括风险回避、风险预防、风险分离、风险分散及风险转移。

（1）风险回避

风险回避主要是中断风险来源，使其不发生或遏制其发展。回避风险有两种基本途径，一是拒绝承担风险，如了解到某工程项目风险较大，则不参与该工程的投标或拒绝业主的投标邀请；二是放弃以前所承担的风险，如了解到某一研究计划有许多新的、过去未发现的风险，决定放弃研究以避免风险。回避风险虽然是一种防范措施，但也是一种消极的防范手段。在现代社会经营中广泛存在着各种风险，要想完全回避是不可能的。同时，回避风险固然能避免损失，但也会失去获利的机会。

（2）风险预防与减少风险

风险预防是指减少风险发生的机会或降低风险的严重性，设法使风险最小化。通常有以下两种途径。

① 风险预防

风险预防是指采用各种预防措施以杜绝风险发生的可能。例如，供应商通过扩大供应渠道避免货物滞销；承包商通过提高质量控制标准防止因质量不合格而返工或罚款；工程现场管理人员通过加强安全教育和强化安全措施，减少事故的发生等。

② 减少风险

减少风险是指在风险损失已经不可避免的情况下，通过种种措施遏制风险势头使其不再蔓延。例如，承包商在业主付款超过合同规定期限的情况下停工或撤出施工队伍并提出索赔要求，甚至提起诉讼；业主在确信承包商无力继续实施其委托的工程时立即撤换承包商；施工事故发生后采取紧急救护等，都是为了达到减少风险的目的。

（3）风险分离

风险分离是指将各风险单位间隔开，以避免发生连锁反应或互相牵连。这种处理可以将风险局限在一定范围内，从而达到减少损失的目的。

风险分离常用于工程中的设备采购。为了尽量减少因汇率波动而导致的汇率风险，可在若干不同的国家采购设备，付款采用多种货币。

在施工过程中，承包商对材料进行分隔存放也是风险分离手段。这样可以避免材料集中于一处时遭受重大损失。

（4）风险分散

风险分散是指通过增加风险单位以减轻总体风险的压力，达到共同分摊集体风险的目的。工程项目总的风险有一定的范围，这些风险必须在项目参加者之间进行分配。风险分配通常在任务书、责任书、合同、招标文件等文件中规定。起草这些文件时，应对风险做出估计、定义和分配。

（5）风险转移

有些风险无法通过上述手段进行有效控制，经营者只好采取转移手段以保护自己。风险转移并非损失转嫁，也不是损人利己有损商业道德。因为有许多风险对一些人的确造成损失，但转移后并不一定给他人造成损失，原因是各人的优势不一样，对风险的承受能力也不一样。

风险转移的常用手段有工程承包的分包、技术转让或财产出租。合同、技术或财产的所有人通过分包工程、转让技术或合同、出租设备或房屋等手段将应由自己全部承担的风险部分或全部转移至他人，从而减轻了自身的风险压力。

2. 风险财务对策

采用财务措施即经济手段来处理确实会发生的损失，这些措施包括风险的财务转移、风险自留、风险准备金和自我保险。

（1）风险的财务转移

风险的财务转移是指寻求用外来资金补偿确实发生或业已发生的风险。风险的财务转移包括保险的风险财务转移（即通过保险进行转移）和非保险的风险财务转移（即通过合同条款达到转移的目的）。

保险的风险财务转移手段是购买保险。通过保险，投保人将自己本应承担的归咎责任（因他人过失而承担的责任）和赔偿责任（因本人过失或不可抗力所造成损失的风险责任）转嫁给保险公司，从而使自己免受风险损失。

非保险的风险财务转移手段是除保险以外的其他经济手段。例如，根据承包合同，业主可将其对公众在建筑物附近受到伤害的部分或全部责任转移至承包商，这种转移属于非保险的风险财务转移，而承包商则可通过投保第三者责任险，将这一风险转移至保险公司。非保险的风险财务转移的另一种形式是通过担保银行或保险公司开具保证书或保函。

（2）风险自留

风险自留是将风险留给自己承担，不予转移。这种手段有时是无意识的，即当初并不曾预测到有风险，不曾有意识地采取种种有效措施，以致最后只好由自己承受；但有时也可以是主动的，即有意识、有计划地将若干风险主动留给自己，这种情况下，风险承受人通常已做好了处理风险的准备。

主动的或有计划的风险自留是否合理明智，取决于风险自留决策的有关环境。风险自留在一些情况下是唯一可能的决策。企业有时不能预防损失，又不可能回避，且没有转移的可能性，别无选择，只能自留风险。但是，当风险自留并非唯一可能的对策时，风险管理人员应认真分析研究，通盘考虑，制定最佳决策。

提 示

决定风险自留必须符合以下条件之一。

（1）自留费用低于保险公司所收取的费用。

（2）企业的期望损失低于保险人的估计。

（3）企业有较多的风险抵押单位。

（4）企业的最大潜在损失或最大期望损失较小。

（5）短期内企业有承受最大潜在损失或最大期望损失的经济能力。

（6）风险管理的目标可以承受年度损失的重大差异。

（7）费用和损失支付分布于很长时间里，因而导致很大的机会成本。

（8）投资机会很好。

（9）内部服务或非保险人服务优良。

如实际情况与上述条件相反，应放弃自留风险的决策。

（3）风险准备金

风险准备金是从财务的角度为风险作准备，在计划（或合同）中另外增加一笔费用。例如，在投标报价中，承包商经常根据工程技术、业主的资信、自然环境、合同等方面风险的大小及发生的可能，在报价中加上一笔不可预见风险费。准备金的多少是一项管理决策。从理论上说，准备金的数量应与风险损失期望值相等，其公式为

$$风险准备金=风险损失\times发生的概率$$

此外，准备金的多少还应考虑到项目边界条件的状态。例如，对承包商来说，决定报

价中的不可预见风险费用要考虑到竞争者的数量、中标的可能性、项目对企业经营的影响等因素。

（4）自我保险

自我保险是指建立内部保险机制或保险机构，通过这种保险机制，承担企业的各种可能风险。尽管这种办法属于购买保险的范围或范畴，但这种保险机制或机构终归隶属于企业内部，即使购买保险的开支有时可能大于自留风险所需支出，但因保险机构与企业的利益一致，各家内部可能有盈有亏，而从总体上依然能取得平衡。

项 目 小 结

本项目通过对施工项目风险管理的全面讲解，构建了系统的风险管理框架。从施工项目风险概述开始，首先介绍了风险管理的重要性及基本原理；其次，识别了工程项目潜在的风险因素；再次，介绍了对风险进行详细分析和评估的方法；最后，通过学习风险控制，帮助读者能够制定并实施有效的措施以应对和控制识别出的风险。

课 后 习 题

1. 施工项目风险是如何分类的?
2. 工程项目风险管理的特点有哪些?
3. 施工项目风险识别的方法有哪些?
4. 合理分配风险需遵循哪些原则?

项目12 施工项目合同管理

项目导读

施工项目合同管理是确保项目顺利实施和保障各方权益的关键环节。合同管理不仅涉及合同的签订和履行，还包括合同类型的选择、合同内容的理解、合同履行中的问题处理以及施工索赔等方面。本项目将系统介绍建筑工程合同的基本类型、主要内容，掌握合同履行的要点和常见问题的处理方法，以及施工索赔的处理流程，从而提升在实际施工项目中合同管理的能力。

学习目标

知识目标

1. 了解建筑工程合同的主要类型及其特点。
2. 掌握建筑工程施工合同的主要内容及其条款的含义。
3. 理解施工项目合同履行的基本要求和过程。
4. 了解合同履行中可能出现的问题及其解决办法。
5. 掌握施工索赔的基本流程。

能力目标

1. 能够根据项目实际情况选择合适的合同类型。
2. 能够准确理解和编制建筑工程施工合同，确保合同内容的完整和清晰。
3. 能够有效履行合同义务，处理合同履行过程中遇到的各种问题。
4. 具备识别和处理合同纠纷的能力，能够进行合理的索赔和维权。

素质目标

1. 培养学生严谨的合同管理意识，确保合同条款的准确性和执行的合规性。
2. 提高学生解决问题的能力，在合同履行过程中能够灵活应对各种挑战。

3. 增强学生法律意识和谈判能力，确保合同利益的最大化和公平性。

思政目标

1. 强调合同管理的法律和伦理责任，培养学生的法律意识和职业道德。
2. 引导学生理解合同管理在维护公平、公正市场环境中的重要作用。

12.1 建筑工程合同类型

12.1.1 按照工程建设阶段分类

建设工程合同按照建设过程的勘察、设计、施工三个阶段所完成的承包内容划分为建设工程勘察合同、建设工程设计合同和建设工程施工合同。

1. 建设工程勘察合同

建筑工程勘察是勘察人根据建筑工程的要求，查明、分析、评价建设场地的地质地理环境特征和岩土工程条件，编制建筑工程勘察文件的活动。建设工程勘察合同就是指发包人与勘察人就完成商定的勘察任务明确双方权利义务关系而签订的书面协议。

2. 建设工程设计合同

建筑工程设计是设计人根据建筑工程要求，对建筑工程所需的技术、经济、资源、环境等条件进行综合分析、论证，编制建筑工程设计文件的活动。建设工程设计合同就是指发包人与设计人就完成商定的工程设计任务、明确双方权利义务关系而签订的书面协议。

3. 建设工程施工合同

建筑工程施工是承包人根据建筑工程设计文件的要求，对建筑工程进行新建、扩建、改建的活动。建设工程施工合同就是指发包人与承包人为完成商定的建设工程项目的施工任务、明确双方权利义务关系而签订的书面协议。

12.1.2 按照承发包方式分类

1. 建设工程项目总承包合同

建设工程项目总承包合同指发包人将工程建设的全过程，即从工程立项到交付使用全部发包给一个承包人的合同。

2. 单位工程施工承包合同

单位工程施工承包合同指发包人将建设工程中勘察、设计、施工等每一项分别发包给不同承包人的合同。

3. 分包合同

分包合同指经合同约定和发包人认可，从工程承包人承包的工程中承包部分工程而订立的合同。

12.1.3　按照承包工程计价方式分类

1. 总价合同

总价合同一般要求投标人按照招标文件要求报一个总价，在这个价格下完成合同规定的全部项目。总价合同分为可调总价合同和固定总价合同。固定总价合同即总价固定不变，除了业主要求建设项目有重大变更以外，一般不允许进行合同价格的调整。这类合同由于承包人承担了全部的工作量和价格风险，因此其报价必须考虑施工期间物价变化及工程量变化带来的影响。

2. 单价合同

单价合同是指根据发包人提供的资料，双方在合同中确定每一个单项工程单价，结算则按实际完成工程量乘以每项工程单价计算。单价合同是承包人按规定承担报价的风险，即对报价（主要指单价）的正确性和适宜性承担责任，而业主承担工程量变化风险的合同。单价合同中，由于合同当事人双方的风险得到了合理的分配，因此，这种合同不受工程类型的限制，在我国得到了广泛的应用。

3. 成本加酬金合同

成本加酬金合同是指业主不仅向承包人支付建设工程项目的实际成本，而且按事先约定的某一种方式支付酬金的合同。在这种合同中，由于业主是按实际成本对承包人进行结算，因此，承包人不承担任何风险，而业主承担了全部工程量和价格风险，这将导致承包人在工程中不会较好地进行成本控制，相反期望提高成本以提高自身的经济效益。

12.1.4　与建设工程有关的其他合同

1. 建设工程委托监理合同

建设工程委托监理合同指委托人与监理人签订的，为了委托监理人承担监理业务而明确双方权利义务关系的协议。

2. 建设工程物资采购合同

建设工程物资采购合同指出卖人转移建设工程物资所有权于买受人，买受人支付价款的明确双方权利义务关系的协议。

3. 建设工程保险合同

建设工程保险合同指发包人或承包人为防范特定风险而与保险公司签订的明确权利义

务关系的协议。

4. 建设工程担保合同

建设工程担保合同指义务人（发包人或承包人）或第三人（或保险公司）与权利人（承包人或发包人）签订为保证建设工程合同全面、正确履行而明确双方权利义务关系的协议。

12.2 建筑工程施工合同的主要内容

12.2.1 建筑工程总承包合同的主要内容

由于建设工程项目规模和特点的差异。不同项目的合同内容可能会有很大的差别。以下主要分析建筑工程总承包合同的主要内容。

1. 词语含义及合同文件

总承包合同双方当事人应对合同中常用的或容易引起歧义的词语进行解释，赋予它们明确的含义；对合同文件的组成、顺序、合同使用的标准等，也应做出明确的规定。

2. 总承包内容

总承包合同双方当事人应对总承包的内容做出明确规定，包括从工程立项到交付使用的工程建设全过程。具体应包括勘察设计、设备采购、施工管理、试车考核（或交付使用）等方面的内容。具体的承包内容由当事人约定，如约定设计—施工的总承包、投资—设计—施工的总承包等。

3. 双方当事人的权利义务

（1）发包人应当承担以下义务

按照约定向承包人支付工程款；向承包人提供现场；协助承包人申请有关许可证、执照和批准；如果发包人单方要求终止合同后，没有承包人的同意，在一定时期内不得重新开始实施该工程。

（2）承包人应当承担以下义务

完成满足发包人要求的工程以及相关的工作；提供履约保证；负责工程的协调与恰当实施；按照发包人的要求终止合同。

4. 合同履行期限

合同应当明确规定交工的时间，同时也应对各阶段的工作期限做出明确规定。

5. 合同价款

应规定合同价款的计算方式、结算方式，以及价款的支付期限等。

6. 工程质量与验收

合同应当明确规定工程质量的要求，工程质量的验收方法、验收时间及确认方式。工程质量检验的重点应当是竣工验收，通过竣工验收，发包人才可以接收工程。

7. 合同的变更

建筑工程的特点决定了建筑工程总承包合同在履行中往往会出现一些事先没有估计到的情况。在合同期内的任何时间，发包人代表可以通过发布指示或者要求承包人以递交建议书的方式提出变更。

8. 风险、责任和保险

承包人应当保障和保护发包人、发包人代表以及雇员免遭由工程导致的一切索赔、损害和开支。应由发包人承担的风险也应做明确的规定。

9. 工程保修

合同应按国家的规定写明保修项目、内容、范围、期限及保修金额和支付办法。

10. 对设计、分包人的规定

承包人进行并负责工程的设计，设计应当由合格的设计人员进行；应当编制足够详细的施工文件，编制和提交竣工图、操作和维修手册；应对所有分包方遵守合同的全部规定负责，任何分包方代理人或者雇员的行为或者违约，完全视为承包人自己的行为或者违约，并负全部责任。

11. 索赔和争议的处理

合同应明确索赔的程序和争议的处理方式。对争议的处理，一般应以仲裁作为解决的最终方式。

12. 违约责任

合同应明确双方的违约责任，包括发包人不按时支付合同价款的责任、超越合同规定干预承包人工作的责任等；也包括承包人不能按合同约定的期限和质量完成工作的责任等。

12.2.2 工程合同文件组成及主要条款

不需要通过招标投标方式订立的工程合同，合同文件通常就是一份合同或协议书，最多在正式的合同或协议书后附一些附件，并说明附件与合同或协议书具有同等的效力。

通过招标投标方式订立的工程合同，因经过招标、投标、开标、评标、中标等一系列过程，合同文件不单单是一份协议书，通常由以下文件共同组成：本合同协议书，中标通知书，投标书及其附件，本合同专用条款，本合同通用条款，标准、规范及有关技术文件，图纸，工程量清单，工程报价单或预算书。当上述文件间前后矛盾或表达不一致时，以在前的文件为准。

合同应当具备如下条款：当事人的名称或姓名和住所，标的，数量，价款或酬金，履行期限、地点和方式，违约责任，解决争议的方法。

工程合同应当具备的主要条款如下。

1. 承包范围

建筑安装工程通常分为基础工程（含桩基工程）、土建工程、安装工程、装饰工程，合同应明确哪些内容属于承包方的承包范围，哪些内容是发包方另行发包。

2. 工期

承发包双方在确定工期时，应当以国家工期定额为基础，根据承发包双方的具体情况，并结合工程的具体特点，确定合理的工期。双方应对开工日期及竣工日期进行精确的定义，否则，日后易起纠纷。

3. 中间交工工程的开工和竣工时间

确定中间交工工程的工期，需与工程合同确定的总工期相一致。

4. 工程质量等级

工程质量等级标准分为不合格、合格和优良。不合格的工程不得交付使用。承发包双方可以约定工程质量等级达到优良或更高标准，但是应根据优质优价的原则确定合同价款。

5. 合同价款

合同价款又称工程造价，通常采用国家或者地方定额的方法进行计算确定。随着市场经济的发展，承发包双方可以协商自主定价，而无须执行国家、地方定额。

6. 施工图纸的交付时间

施工图纸的交付时间必须满足工程施工进度的要求。为了确保工程质量，严禁随意性的边设计、边施工、边修改的“三边工程”。

7. 材料和设备供应责任

承发包双方需明确约定哪些材料和设备由发包方供应，以及在材料和设备供应方面双方各自的义务和责任。

8. 付款和结算

发包人应在工程开工前支付一定的备料款（又称预付款）；工程开工后，按工程进度按月支付工程款；工程竣工后，应当及时进行结算，扣除保修金后应按合同约定的期限支付尚未支付的工程款。

9. 竣工验收

竣工验收是工程合同重要的条款之一。实践中，常见有些发包人为了达到拖欠工程款的目的，迟迟不组织验收或者验而不收。因此，承包人在拟订本条款时，应设法预防上述情况的发生，争取主动。

10. 质量保修范围和期限

建设工程的质量保修范围和保修期限应当符合《建设工程质量管理条例》的规定。

11. 其他条款

工程合同还包括隐蔽工程验收、安全施工、工程变更、工程分包、合同解除、违约责任、争议解决方式等条款，双方均要在签订合同时加以明确约定。

12.3 施工项目合同的履行

施工项目合同履行的主体是项目经理和项目经理部。项目经理部必须从施工项目的施工准备、施工、竣工至维修期结束的全过程中，认真履行施工合同，实行动态管理，跟踪收集、整理、分析合同履行中的信息，合理、及时地进行调整。还应对合同履行进行预测，及早提出和解决影响合同履行的问题，以避免或减少风险。

12.3.1 项目经理部履行施工合同应遵守的规定

（1）施工必须遵守《中华人民共和国民法典》《建筑法》规定的各项合同履行原则和规则。

（2）在行使权力、履行义务时应当遵循诚实信用原则和坚持全面履行的原则。

（3）项目经理由企业授权负责组织施工合同的履行，并依据《中华人民共和国民法典》规定，与业主或监理工程师进行沟通和交流，开展合同的变更、索赔、转让和终止等工作。

（4）如果发生不可抗力致使合同不能履行或不能完全履行时，应及时向企业报告，并在委托权限内依法及时进行处置。

（5）遵守合同对约定不明条款、价格发生变化的履行规则，以及合同履行担保规则和抗辩权、代位权、撤销权的规则。

（6）承包人按专用条款的约定分包所承担的部分工程，并与分包单位签订分包合同。非经发包人同意，承包人不得将承包工程的任何部分分包。

（7）承包人不得将其承包的全部工程倒手转给他人承包，也不得将全部工程肢解后以分包的名义分别转包给他人。

12.3.2 项目经理部履行施工合同应做的工作

（1）应在施工合同履行前，针对工程的承包范围、质量标准和工期要求，承包人的义务和权力，工程款的结算、支付方式与条件，合同变更、不可抗力影响、物价上涨、工程中止、第三方损害等问题产生时的处理原则和责任承担，争议的解决方法等重要问题进行合同分析，对合同内容、风险、重点或关键性问题做出特别说明和提示，向各职能部门人员交底，落实根据施工合同确定的目标，依据施工合同指导工程实施和项目管理工作。

（2）组织施工力量；签订分包合同；研究熟悉设计图纸及有关文件资料；多方筹集足够的流动资金；编制施工组织设计、进度计划、工程结算付款计划等，做好施工准备，按时进入现场，按期开工。

（3）制定科学周密的材料、设备采购计划，采购符合质量标准的价格低廉的材料、设备，按施工进度计划，及时进入现场，搞好供应和管理工作，保证顺利施工。

（4）按设计图纸、技术规范和规程组织施工；做好施工记录，按时报送各类报表；进行各种有关的现场或实验室抽检测试，保存好原始资料；制定各种有效措施，采取先进的管理方法，全面保证施工质量达到合同要求。

（5）按期竣工，试运行，通过质量检验，交付业主，收回工程价款。

（6）按合同规定，做好责任期内的维修、保修和质量回访工作。对属于承包方责任的工程质量问题，应负责无偿修理。

（7）履行合同中关于接受监理工程师监督的规定，如有关计划、建议需经监理工程师审核批准后方可实施；有些工序需监理工程师监督执行，所做记录或报表要得到其签字确认；根据监理工程师要求报送各类报表、办理各类手续；执行监理工程师的指令，接受一定范围内的工程变更要求等。承包商在履行合同中还要自觉地接受公证机关、银行的监督。

（8）项目经理部在履行合同期间，应注意收集、记录对方当事人违约事实的证据，即对发包方或业主履行合同进行监督，作为索赔的依据。

12.4　施工项目合同履行中的问题及处理

施工项目合同履行过程中经常遇到不可抗力问题，以及施工合同的变更、违约、索赔、争议、终止与评价等问题。

12.4.1　发生不可抗力

不可抗力是指合同当事人不能预见、不能避免并不能克服的客观情况。建设工程施工中的不可抗力包括因战争、动乱、空中飞行物坠落或其他非发包方责任造成的爆炸、火灾，以及专用条款中约定程度的风、雨、雪、洪水、地震等自然灾害。

在订立合同时，应明确不可抗力的范围，双方应承担的责任。在合同履行中加强管理和防范措施。当事人一方因不可抗力不能履行合同时，有义务及时通知对方，以减轻可能给对方造成的损失，并应当在合理期限内提供证明。

因不可抗力事件导致的费用及延误的工期由合同双方承担责任。

（1）工程本身的损害、因工程损害导致第三方人员伤亡和财产损失以及运至施工现场用于施工的材料和待安装的设备的损害，由发包人承担。

（2）发包方承包方人员伤亡由其所在单位负责，并承担相应费用。

（3）承包人机械设备损坏及停工损失，由承包人承担。

（4）停工期间，承包人应工程师要求留在施工场地的必要的管理人员及保卫人员的费用由发包人承担。

（5）工程所需清理、修复费用，由发包人承担。

（6）延误的工期相应顺延。

因合同一方迟延履行合同后发生不可抗力的，不能免除迟延履行方的相应责任。

12.4.2 合同变更

合同变更是指依法对原来合同进行的修改和补充，即在履行合同项目的过程中，由于实施条件或相关因素的变化，而不得不对原合同的某些条款做出修改、订正、删除或补充。合同变更一经成立，原合同中的相应条款就应解除。合同变更是在条件改变时，对双方利益和义务的调整，适当及时的合同变更可以弥补原合同条款的不足。

合同变更由工程师提出变更指令，不同于《建设工程施工合同（示范文本）》的工程变更或工程设计变更。后者是由发包人提出并报规划管理部门和其他有关部门重新审查批准。

1. 合同变更的理由

（1）工程量增减。

（2）资料及特性的变更。

（3）工程标高、基线、尺寸等变更。

（4）工程的删减。

（5）永久工程的附加工作，设备、材料和服务的变更等。

2. 合同变更的原则

（1）合同双方都必须遵守合同变更程序，依法进行，任何一方都不得单方面擅自更改合同条款。

（2）合同变更要经过有关专家（监理工程师、设计工程师、现场工程师等）的科学论证和合同双方的协商。在合同变更具有合理性、可行性，而且由此而引起的进度和费用变化得到确认和落实的情况下方可实行。

（3）合同变更的次数应尽量减少，变更的时间亦应尽量提前，并在事件发生后的一定时限内提出，以避免或减少给建设工程项目建设带来的影响和损失。

（4）合同变更应以监理工程师、业主和承包商共同签署的合同变更书面指令为准，并以此作为结算工程价款的凭据。紧急情况下，监理工程师的口头通知也可接受，但必须在

48 h 内追补合同变更书。承包人对合同变更若有不同意见可在 7~10 天内书面提出，但业主决定继续执行的指令，承包商应继续执行。

（5）合同变更所造成的损失，除依法可以免除的责任外，如由于设计错误，设计所依据的条件与实际不符，图与说明不一致，施工图有遗漏或错误等，应由责任方负责赔偿。

3. 合同变更的程序

合同变更的程序应符合合同文件的有关规定，如图 12-1 所示。

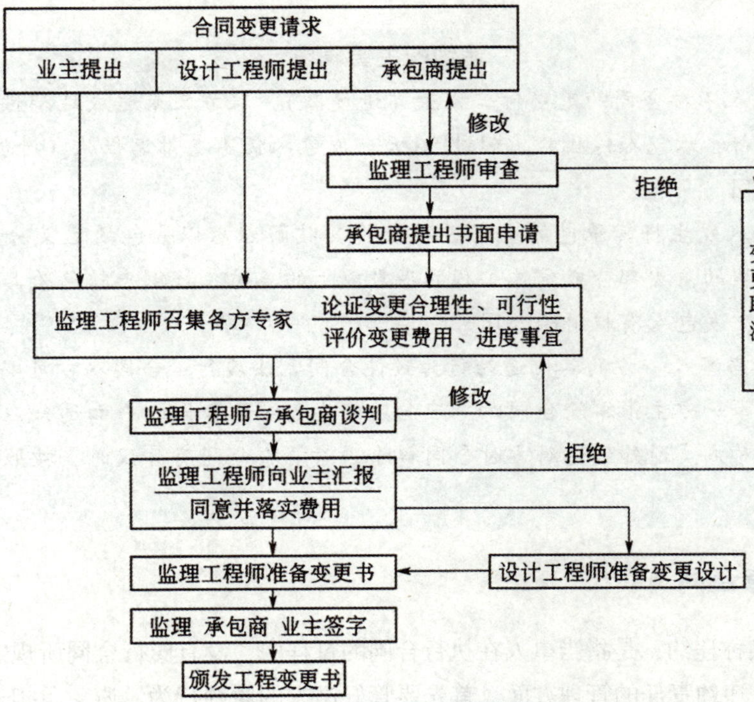

图 12-1　合同变更程序示意

12.4.3　合同解除

合同解除是在合同依法成立之后的合同规定的有效期内，合同当事人的一方有充足的理由，提出终止合同的要求，并同时出具包括终止合同理由和具体内容的申请，合同双方经过协商，就提前终止合同达成书面协议，宣布解除双方由合同确定的经济承包关系。

1. 合同解除的理由

（1）施工合同当事双方协商，一致同意解除合同关系。

（2）因为不可抗力或者是非合同当事人的原因，造成工程停建或缓建，致使合同无法履行。

（3）由于当事人一方违约致使合同无法履行。

2. 合同解除后的善后处理

（1）合同解除后，当事人双方约定的结算和清理条款仍然有效。

（2）承包人应当按照发包人要求妥善做好已完工程和已购材料、设备的保护和移交工作，按照发包人要求将自有机械设备和人员撤出施工现场。发包人应为承包人撤出提供必要条件，支付以上所发生的费用，并按合同约定支付已完工程款。

（3）已订货的材料、设备由订货方负责退货或解除订货合同，不能退还的货款和退货、解除订货合同发生的费用，由发包人承担。

拓展阅读

违约的主要表现

（1）发包人不按合同约定支付工程款（进度款），双方又未达成延期付款协议，导致施工无法进行，承包人停止施工超过56天，发包人仍不支付工程款（进度款），承包人有权解除合同。

（2）承包人发生将其承包的全部过程或将其肢解以后以分包的名义分别转包给他人，以及将工程的主要部分或群体工程的半数以上的单位工程倒手转包给其他施工单位等转包行为时，发包人有权解除合同。

（3）合同当事人一方的其他违约行为致使合同无法履行，合同双方可以解除合同。

当合同当事一方主张解除合同时，应向对方发出解除合同的书面通知，并在发出通知前7天告知对方。通知到达对方时合同解除。对解除合同有异议时，按照解决合同争议程序处理。

12.4.4 违背合同

违背合同又称违约，是指当事人在执行合同的过程中，没有履行合同所规定的义务的行为。项目经理在违约责任的管理方面，首先要管好己方的履约行为，避免承担违约责任。如果发包人违约，应当督促发包人按照约定履行合同，并与之协商违约责任的承担。特别应当注意收集和整理对方违约的证据，以在必要时以此作为依据、证据来维护自己的合法权益。

1. 违约行为和责任

在履行施工合同过程中，主要的违约行为和责任如下。

（1）发包人违约

① 发包人不按合同约定支付各项价款，或工程师不能及时给出必要的指令、确认，致使合同无法履行，发包人承担违约责任，赔偿因其违约给承包人造成的直接损失，延误的工期相应顺延。

② 未按合同规定的时间和要求提供材料、场地、设备、资金、技术资料等，除竣工日期得以顺延外，还应赔偿承包方因此而发生的实际损失。

③ 工程中途停建、缓建或由于设计变更或设计错误造成的返工，应采取措施弥补或减少损失。同时应赔偿承包方因停工、窝工、返工和倒运，人员、机械设备调迁，材料和

构件积压等实际损失。

④ 工程未经竣工验收，发包单位提前使用或擅自动工，由此发生的质量问题或其他问题，由发包方自己负责。

⑤ 超过承包合同规定的日期验收，按合同的违约责任条款的规定，应偿付逾期违约金。

（2）承包人违约

① 承包工程质量不符合合同规定，负责无偿修理和返工。由于修理和返工造成逾期交付的，应偿付逾期违约金。

② 承包工程的交工时间不符合合同规定的期限，应按合同中违约责任条款，偿付逾期违约金。

③ 由于承包方的责任，造成发包方提供的材料、设备等丢失或损坏，应承担赔偿责任。

2. 违约责任处理原则

（1）承担违约责任应按“严格责任原则”处理，无论合同当事人主观上是否有过错，只要合同当事人有违约事实，特别是有违约行为并造成损失的，就要承担违约责任。

（2）在订立合同时，双方应当在专用条款内约定发（承）包人赔偿承（发）包人损失的计算方法或者发（承）包人应当支付违约金的数额和计算方法。

（3）当事人一方违约后，另一方可按双方约定的担保条款，要求提供担保的第三方承担相应责任。

（4）当事人一方违约后，另一方要求违约方继续履行合同时，违约方承担继续履行合同、采取补救措施或者赔偿损失等责任。

（5）当事人一方违约后，对方应当采取适当措施防止损失的扩大，否则不得就扩大的损失要求赔偿。

（6）当事人一方因不可抗力不能履行合同时，应对不可抗力的影响部分（或者全部）免除责任，但法律另有规定的除外。当事人延迟履行后发生不可抗力的，不能免除责任。

12.4.5　合同争议的解决

合同争议，是指当事人双方对合同订立和履行情况以及不履行合同的后果所产生的纠纷。

1. 施工合同争议的解决方式

合同当事人在履行施工合同时，解决所发生争议、纠纷的方式有和解、调解、仲裁和诉讼等。

（1）和解

和解是指争议的合同当事人，依据有关法律规定或合同约定，以合法、自愿、平等为原则，在互谅互让的基础上，经过谈判和磋商，自愿对争议事项达成协议，从而解决分歧和矛盾的一种方法。和解方式无需第三者介入，简便易行，能及时解决争议，避免当事人经济损失扩大，有利于双方的协作和合同的继续履行。

（2）调解

调解是指争议的合同当事人，在第三方的主持下，通过其劝说引导，以合法、自愿、平等为原则，在分清是非的基础上，自愿达成协议，以解决合同争议的一种方法。调解有民间调解、仲裁机构调解和法庭调解三种。调解协议书对当事人具有与合同一样的法律约束力。运用调解方式解决争议，双方不伤和气，有利于今后继续履行合同。

（3）仲裁

仲裁也称公断，是双方当事人通过协议自愿将争议提交第三者（仲裁机构）做出裁决，并负有履行裁决义务的一种解决争议的方式。仲裁是解决经济合同的一项行政措施，是维护合同法律效力的必要手段。仲裁是依据法律、法令及有关政策，处理合同纠纷，责令责任方赔偿、罚款，直至追究有关单位或人员的行政责任或法律责任。仲裁包括国内仲裁和国际仲裁。仲裁必须经双方同意并约定具体的仲裁委员会。仲裁可以不公开审理从而保守当事人的商业秘密，节省费用，一般不会影响双方日后的正常交往。

（4）诉讼

诉讼是指合同当事人相互间发生争议后，只要不存在有效的仲裁协议，任何一方向有管辖权的法院起诉并在其主持下，为维护自己的合法权益的活动。通过诉讼，当事人的权力可得到法律的严格保护。

除了上述四种主要的合同争议解决方式外，在国际工程承包中，又出现了一些新的有效的解决方式，正在被广泛应用。比如国际咨询工程师联合会（FIDIC）编制的《土木工程施工合同条件》中有关“工程师的决定”的规定。当业主和承包商之间发生任何争端，均应首先提交工程师处理。工程师对争端的处理决定，通知双方后，在规定的期限内，双方均未发出仲裁意向通知，则工程师的决定即被视为最后的决定并对双方产生约束力。

当承包商与业主（或分包商）在合同履行的过程中发生争议和纠纷时，应根据平等协商的原则先行和解，尽量取得一致意见。若双方和解不成，则可要求有关主管部门调解。双方属于同一部门或行业，可由行业或部门的主管单位负责调解；不属于上述情况的可由工程所在地的建设主管部门负责调解；若调解无效，根据当事人的申请，在受到侵害之日起一年之内，可送交工程所在地工商行政管理部门的经济合同仲裁委员会进行仲裁，超过一年期限者，一般不予受理。处理合同纠纷也可不经仲裁，而直接向人民法院起诉。

一旦合同争议进入仲裁或诉讼，项目经理应及时向企业领导汇报和请示。因为仲裁和诉讼必须以企业（具有法人资格）的名义进行，由企业做出决策。

2. 争议发生后履行合同情况

在一般情况下，发生争议后，双方都应继续履行合同，保持施工连续，保护好已完工程。只有发生下列情况时，当事人方可停止履行施工合同。

（1）单方违约导致合同确已无法履行，双方协议停止施工。

（2）调解要求停止施工，且为双方接受。

（3）仲裁机关要求停止施工。

（4）法院要求停止施工。

12.4.6 合同履行的评价

合同终止后，承包人应对从投标开始直至合同终止的整个过程或达到规定目标的适宜性、充分性、有效性进行合同管理评价，其评价内容有以下几个方面。

（1）合同订立过程情况评价。

（2）合同条款的评价。

（3）合同履行情况评价。

（4）合同管理工作评价。

12.5 施工索赔

12.5.1 施工索赔的概念

施工索赔

索赔是在经济活动中，合同当事人一方因对方违约，或其他过错，或无法防止的外因而受到损失时，要求对方给予赔偿或补偿的活动。

在施工项目合同管理中的施工索赔，一般是指承包商（或分包商）向业主（或总承包商）提出的索赔，而把业主（或总承包商）向承包商（或分包商）提出的索赔称为反索赔，广义上统称索赔。

施工索赔是承包商由于非自身原因，发生合同规定之外的额外工作或损失时，向业主提出费用或时间补偿要求的活动。

12.5.2 通常可能发生的索赔事件

在施工过程中，通常可能发生的索赔事件如下。

（1）业主没有按合同规定的时间及数量交付设计图纸数量和设计资料，未按时交付合格的施工现场等，造成工程拖延和损失。

（2）工程地质条件与合同规定、设计文件不一致。

（3）业主或监理工程师变更原合同规定的施工顺序，扰乱了施工计划及施工方案，使工程数量有较大增加。

（4）业主指令提高设计、施工、材料的质量标准。

（5）由于设计错误或业主、工程师错误指令，造成工程修改、返工、窝工等损失。

（6）业主和监理工程师指令增加额外工程，或指令工程加速。

（7）业主未能及时支付工程款。

（8）物价上涨，汇率浮动，造成材料价格、工人工资上涨，承包商蒙受较大损失。

（9）国家政策、法令修改。

（10）不可抗力因素等。

12.5.3 施工索赔分类

施工索赔的分类见表 12-1。

表 12-1 施工索赔的分类

分类标准	索赔类别	索赔起因及相关解释
按索赔的目的分类	工期延长索赔	由于非承包商方面原因造成工程延期时，承包商向业主提出的推迟竣工日期的索赔
	费用损失索赔	承包商向业主提出的，要求补偿因索赔事件发生而引起的额外开支和费用损失的索赔
按索赔的原因分类	延期索赔	由于业主原因不能按原定计划的时间进行施工所引起的索赔； 主要有：发包人未按照约定的时间和要求提供材料设备、场地、资金、技术资料，或设计图纸的错误和遗漏等原因引起停工、窝工
	工程变更索赔	合同中规定施工工作范围的变化而引起的索赔； 主要是由于发包人或监理工程师提出的工程变更，由承包人提出但经发包人或监理工程师同意的工程变更；设计变更或设计错误、遗漏，导致工程变更、工作范围改变
	施工加速索赔（又称赶工索赔、劳动生产率损失索赔）	如果业主要求比合同规定工期提前，或因前段的工程拖期，要求后一阶段弥补已经损失工期，使整个工程按期完工，需加快施工速度而引起的索赔； 一般是延期或工程变更索赔的结果； 施工加速应考虑加班工资、提供额外监管人员、雇佣额外劳动力、采用额外设备、改变施工方法造成现场拥挤、疲劳作业等使劳动生产率降低
	不利现场条件索赔	合同的图纸和技术规范中所描述的条件与实际情况有实质性不同，或合同中未做描述，但发生的情况是一个有经验的承包商无法预料时所引起的索赔； 如复杂的现场水文地质条件或隐藏的不可知的地面条件等

续表

分类标准	索赔类别	索赔起因及相关解释
按索赔的合同依据分类	合同内索赔	索赔依据可在合同条款中找到明文规定的索赔 这类索赔争议少，监理工程师即可全权处理
	合同外索赔	索赔权利在合同条款内很难找到直接依据，但可来自普通法律，承包商需有丰富的索赔经验方能实现 索赔表现多为违约或违反担保造成的损害 此项索赔由业主决定是否索赔，监理工程师无权决定
	道义索赔（又称额外支付）	承包商对标价估计不足，虽然圆满完成了合同规定的施工任务，但期间由于克服了巨大困难而蒙受了重大损失，为此向业主寻求优惠性质的额外付款 这是以道义为基础的索赔，既无合同依据，又无法律依据 对这类索赔监理工程师无权决定，只是在业主出于同情时才会超越合同条款给予承包商一定的经济补偿
按索赔处理方式分类	单项索赔	在一项索赔事件发生时或发生后的有效期间内，立即进行的索赔 索赔原因单一、责任单一、处理容易
	总索赔（又称一揽子索赔）	承包商在竣工之前，就施工中未解决的单项索赔，综合起来提出的总索赔 总索赔中的各单项索赔常常是因为较复杂而遗留下来的，加之各单项索赔事件相互影响，使总索赔处理难度大，金额也大

12.5.4　施工索赔的程序

1. 意向通知

索赔事件发生时或发生后，承包商应立即通知监理工程师，表明索赔意向，争取支持。

2. 提出索赔申请

索赔事件发生后的有效期内，承包商要向监理工程师提出正式书面索赔申请，并抄送业主。其内容主要是索赔事件发生的时间、实际情况及事件影响程度，同时提出索赔依据的合同条款等。

3. 提交索赔报告

承包商在索赔事件发生后，要立即搜集证据，寻找合同依据，进行责任分析，计算索赔金额，最后形成索赔报告，在规定期限内报送监理工程师，抄送业主。

4. 索赔处理

承包商在索赔报告提交之后，还应每隔一段时间主动向对方了解情况并督促其快速处理，并根据所提出意见随时提供补充资料，为监理工程师处理索赔提供帮助、支持与合作。

监理工程师（业主）接到索赔报告后，应认真阅读和评审，对不合理、证据不足之处提出反驳和质疑，与承包商经常沟通、协商，最后由监理工程师起草索赔处理意见，双方就有关问题协商、谈判。合同内单一索赔，一般协商就可以解决。对于双方争议较大的索赔问题，可由中间人调解解决，或进而由仲裁诉讼解决。施工索赔的程序如图 12-2 所示。

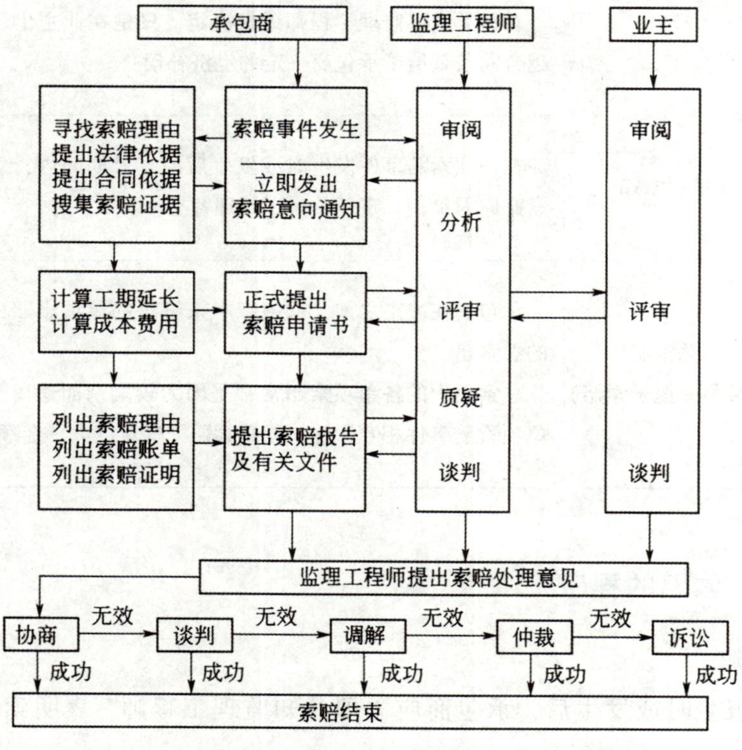

图 12-2　施工索赔程序示意

12.5.5 索赔报告

索赔报告由承包商编写，应简明扼要，符合实际，责任清晰，证据可靠，计算方法正确，结果无误。索赔报告编制得好坏，是索赔成败的关键。

1. 索赔报告的报送时间和方式

索赔报告一定要在索赔事件发生后的有效期（一般为 28 d）内报送，过期索赔无效。

对于新增工程量、附加工作等应一次性提出索赔要求，并在该项工程进行到一定程度，能计算出索赔额时，提交索赔报告；对于已征得监理工程师同意的合同外工作项目的索赔，可以在每月上报完成工程量结算单的同时报送。

2. 索赔报告的基本内容

(1) 题目

高度概括索赔的核心内容，如"关于×××事件的索赔"。

(2) 事件

陈述事件发生的过程，如工程变更情况、不可抗力发生的过程，以及期间监理工程师的指令、双方往来信函、会谈的经过及纪要，着重指出业主（监理工程师）应承担的责任。

(3) 理由

提出作为索赔依据的具体合同条款、法律、法规依据。

(4) 结论

指出索赔事件给承包商造成的影响和带来的损失。

(5) 计算

列出费用损失或工程延期的计算公式（方法）、数据、表格和计算结果，并依此提出索赔要求。

(6) 综合

总索赔应在上述各分项索赔的基础上提出索赔总金额或工程总延期天数的要求。

(7) 附录

包括各种证据材料，即索赔证据。

3. 索赔证据

索赔证据是支持索赔的证明文件和资料。它是附在索赔报告正文之后的附录部分，是索赔文件的重要组成部分。证据不全、不足或者没有证据，索赔是不可能成功的。

提 示

索赔的证据主要来源于施工过程中的信息和资料。承包商只有平时经常注意这些信息资料的收集、整理和积累，存档于计算机内，才能在索赔事件发生时，快速地调出真实、准确、全面、有说服力、具有法律效力的索赔证据来。

可以直接或间接作为索赔证据的资料很多，详见表 12-2。

表 12-2　索赔的证据

施工记录方面	财务记录方面
（1）施工日志	（1）施工进度款支付申请单
（2）施工检查员的报告	（2）工人劳动计时卡
（3）逐月分项施工纪要	（3）工人分布记录
（4）施工工长的日报	（4）材料、设备、配件等的采购单
（5）每日工时记录	（5）工人工资单
（6）同业主代表的往来信函及文件	（6）付款收据
（7）施工进度及特殊问题的照片或录像带	（7）收款单据
（8）会议记录或纪要	（8）标书中财务部分的章节
（9）施工图纸	（9）工地的施工预算
（10）业主或其代表的电话记录	（10）工地开支报告
（11）投标时的施工进度表	（11）会计日报表
（12）修正后的施工进度表	（12）会计总账
（13）施工质量检查记录	（13）批准的财务报告
（14）施工设备使用记录	（14）会计往来信函及文件
（15）施工材料使用记录	（15）通用货币汇率变化表
（16）气象报告	（16）官方的物价指数、工资指数
（17）验收报告和技术鉴定报告	

项　目　小　结

本项目详细探讨了施工项目合同管理的各个方面。首先，通过对建筑工程合同类型的学习，了解了不同合同类型的特点和适用场景；其次，分析了建筑工程施工合同的主要内容，掌握了合同条款的关键要点；在合同履行部分，学习了如何正确履行合同义务，确保合同的顺利实施；在合同履行中的问题及处理部分，了解了处理合同纠纷和问题的有效方法；最后，讨论了施工索赔的相关问题，学习了索赔的分类及程序。通过本项目的学习，帮助读者全面提升了在施工项目合同管理方面的专业能力。

课　后　习　题

1. 建设工程合同按照承发包方式是如何分类的？
2. 建筑工程总承包合同的主要内容有哪些？
3. 工程合同应当具备哪些条款？
4. 施工索赔有哪些程序？

项目13

施工项目信息管理

项目导读

施工项目信息管理在现代建筑行业中扮演着至关重要的角色。随着科技的不断进步和数字化浪潮的推进，施工项目信息管理逐渐从传统的纸质档案管理转向电子化和智能化管理，极大地提高了管理效率和准确性。在实际应用中，还需要注意信息的安全性、可靠性和保密性等问题，确保项目信息不被泄露或滥用。因此，在推进施工项目信息管理的过程中，需要不断总结经验、完善制度、加强培训，以不断提升信息管理水平，为建筑行业的可持续发展贡献力量。

学习目标

知识目标

1. 了解施工项目信息管理的概念。
2. 了解施工项目信息管理系统的概念、结构和功能。
3. 熟悉建立施工项目信息管理系统的条件和项目信息管理系统的开发过程。

能力目标

1. 能够整理和管理施工项目信息。
2. 能够使用施工项目信息管理系统进行信息的存储、检索和更新。
3. 能够评估建立施工项目信息管理系统的可行性，并参与项目信息管理系统的开发过程。

素质目标

1. 培养学生信息管理意识和能力，提高工作效率和质量。
2. 培养学生分析和解决问题的能力，提高项目信息管理的灵活性和适应性。
3. 增强学生的责任心和创新意识，推动施工项目信息管理的持续改进和优化。

思政目标

1. 强化学生团队协作和集体主义精神，促进集体目标的实现。
2. 强化学生社会责任意识，关注工程质量、安全生产和环保等方面。
3. 鼓励学生利用先进的信息技术和管理理念，提高施工项目管理的效率和水平。

13.1 施工项目信息管理概述

13.1.1 信息管理的意义

信息管理

信息是各项管理工作的基础和依据，没有及时、准确和满足需要的信息，管理工作就不能有效地起到计划、组织、控制和协调的作用。随着现代化的生产和建设日益复杂化，社会分工越来越细，管理工作不仅对信息的及时性和准确性提出了更高的要求，而且对信息的需求量也大大增加，这些都对信息的组织和管理工作提出了越来越高的要求。也就是说，信息管理变得越来越重要任务也越来越繁重。

实践表明，如果继续沿用传统的手工处理数据和传递信息的方式，那么往往不能在需要的时间和范围内，把有用的信息送到有关人员手中，从而影响管理工作的正常进行。只有电子计算机，才有可能高速度、高质量地处理大量的信息，并根据现代管理科学理论（如运筹学、网络计划技术、系统分析、模拟技术等）和计算机处理的结果，做出最优的决策，取得良好的经济效果。由此可见，信息管理是现代管理中不可缺少的内容，而电子计算机则是现代管理中不可缺少的工具。

在施工项目管理中，信息管理同样必不可少。只有切实做好施工项目的信息管理工作，才能保证项目的有关人员及时获得各自所需的信息，在此基础上才能够进一步做好成本管理、进度管理、质量和安全管理、合同管理等各项管理工作，最终达到优质、低价、快速地完成项目施工任务的目标。同时，由于施工项目管理是一种动态的管理，需要及时地对大量的动态信息进行快速处理，这就需要借助于电子计算机这一现代化的工具来进行，因此在施工项目管理中必须把信息管理和计算应用有机地结合起来，充分发挥计算机在信息管理中的优势，为实现施工项目的动态管理服务。

信息是用口头、书面或电子方式传输（传达、传递）的知识、新闻及可靠的或不可靠的情报。声音、文字、数字、图表、图像等都是信息的表达形式。

了解信息的属性，有助于充分、有效地利用信息，更好地为工程项目管理服务。信息具有以下基本特征。

1. 信息的真实性

真实性是信息的第一和基本性质，也是信息的价值所在。真实、准确地把握好信息是处理数据的最终目标。在信息管理中，应当充分重视这一点，这是收集信息时应当注意的性质。

2. 信息的扩散性

扩散性是信息的本性，它通过各种渠道向各方传播。信息的扩散性存在两面性：一方面有利于项目与管理人员之间的信息传递；另一方面会造成信息贬值，不利于保密。在信息系统的建设中，若没有很好的保密手段，就不能保护用户使用系统的积极性，造成系统失败。

3. 信息的系统性

任何信息都是信息源中有机整体的一部分，具有系统性和整体性。在施工项目管理工作中，费用信息、质量信息、合同管理信息及其他信息等，彼此之间构成一个有机的整体。

4. 信息的共享性

信息可以共享但不能交换，这是信息不同于物质的显著特征。由于信息的共享性，项目各参与方才能对项目进行控制，否则，各方的信息闭塞，会导致工程远远偏离预定目标。

5. 信息的等级性

信息是分等级的，不同级别的管理者对同一事物所需的信息也不同。不同级别的信息，有着不同的属性，一般分为战略级、战术级和作业级。

13.1.2 施工项目信息

施工项目信息是指项目运行和管理过程中直接和间接形成的各种数据、表格、图纸、文字、音像资料等。施工项目的信息一般有以下几种。

1. 成本控制信息

成本控制信息是指与成本控制直接有关的信息，如施工项目的成本计划、施工任务单、限额领料单、施工定额、对外分包经济合同、成本统计报表、原材料价格、机械设备台班费、人工费、运杂费等。

2. 质量控制信息

质量控制信息是指与施工项目质量控制直接有关的信息，如国家或地方政府部门颁布的有关质量政策、法令、法规和标准等，以及质量目标的分解图表、质量控制的工作流程和工作制度、质量保证体系的组成、质量抽样检查的数据、各种材料设备的合格证、质量证明书、检测报告等。

3. 进度控制信息

进度控制信息是指与施工项目进度控制直接有关的信息，如施工项目进度计划、施工定额、进度控制的工作流程和工作制度、进度目标的分解图表、材料和设备的到货计划、各分项分部工程的进度计划、进度记录等。

4. 合同管理信息

合同管理信息重要方面是建设单位与施工单位在招标过程中签订的合同文件信息，是施工项目实施的主要依据，包括合同协议书、中标通知书、投标书及其附件、通用或专用合同条款、技术规范、图纸、其他有关文件等。

其他信息：如风险控制信息、安全控制信息、监理信息等。

13.1.3 施工项目信息管理

施工项目信息管理是在施工项目实施过程中对信息收集、加工储存与检索、传递与反馈、维护等过程进行的管理。

1. 信息收集

信息收集是为了更好的使用信息，是对施工项目管理过程中所涉及的信息进行吸收和集中。信息收集这一工作的好坏，将对整个项目信息管理工作的成败产生决定性的影响。信息收集的最终目的是为了项目管理者能够从信息管理中对项目目标进行有效控制。信息收集要及时、准确、全面。

信息收集的方法很多，主要有实地观察法、统计资料法、利用计算机及网络收集等。项目前期策划多用统计资料法收集信息，将与项目有关的数据进行统计分析，计算各个参数，为项目可行性研究奠定基础。在工程施工过程中，事件常以实物形式表现出来，因此常采用实地观察法收集信息，对施工过程中产生的各种事件进行量化再加工。随着计算机应用的普及，网络对于信息收集有着重要的作用，如现在很多工程的招投标信息都在网上发布。利用网络进行信息收集，有迅速、便于反馈等优点。

2. 信息加工

信息加工是将收集的信息由一次信息转变为二次信息的过程。其中，一次信息是项目管理者直接接触的信息。信息加工往往由信息管理人员和项目管理人员共同完成。信息管理人员按照项目管理人员的要求和本工程的特点，对收集的信息进行分析、归纳、分类、比较、选择，建立信息之间的联系，将工程信息和工程实质对应起来，给项目管理人员以最直接的依据。

3. 信息储存与检索

信息储存与检索是互为一体的，信息储存是检索的基础。项目管理中信息储存主要包括物理储存和逻辑组织储存两个方面。物理储存是指储存的内容、储存的方式、储存的时限等；逻辑组织储存是指储存信息间的结构。

对于施工项目而言，储存的内容是与项目有关的信息，包括各种图纸、文档、纪要、图片、文件等。储存的方式有文本、磁盘、服务器等。储存的时限是指信息保留的时间。对于不同阶段的信息，储存时限是不同的。

对于大型工程而言，信息的储存过程也是建立信息库的过程。根据工程特点建立一个信息库，将相关信息分类储存，各管理人员就可以直接从信息库随时检索到需要的信息，从而为决策服务，这样有利于信息畅通和信息共享。

信息检索是与信息储存相关的。有什么样的信息储存，就有什么样的信息检索。对于文本储存方式，信息的检索主要是依靠人工完成。信息检索的使用者主要是项目管理人员，而信息储存主要由信息管理人员完成，两者之间对信息的处理都带有主观性，往往不协调，这对管理者进行信息检索有不利影响。而磁盘、服务器等基于计算机的储存方式，其信息的检索和储存有着固定的规则，这对管理者进行信息检索较为有利。

4. 信息传递与反馈

信息传递是指信息在工程与管理人员或管理人员之间的发送、接受。信息传递是信息管理的中间环节，即信息的流通环节。信息能否及时传递，取决于信息的传输渠道。只有建立了合理的信息传输渠道，才能保证信息流畅流通，发挥信息在项目管理中的作用。信息传递应遵循快速、高质量和适用的原则。

信息反馈与信息传递的方向相反。对于项目管理人员而言，其接受的信息往往不能一次性的达到其意愿，或其对信息有特殊要求，这就需要对信息进行反馈。由信息接受者反馈给信息源，将所需要的工程信息进行重新组织，根据其特殊要求进行调整。信息反馈同样要符合快速、高质量和适用的原则。

5. 信息维护

信息的维护是保证项目信息处于准确、及时、安全和保密的合用状态，能为管理决策提供实用服务。准确是要保持数据处于最新、最完整的状态，数据在合理的误差范围以内；及时是要在施工过程中，实时对有关信息进行更新，保证管理者使用时，所用信息都是最新的；安全和保密是要防止信息受到破坏和信息失窃。

提　示

信息管理还应注意的几个问题

（1）计算机和网络的利用问题，公司的设备要专人管理，绝对禁止利用工作时间进行玩游戏等与工作无关的事情。

（2）个人制作与保存的资料最后应统一归入公司的电脑内保存，如果人员离岗应做好交接工作。

（3）信息管理一定要做好保密工作，资料与信息进行分级保密，建立保密守则。

（4）公司与项目部要正确和熟练使用各种应用软件。

13.2 施工项目信息管理系统

13.2.1 施工项目信息管理系统概述

施工项目信息管理系统以计算机技术为主要手段，以施工项目管理为对象，收集、存储和处理有关信息，并提供给项目管理人员，作为项目管理规划、决策、组织、指挥、控制、检查、监督和总结分析的依据，从而保证项目管理的顺利实施。施工项目信息管理系统是施工项目管理系统的重要组成部分。

1. 建立项目信息管理系统应遵循的原则

（1）可靠性

可靠性是指收集、储存、输出的信息应真实可靠。

（2）安全性

安全性是指系统必须保证正常使用的信息安全。系统应采用“授权”办法，对不同岗位的人员授以不同的信息处理和信息使用权力。

（3）及时性

及时性是指系统必须能够及时处理和迅速提供有关数据，以满足管理人员的需要。

（4）适用性和可扩充性

适用性和可扩充性是指系统必须能够满足项目管理中各种专业管理和综合管理的需要。由于需要是动态、可变的，所以系统应具有可扩充性，以便适应新的需要。

（5）先进性

先进性是指系统必须能反映现代项目管理的需要，体现信息科学技术的前沿成果，对项目管理科学的发展产生推动作用。

2. 建立施工项目信息管理系统的基本要求

（1）项目经理部应使建立的施工项目信息管理系统目录完整、层次清晰、结构严密、表格自动生成。经签字确认的施工项目信息应及时存入计算机。

（2）应方便施工项目管理人员进行信息的输入、整理、储存和提取。

（3）应能及时调整数据、表格与文档，补充、修改与删除数据。信息的种类与数量应能满足施工项目管理的全部需要。

（4）应能使设计信息、施工准备阶段的管理信息、施工过程中项目管理各专业的信息、结算信息、统计信息等有良好的接口。

（5）施工项目信息管理系统应能连接项目经理部各职能部门，项目经理与项目管理层各职能部门，项目经理与企业法人，项目经理部与企业管理层各职能部门，项目经理与发包人、分包人、监理机构等。

(6) 应使项目经理部与企业管理层、劳务作业层的信息收集渠道畅通，主要信息资源能够共享。

(7) 施工项目信息管理系统应体现相关规范规定的施工项目管理程序要求，涵盖相关规范规定的全部项目管理内容，且应以进度、质量、成本、安全等目标管理（控制）为重点，实现风险管理信息化。

(8) 应建立协同工作平台，实现网上操作。

13.2.2　施工项目信息管理系统的结构和功能

1. 施工项目信息管理系统的结构

一个完整的项目信息管理系统（project management information system，PMIS）由费用控制子系统、进度控制子系统、质量控制子系统、合同管理子系统、行政事务处理子系统和公共数据库构成，如图 13-1 所示。

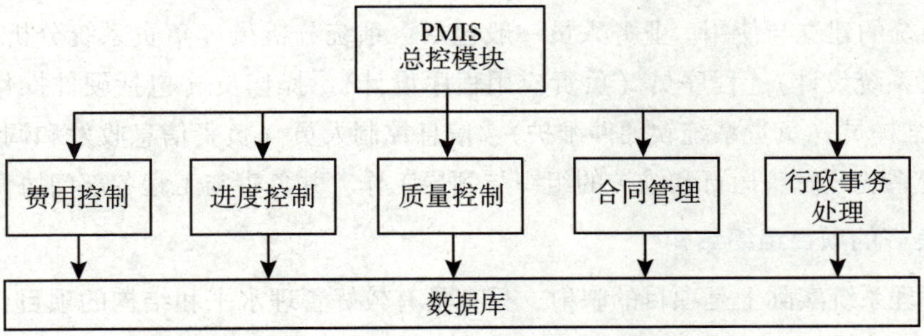

图 13-1　PMIS 结构

2. 施工项目信息管理系统的功能

(1) 费用控制

费用控制包括计划费用数据处理，实际费用数据处理，计划、实际费用比较分析，费用预测，资金投入控制，报告报表生成。

(2) 进度控制

进度控制包括编制项目进度计划，绘制进度计划的网络图、横道图，项目实际进度的统计分析，计划、实际进度比较分析，进度变化趋势预测，计划进度的调整，项目进度各类数据查询。

(3) 质量控制

质量控制包括项目建设的质量要求和标准的数据处理，材料、设备验收记录、查询，工程质量验收记录、查询，质量统计分析、评定，质量事故处理记录，质量报告报表生成。

（4）合同管理

合同管理包括合同结构模式的提供和选用，各类标准合同文本的提供和选择，合同文件、资料的登录、修改、查询和统计，合同执行情况的跟踪和处理过程的管理，合同实施报告报表生成，建筑法规、经济法规查询。

13.2.3 建立施工项目信息管理系统的条件

1. 与项目的规模、特点相符合

对于大型建设项目，通常有专门的信息管理系统；而对于中小型项目，单独建立一个信息管理系统往往会使成本过大，因此可以考虑使用通用软件，同样可以达到预期的效果。

2. 领导重视，业务人员积极性高

项目主要领导的重视和参与是成功建立信息管理系统的重要条件。因为信息管理系统投资大、涉及面广，一些全面性的问题往往只有最高主管才能解决。

业务人员的积极性也是一个重要因素。信息管理部门业务人员的精神状态直接影响着信息管理系统的建立与使用。业务人员一般包括：系统分析员（负责系统分析）、系统设计员（负责系统设计）、程序员（负责应用程序设计）、操作员（包括硬件操作和数据录入）、系统维护员（负责系统软硬件维护）、信息控制人员（负责信息收发和调度）、管理人员（负责系统开发、运行和维护的组织与领导工作，并负责与工程各部门协调交流）。

3. 有良好的项目组织结构

信息管理系统实际上是项目的映射，只有具有较好管理水平和结构的项目，其信息管理系统才能较正确地反映项目的特征。如果项目管理水平低、结构混乱，则其信息系统就不能充分发挥功用。

13.2.4 项目信息管理系统的开发

施工项目信息管理系统的开发研制是一项非常复杂的工作，其开发周期长、耗费巨大、风险大。施工项目信息管理系统的设计和实现，是对项目管理思想、组织、方法和手段的一种提升，它能深化项目管理的基本理论，强化项目管理的基础工作，改进管理组织和管理方法。

项目信息管理系统的开发主要以信息管理过程为依据，包括系统规划、系统分析、系统设计、系统实施和系统评价等阶段。

1. 系统规划

系统规划需要先提出系统开发的需求，通过实地现场调查和可行性研究，确定系统的目标和主要结构，制定系统开发的整体计划，以指导系统开发的实施工作。

2. 系统分析

系统分析首先对项目任务进行详细了解和分析，其次在此基础上，搜集数据、分析数据、确定系统数据流程图等，制订最优的系统方案。

3. 系统设计

系统设计是以系统总体结构、系统流程图和系统配置为依据，进行模块设计、系统编码设计、数据库设计、输入输出设计、文件设计和程序设计等。

4. 系统实施

系统实施包括设备的购置、安装，程序的调试，基础数据的准备，系统文档的准备，各类人员的培训以及系统的运行与维护等。

5. 系统评价

系统建成及投入运行以后，必须对系统进行评价，估计系统的工作性能和技术性能，检查是否达到预期目标，进而对系统的应用价值、经济效益和社会效益作出综合评价。

拓展阅读

项目信息管理系统实施策略

从国内外正反两个方面的项目管理经验可知，周全的项目管理信息系统实施策略有以下几点。

(1)“一把手带头”是项目管理信息系统成功运用的关键。全员参与是项目管理信息系统成功运用的保障。

(2) 要以项目管理信息门户网站作为项目管理信息系统的战略目标。

(3) 建立不同项目生命周期信息系统之间的数据流程和接口是项目信息系统规划的核心任务和目标。

(4) 项目管理信息系统的规划设计必须列入工程项目概念阶段方案拟定和认证的必备内容。

(5) 以造价（概预算）、合同、财务管理为主线和重心构建项目信息管理系统。

(6) 建立进度项目划分、造价项目划分和质量验评项目划分三者之间编码的统一或对应关系是项目管理信息系统开发的重点和难点。

13.2.5　项目管理软件及其应用

实践证明，要顺利完成一个复杂的工程项目，项目管理人员需要在项目开工前对项目的施工进行统筹安排，精心制定施工计划，并且在计划的执行过程中加强控制工作，注重交流和反馈，并及时根据项目实施的实际情况对计划进行动态调整，调整后再贯彻落实，如此反复才能达到预期的目标——在预算范围内按期保质地完成项目。

而要真正做到这一点，项目管理人员就需要应用有关项目管理软件，借助于计算机来完成。那么，什么是项目管理软件呢？简单地说，就是基于计算机的项目管理系统。它是现代化管理方法和现代计算机技术相结合的产物，其基本作用是制定计划并对计划进行跟踪、调整，以保证项目目标的实现。

现代项目管理必须使用先进的管理软件，项目管理软件的种类很多，功能各不相同，实际中应该选择性能稳定的、适合项目管理功能的管理软件。下面简单介绍几个常用的软件，以供使用者选择。

1. Microsoft Project 2019 项目管理系统

Microsoft Project 是一个在国际上享有盛誉的通用项目管理工具软件，凝聚了许多成熟的项目管理现代理论和方法。使用 Microsoft Project 2019 可以快速构建企业项目管理信息平台，提高企业现代化的项目管理能力和管理效率。

Microsoft Project 的内容包括：制定项目计划、管理项目——视图和报表、资源管理、成本管理、项目控制和动态跟踪、项目沟通管理、群体项目管理等。

Microsoft Project 不仅可以快速、准确地创建项目计划，而且可以帮助项目经理实现进度控制、成本控制、分析和预测，使项目工期大大缩短，资源得到有效利用，有利于提高经济效益。

2. 北京梦龙项目管理平台

梦龙项目管理平台依据项目管理理论，从实际应用的角度出发，对项目的进度、成本、质量进行控制，同时对项目所涉及的文档和合同进行管理，能够在任何时候及时查找到需要的文档。该系统采用灵活的插件形式，根据行业的不同和企业用户的实际需要，提供不同的功能模块进行定制组合，为用户提供一套最合理、最有效的项目管理解决方案。

梦龙项目管理平台的特点如下。

（1）对项目的管理

以项目树的形式对项目进行管理，尤其是在项目分布广泛、数量众多的情况下，这种形式非常有效。同时，辅助以项目地理信息模块，按照项目所在地区进行查看，能够非常清晰地了解项目的各种地理信息。

（2）可扩展的项目信息

不同行业、用户需要查看的项目信息有所不同，项目信息模块除提供相对固定的信息，如名称、编号、时间等外，还以自定义信息的方式提供了扩展项目信息的功能，用户可以根据自己的实际需要，增加若干项信息。

（3）项目进度控制

对项目进度的控制，目前最科学有效的方式是网络计划。在网络计划中，各个不同的工作及其之间的关系，能够很清晰地体现出来。项目形象进度是另一个与项目进度有关的模块，它以多媒体的形式，包含项目的实际场景照片、图像，更加生动地体现了项目的进度。

（4）项目成本控制

项目成本控制是关系到一个项目是否成功的最关键方面，它以项目的净值曲线体现所有关于项目成本方面的数据，包括成本现状、趋势、成本进度、成本性能等。通过曲线的分析结果，用户能够很清晰地了解到当前项目的成本状态（是否超出计划和预算）。如果出现成本问题，可以及时采取必要的补救措施。

（5）项目合同管理

任何项目都会有一份或多份合同，较大的项目还会涉及到甲方和乙方身份的改变。随着项目的进展，合同资金会不断变化。项目合同管理模块不仅提供了对合同的查询功能，而且能够对当前时间项目中所有合同的资金现状进行统计，准确地报告资金盈亏状况，供用户参考，进行决策。

3. 项目管理软件应用的基本步骤

项目管理软件种类较多，功能和操作上也存在差异，但使用它们的基本步骤却是一致的，下面分别予以阐述。

（1）输入项目的基本信息

此步通常包括输入项目的名称、项目的开始日期（有时需输入项目的必须完成日期）、拟定计划的时间单位（小时、天、周、月）、项目采用的工作日历等内容。

（2）输入工作的基本信息和工作间的逻辑关系

工作的基本信息包括工作名称、工作代码（有时可以省略）、工作的持续时间（即完成工作的工期）、工作的时间限制（指对工作开工时间或完工时间的限制）、工作的特性（如工作执行过程中是否允许中断）等。

工作之间的逻辑关系既可以通过数据表进行输入，也可以在图（横道图、网络图）上借助于鼠标的拖放来指定，图上输入直观、方便，且不易出错，应作为逻辑关系的主要输入方式。

如果要利用项目管理软件对资源（劳动力、机械设备等）进行管理，那么还需要建立资源库（包括资源名称、资源最大限量、资源的工作时间等内容），并输入完成工作所需的资源信息。

如果还要利用项目管理软件进行成本控制，那么就需要在资源库中输入资源费率（人工工日单价或台班费等）、资源的每次使用成本（如大型机械的进出场费等），并输入确定好的工作固定成本。

（3）计划的调整与保存

通过上一步的工作，就已经建立了一个初步的工作计划。该计划是否可行、能否满足项目管理的要求、能否进行进一步优化，这些问题项目计划人员必须解决好。

利用项目管理软件所提供的有关图表以及程序、筛选、统计等功能，项目计划人员可以查看到自己需要了解的有关项目信息，如项目的总工期、总成本、资源的使用状况等，如果发现与自己的期望不一致，如工期过长、成本超出预算范围、资源的使用超出资源的供应、资源的使用不均衡等，就可以对初步工作计划进行必要的调整，使之满足要求。

计划调整完成后，就形成了一个可以付诸实施的计划，应当保存为比较基准计划，以便在计划执行过程中同实际发生的情况进行对比。

（4）公布并实施

计划制定好后，可以通过打印出报告、图表等书面形式，也可以利用电子邮件、Web 网页等电子形式，予以公布并执行，应确保所有的项目参加人员都能及时获得其所需要的信息。

（5）管理和跟踪项目

计划实施后，应当定期（如每周、每旬、每月等）对计划的执行情况进行检查，收集实际的进度/成本数据，并输入到项目管理软件中。需要输入的数据通常包括：检查日期、工作的实际开始/完成日期、工作实际完成的工程量、工作已进行的天数、正在进行的工作的完成率、工作实际支出的费用等。

在将实际发生的进度/成本信息输入计算机后，就可以利用项目管理软件对计划进行更新。更新后应检查项目的进度能否满足工期要求，预期成本是否在预算范围之内，是否出现因部分工作的推迟或提前开始（或完成）而导致的资源过度分配（指资源的使用超出资源的供应）。这样，可以发现存在的潜在问题，及时调整项目计划来保证项目预期目标的实现，如通过压缩关键路径来满足工期要求等。

项目计划调整后，应及时通过书面形式或电子形式通知有关人员，使调整后的计划能够得到贯彻和落实，起到指导施工的作用。

需要强调的是，项目计划的跟踪、更新、调整和实施这个过程需要不断地反复进行，直至项目的结束。

项 目 小 结

本项目主要介绍了施工项目信息管理的基本概念和系统应用。首先，概括介绍了施工项目信息管理，包括信息管理在施工项目中的重要性及信息管理的方法；其次，详细探讨了施工项目信息管理系统的功能和应用。这些系统通过集成各种信息技术，提供了实时的数据更新、智能分析和自动化报告功能，极大地提升了项目管理的效率和透明度。通过本项目的学习，帮助读者更好地理解施工项目信息管理的实际操作和应用价值。

课 后 习 题

1. 施工项目信息的内容有哪些?
2. 建立项目信息管理系统应遵循哪些原则?
3. 建立施工项目信息管理系统需具备哪些条件?

参 考 文 献

[1] 闫超君，费家仓，蒋红．施工组织与项目管理（工作手册式）［M］．武汉：华中科技大学出版社，2024.

[2] 刘跃伟．建筑施工组织与项目管理［M］．北京：化学工业出版社，2023.

[3] 王立霞．建筑施工组织与项目管理［M］．郑州：黄河水利出版社，2023.

[4] 王雪青，杨秋波．工程项目管理［M］．2 版．北京：高等教育出版社，2022.

[5] 金忠盛．施工项目管理［M］．北京：机械工业出版社，2021.

[6] 毛桂平，周任．建筑装饰工程施工项目管理［M］．3 版．北京：电子工业出版社，2021.

[7] 李解，秦良彬．建筑施工组织［M］．成都：西南交通大学出版社，2021.

[8] 杨太华．建设项目绿色施工组织设计［M］．南京：东南大学出版社，2021.